高等学校教材

U0134105

概率论与数理统计

主　编　王　磊　欧阳异能　马志辉

副主编　夏宝飞　尹青松　周静静

编　委　姚艳茹　张梦琇

中国教育出版传媒集团

高等教育出版社·北京

内容简介

本书根据教育部高等学校大学数学课程教学指导委员会制定的"大学数学课程教学基本要求"及教育部考试中心制定的"全国硕士研究生招生考试数学考试大纲"编写而成 全书共八章,其中前五章为概率论部分,后三章为数理统计部分。每节配有习题,每章结束对知识结构梳理,并配有综合练习题和习题参考答案,部分章含往届研究生招生考试试题。知识结构梳理和习题参考答案均以二维码的形式呈现。

本书可作为高等院校理工类、经管类、农林类专业本科生的教材,也可作为研究生招生考试的参考书。

图书在版编目(CIP)数据

概率论与数理统计 / 王磊,欧阳异能,马志辉主编
. --北京:高等教育出版社,2023.7
   ISBN 978 – 7 – 04 – 060597 – 6

   Ⅰ.①概⋯ Ⅱ.①王⋯ ②欧⋯ ③马⋯ Ⅲ.①概率论
-高等学校-教材②数理统计-高等学校-教材 Ⅳ.
①O21

   中国国家版本馆 CIP 数据核字(2023)第 099194 号

Gailülun yu Shuli Tongji

策划编辑 杨　帆	责任编辑 刘　荣	封面设计 王　琰	版式设计 马　云	
责任绘图 于　博	责任校对 吕红颖	责任印制 朱　琦		

出版发行	高等教育出版社	网　　址	http://www.hep.edu.cn
社　址	北京市西城区德外大街 4 号		http://www.hep.com.cn
邮政编码	100120	网上订购	http://www.hepmall.com.cn
印　刷	北京七色印务有限公司		http://www.hepmall.com
开　本	787mm×1092mm　1/16		http://www.hepmall.cn
印　张	15.5		
字　数	370 千字	版　次	2023年7月第1版
购书热线	010-58581118	印　次	2023年7月第1次印刷
咨询电话	400-810-0598	定　价	32.80 元

前言

概率论与数理统计诞生于 17 世纪，经过三百余年的发展，已经建立比较完整的理论体系。特别是近几十年来，随着科技的蓬勃发展，概率统计方法已广泛应用于自然科学、社会科学、工程技术、工农业生产和军事技术中。概率统计是许多新兴起数学分支如信息论、对策论、排队论、控制论等的基础，并且正广泛地与其他学科互相渗透结合，成为近代经济理论、管理科学等学科的重要工具。因此，概率论与数理统计已经成为理工类、经管类、农林类等专业本科生必修的一门重要的基础课程。

本书共分为两部分。第一部分是概率论，主要介绍概率的基础知识、基本概念、性质、定理等，对应教材的第一章至第五章，具体内容分别是随机事件与概率、随机变量及其分布、随机变量的数字特征、大数定律与中心极限定理。第二部分是数理统计，主要介绍常用的数理统计思想和方法，对应教材的第六章至第八章，具体内容分别是统计量、抽样分布、参数估计、假设检验等。

本书在知识体系安排上，既注重内容循序渐进、由浅及深，又避免烦琐复杂的推理证明；在例题和习题的选取上，力争做到深入浅出、通俗易懂，既具典型性，又具应用性和灵活性。每节配有相应的练习题，便于学生及时巩固本节所学知识、温故知新。每章配有章节测试，便于学生通过测试检验对本章的重点知识的掌握情况；一些章还配有考研真题，为学有余力和想进一步深造的学生提供练习材料。各章配备知识结构梳理和习题参考答案，均以二维码的形式呈现。本书可以作为高等本科院校概率论与数理统计课程的教材，也可以作为学生自学的参考教材。

王磊、欧阳异能、马志辉为本书主编，夏宝飞、尹青松、周静静为副主编，王磊提出本书的编写思路。其中马志辉编写了第一、四章；姚艳茹编写了第二、四章；张梦琇编写了第三、四章；夏宝飞编写了第五章；周静静编写了第六章；尹青松编写了第七章；欧阳异能编写了第八章。全书的统稿、定稿工作由王磊、欧阳异能、马志辉完成。

由于编者水平有限，本书难免有不妥之处，希望专家、同仁及广大读者批评指正，以便今后不断完善。

编　者

2023 年 3 月

目 录

第一章　随机事件与概率 // 1

1.1　随机事件 …………………… 1
  1.1.1　随机试验 …………………… 1
  1.1.2　样本空间 …………………… 2
  1.1.3　随机事件 …………………… 3
  1.1.4　事件的关系与运算 ………… 3
  习题 1-1 …………………………… 6
1.2　概率定义及其性质 …………… 7
  1.2.1　频率与概率 ………………… 7
  1.2.2　概率的公理化定义 ………… 8
  1.2.3　概率的性质 ………………… 8
  1.2.4　古典概型和几何概型 ……… 10
  习题 1-2 …………………………… 13
1.3　条件概率 …………………… 15
  1.3.1　条件概率 …………………… 15
  1.3.2　乘法公式 …………………… 16
  1.3.3　全概率公式 ………………… 17
  1.3.4　贝叶斯公式 ………………… 18
  习题 1-3 …………………………… 20
1.4　事件的独立性与伯努利
    概型 ………………………… 20
  1.4.1　事件的独立性 ……………… 20
  1.4.2　伯努利概型 ………………… 23
  习题 1-4 …………………………… 24
本章小结 …………………………… 24
第一章总复习题 …………………… 26

历年考研真题精选 ………………… 28

第二章　一维随机变量及其分布 // 30

2.1　随机变量与分布函数 ……… 30
  2.1.1　随机变量 …………………… 30
  2.1.2　分布函数 …………………… 31
  习题 2-1 …………………………… 32
2.2　两种类型的随机变量 ……… 33
  2.2.1　离散型随机变量及其
      分布律 ………………… 33
  2.2.2　连续型随机变量及其
      密度函数 ……………… 35
  习题 2-2 …………………………… 36
2.3　常见的随机变量的分布 …… 37
  2.3.1　常见的离散型随机变量的
      分布 …………………… 37
  2.3.2　常见的连续型随机变量的
      分布 …………………… 41
  习题 2-3 …………………………… 45
2.4　一维随机变量函数及其
    分布 ………………………… 46
  2.4.1　离散型随机变量函数的
      分布 …………………… 46
  2.4.2　连续型随机变量函数的
      分布 …………………… 47
  习题 2-4 …………………………… 49

本章小结 ·············· 49
第二章总复习题 ·············· 50
历年考研真题精选 ·············· 52

第三章　多维随机变量及其分布// 54

3.1　二维随机变量及其联合
　　分布 ·············· 54
　3.1.1　二维随机变量 ·············· 54
　3.1.2　二维随机变量的分布
　　　　函数 ·············· 54
　3.1.3　二维离散型随机变量及其
　　　　分布律 ·············· 55
　3.1.4　二维连续型随机变量及其
　　　　概率密度 ·············· 57
　习题 3-1 ·············· 58
3.2　边缘分布 ·············· 59
　3.2.1　二维随机变量的边缘分布
　　　　函数 ·············· 59
　3.2.2　二维离散型随机变量的边缘
　　　　分布律 ·············· 59
　3.2.3　二维连续型随机变量的
　　　　边缘概率密度 ·············· 61
　习题 3-2 ·············· 62
3.3　条件分布 ·············· 63
　3.3.1　二维离散型随机变量的
　　　　条件分布律 ·············· 63
　3.3.2　二维连续型随机变量的
　　　　条件概率密度 ·············· 66
　习题 3-3 ·············· 68
3.4　二维随机变量的独立性 ·············· 68
　习题 3-4 ·············· 71
3.5　二维随机变量函数的分布 ··· 72
　3.5.1　$Z=X+Y$ 的分布 ·············· 72
　3.5.2　$Z=\dfrac{Y}{X}$ 的分布、$Z=XY$ 的
　　　　分布 ·············· 76

3.5.3　$M=\max\{X,Y\}$ 及
　　　　$N=\min\{X,Y\}$ 的分布 ·············· 77
　习题 3-5 ·············· 79
本章小结 ·············· 80
第三章总复习题 ·············· 81
历年考研真题精选 ·············· 84

第四章　随机变量的数字特征　// 88

4.1　数学期望 ·············· 88
　4.1.1　数学期望的定义 ·············· 88
　4.1.2　随机变量函数的
　　　　数学期望 ·············· 90
　4.1.3　数学期望的性质 ·············· 92
　4.1.4　常见分布的数学期望 ·············· 93
　习题 4-1 ·············· 94
4.2　方差 ·············· 95
　4.2.1　方差的定义 ·············· 95
　4.2.2　方差的性质 ·············· 97
　4.2.3　常见分布的方差 ·············· 99
　习题 4-2 ·············· 100
4.3　协方差和相关系数 ·············· 101
　4.3.1　协方差 ·············· 101
　4.3.2　相关系数 ·············· 103
　习题 4-3 ·············· 106
4.4　矩、协方差矩阵 ·············· 106
　4.4.1　随机变量的各种矩 ·············· 106
　4.4.2　协方差矩阵及其应用 ·············· 107
本章小结 ·············· 109
第四章总复习题 ·············· 110
历年考研真题精选 ·············· 112

**第五章　大数定律与中心极限
　　　　定理　　// 115**

5.1　大数定律 ·············· 115

习题 5-1 ……………………… 121

5.2 中心极限定理 ……………… 121

习题 5-2 ……………………… 126

本章小结 ……………………… 127

第五章总复习题 ……………… 127

第六章 统计量和抽样分布 // 130

6.1 总体与样本 ……………… 130

6.1.1 总体 …………………… 130

6.1.2 样本 …………………… 131

6.1.3 经验分布函数 ………… 133

习题 6-1 ……………………… 133

6.2 统计量 ……………………… 134

6.2.1 统计量 ………………… 134

6.2.2 样本均值和样本方差 … 134

6.2.3 次序统计量 …………… 137

习题 6-2 ……………………… 139

6.3 三大抽样分布 …………… 139

6.3.1 χ^2 分布 ……………… 139

6.3.2 t 分布 ………………… 141

6.3.3 F 分布 ………………… 142

习题 6-3 ……………………… 143

6.4 正态总体的抽样分布 …… 144

习题 6-4 ……………………… 148

本章小结 ……………………… 148

第六章总复习题 ……………… 149

历年考研真题精选 …………… 150

第七章 参数估计 // 153

7.1 点估计 ……………………… 153

7.1.1 矩估计 ………………… 153

7.1.2 最大似然估计 ………… 157

习题 7-1 ……………………… 162

7.2 估计量的评判标准 ……… 163

7.2.1 无偏性 ………………… 163

7.2.2 有效性 ………………… 164

7.2.3 相合性 ………………… 165

习题 7-2 ……………………… 166

7.3 区间估计 …………………… 166

7.3.1 区间估计的概念 ……… 166

7.3.2 单个正态总体未知参数的区间估计 ……………… 169

7.3.3 两个正态总体未知参数的区间估计 ……………… 172

习题 7-3 ……………………… 175

本章小结 ……………………… 176

第七章总复习题 ……………… 177

历年考研真题精选 …………… 179

第八章 假设检验 // 182

8.1 假设检验的基本概念与原理 ………………………… 182

8.1.1 假设检验的概念 ……… 182

8.1.2 假设检验的基本原理 … 183

8.1.3 假设检验的基本步骤 … 184

8.1.4 假设检验的两类错误 … 186

8.1.5 P 值定义及 P 值检验法 … 187

习题 8-1 ……………………… 189

8.2 单个正态总体参数的假设检验 ………………………… 190

8.2.1 单个正态总体均值的假设检验 ……………… 190

8.2.2 单个正态总体方差的假设检验 ……………… 196

习题 8-2 ……………………… 199

8.3 两个正态总体参数的假设检验 ………………………… 200

8.3.1 两个正态总体均值差的假设检验 ……………… 200

8.3.2 两个正态总体方差比的
假设检验 …………… 204
习题 8-3 ………………… 206
8.4 分布拟合检验 …………… 208
习题 8-4 ………………… 211
本章小结 …………………… 212
第八章总复习题 …………… 213

附表 1 几种常用的概率
分布表 ……………… 217
附表 2 标准正态分布表 ………… 219
附表 3 泊松分布表 …………… 221
附表 4 t 分布表 …………… 223
附表 5 χ^2 分布表 …………… 225
附表 6 F 分布表 …………… 228

附表 // 217

参考文献 // 239

在自然界和人类活动中,普遍存在两类不同的现象.一类是确定性现象,即在一定条件下必然发生的现象.例如,同性电荷必然相斥、异性电荷必然相吸;函数在间断点处不存在导数;在空旷的地方向上抛篮球,篮球必然会落下;边长为 a 的正方形,其面积必然为 a^2,等等.对于这类现象,其特点是在试验之前就能断定它有一个确定的结果,即在一定条件下重复进行试验,其结果必然出现且唯一.另一类是不确定性现象,即在相同条件下进行重复试验,而事先无法预知会出现哪种结果的现象,称这类现象为随机现象.例如,抛掷一枚硬币的结果可能是正面向上,也可能是反面向上;掷一颗骰子的结果,可能出现 1 点、2 点……6 点;手机电池的寿命可能为 1 年、2 年等;学生在食堂排队等候的时间可能为 1 min,2 min 等;等等.这类现象都具有偶然性,其特点是在一定条件下,存在多种可能的结果,即结果不唯一.

　　概率论是研究随机现象的统计规律性的一个数学分支.随机现象在一次试验中呈现不确定的结果,而在大量重复试验中呈现的结果具有某种规律性,这种规律性称为统计规律性.例如,一段时期内新生儿出生性别比例相对比较稳定;在多次重复抛掷一枚均匀的硬币时,正面向上和反面向上的次数会大致相同.这正如恩格斯所指出的:"在表面上是偶然性在起作用的地方,这种偶然性始终是受内部的隐藏着的规律支配的,而问题只是在于发现这些规律."这种在个别试验中其结果呈现出不确定性、在大量重复试验中其结果又具有统计规律性的现象,就是随机现象.

　　概率论的应用非常广泛,几乎遍及了所有的科学领域.概率论在通信工程中可用于提高信号的抗干扰性、分辨率,在企业生产经营管理中可以用于优化企业决策方案、提高企业利润,在天气预报、地震预报、信息论、排队论、电子系统可靠性、产品的抽样调查等领域也有广泛的应用.因此,法国数学家拉普拉斯曾指出:"生活中最重要的问题,其中绝大多数在实质上只是概率的问题."

1.1　随机事件

1.1.1　随机试验

　　为了研究随机现象的统计规律性,需要对客观事物进行观察,观察的过程叫随机试验

（简称试验），记为 E.一般地,随机试验必须满足以下三个特点：

（1）试验可以在相同的条件下重复进行；

（2）每次试验的结果不止一种,但事先知道试验的所有可能结果；

（3）在试验之前无法预测会出现哪一个结果.

比如,观察抛掷一枚硬币时哪面向上；观察足球运动员射门出现的结果；调查某机场一天的客流量；测试某种电子元件的使用寿命；为了验证骰子是否均匀,可以将这颗骰子反复地抛掷并记录其结果等,均为试验.

例 1.1　一些随机试验的例子：

（1）E_1:抛掷一枚均匀的硬币,观察出现正反面的情形；

（2）E_2:抛掷两颗均匀的骰子,观察出现的点数；

（3）E_3:某超市一天的顾客数；

（4）E_4:一支正常交易的科创板股票每天的涨跌幅；

（5）E_5:手机电池充满电后的续航时间；

（6）E_6:去银行办理业务的等待时间.

注　这里所称的试验是一个相当广泛的概念,可以是各种科学试验,也可以是对事物的状态或特征的观察、调查或测试.

1.1.2　样本空间

定义 1.1　随机试验的一切可能结果组成的集合称为样本空间,记为 $\Omega=\{\omega\}$,其中 ω 表示试验的每一个可能结果,又称为样本点,即样本空间为全体样本点的集合.

例 1.2　例 1.1 的随机试验 $E_k(k=1,2,3,4,5,6)$ 的样本空间 Ω_k:

（1）E_1:抛掷一枚均匀硬币的样本空间为

$$\Omega_1=\{H,T\},$$

其中 H 表示正面向上,T 表示反面向上；

（2）E_2:抛掷两颗均匀的骰子,出现的点数的样本空间为

$$\Omega_2=\{(i,j)\mid i,j=1,2,\cdots,6\};$$

（3）E_3:某超市一天的顾客数的样本空间为

$$\Omega_3=\{0,1,2,\cdots\};$$

（4）E_4:一支正常交易的科创板股票每天涨跌幅的样本空间为

$$\Omega_4=\{x\mid -20\%\leqslant x\leqslant 20\%\};$$

（5）E_5:手机电池充满电后的续航时间的样本空间为

$$\Omega_5=\{t\mid t\geqslant 0\}\quad（单位:h）;$$

（6）E_6:去银行办理业务的等待时间的样本空间为

$$\Omega_6=\{t\mid 0\leqslant t\leqslant 8\}\quad（单位:h）.$$

通过例 1.2 可以看出,样本空间中的样本点可以是数也可以不是数,可以是有限个也可以是无限个；样本空间可以是可列的,也可以是不可列的.例如,Ω_1 和 Ω_2 中样本点的个数是有限的且可列的,且 Ω_1 不是用数表示的,Ω_3 到 Ω_6 中样本点是无限个,且 Ω_3 是可列的,而 Ω_4,Ω_5 和 Ω_6 是不可列的.

1.1.3 随机事件

当我们通过随机试验来研究随机现象时,每一次试验都只能出现 Ω 中的某一个结果 ω,各个可能结果 ω 是否在一次试验中出现是随机的.在随机试验中,常常会关心其中某些结果是否出现.例如,掷一颗均匀的骰子,我们关心掷出的点数是否是奇数;航班起飞,关心延误时间是否超过 3 h 等.这些在一次试验中可能出现,也可能不出现的一类结果为随机事件.

定义 1.2 随机试验 E 的样本空间 Ω 的子集称为 E 的随机事件,简称事件,通常用大写字母 $A,B,C,\cdots$ 表示.

例如,掷一颗均匀的骰子,关心掷出的点数是否是偶数,定义事件 A = "掷出的点数是偶数",它是一个可能发生也可能不发生的随机事件,可描述为 $A=\{2,4,6\}$,是样本空间 $\Omega=\{1,2,\cdots,6\}$ 的一个子集.

在事件定义中,注意以下几个概念.

(1) 任一随机事件 A 是样本空间 Ω 的一个子集.

(2) 当试验的结果 ω 属于该子集时,就称事件 A 发生了.相反地,如果试验的结果 ω 不属于该子集,就称事件 A 没有发生.例如,掷骰子如果掷出 2 点,则事件 $A=\{2,4,6\}$ 发生;如果掷出 1 点,则事件 A 没有发生.

(3) 仅含一个样本点的事件称为**基本事件**.

(4) 样本空间 Ω 是自己的一个子集,所以它为一个事件.由于 Ω 包含所有可能的试验结果,所以 Ω 在每一次试验中一定发生,又称为**必然事件**.

(5) 空集 $\varnothing$ 也是样本空间 Ω 的一个子集,所以它也为一个事件.由于 $\varnothing$ 中不包含任何元素,所以 $\varnothing$ 在每一次试验中一定不发生,又称为**不可能事件**.

例 1.3 掷一颗均匀的骰子的样本空间为 $\Omega=\{1,2,\cdots,6\}$,

事件 A = "出现 1 点" = $\{1\}$;

事件 B = "出现奇数点" = $\{1,3,5\}$;

事件 C = "出现的点数不超过 6" = $\{1,2,\cdots,6\}=\Omega$,即一定会发生的必然事件;

事件 D = "出现的点数超过 6" = $\varnothing$,即一定不会发生的不可能事件.

1.1.4 事件的关系与运算

根据事件的定义可知,事件是一个集合.集合之间有各种关系,是可以进行运算的,因此,事件的关系与运算自然按照集合论中集合的关系与运算来处理.下面我们来讨论事件的关系及运算.

设随机试验 E 的样本空间是 Ω,而 $A,B,A_i(i=1,2,\cdots)$ 为 Ω 的子集,则事件的关系有以下几种:

(1) 若 $A\subset B$(或 $B\supset A$),则称事件 A 包含在 B 中(或称 B 包含 A),如图 1-1 所示.用概率论的语言描述:事件 A 发生必然使得事件 B 发生.

在例 1.3 中,事件 A = "出现 1 点"的发生必然使得事件 B = "出现奇数点"的发生,故 $A\subset B$.

（2）若 $A \subset B$ 且 $B \subset A$，即 $A=B$，则称事件 A 与 B 相等.用概率论的语言描述：事件 A 发生必然使得事件 B 发生，反之亦然，即 A 与 B 是同一个事件.

（3）事件 $A \cup B = \{x \mid x \in A \text{ 或 } x \in B\}$，称为事件 A 与 B 的和事件，如图 1-2 所示，表示由事件 A 与 B 中所有样本点组成的事件.用概率论的语言描述：事件 A 与 B 至少有一个发生.

由上述定义可知，对任意的事件 A，有

$$A \cup \Omega = \Omega, \quad A \cup \varnothing = A.$$

设可列个事件 $A_1, A_2, \cdots, A_n, \cdots$，则

$A = \bigcup\limits_{i=1}^{n} A_i$ 表示“n 个事件 $A_1, A_2, \cdots, A_n$ 至少有一个发生”这一事件；

$B = \bigcup\limits_{i=1}^{\infty} A_i$ 表示“可列个事件 $A_1, A_2, \cdots$ 至少有一个发生”这一事件.

（4）事件 $A \cap B = \{x \mid x \in A \text{ 且 } x \in B\}$，称为事件 A 与 B 的积事件（或交事件），$A \cap B$ 也记作 AB，如图 1-3 所示，表示由事件 A 与 B 公共的样本点组成的事件.用概率论的语言描述：事件 A 与 B 同时发生.

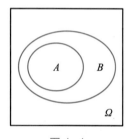

图 1-1

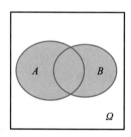

图 1-2

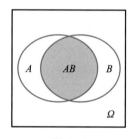

图 1-3

由上述定义可知，对任意的事件 A，有

$$A \cap \Omega = A, \quad A \cap \varnothing = \varnothing.$$

设可列个事件 $A_1, A_2, \cdots, A_n, \cdots$，则

$A = \bigcap\limits_{i=1}^{n} A_i$ 表示“n 个事件 $A_1, A_2, \cdots, A_n$ 同时发生”这一事件；

$B = \bigcap\limits_{i=1}^{\infty} A_i$ 表示“可列个事件 $A_1, A_2, \cdots$ 同时发生”这一事件.

（5）事件 $A-B = \{x \mid x \in A \text{ 且 } x \notin B\}$，称为事件 A 与 B 的差事件，如图 1-4 所示，表示由在事件 A 中但不在事件 B 中的样本点组成的事件.用概率论的语言描述：事件 A 发生但 B 不发生.

由上述定义可知，对任意的事件 A，有

$$A-A = \varnothing, \quad A-\varnothing = A, \quad A-\Omega = \varnothing.$$

（6）若 $A \cap B = \varnothing$，则称事件 A 与 B 是互不相容的（或称为互斥的），如图 1-5 所示.用概率论的语言描述：事件 A 与事件 B 不可能同时发生.

若 n 个事件 $A_1, A_2, \cdots, A_n$ 满足

$$A_i \cap A_j = \varnothing \quad (i \neq j, i, j = 1, 2, \cdots, n),$$

则称事件 $A_1, A_2, \cdots, A_n$ 是两两互不相容的.显然，基本事件之间是两两互不相容的.若可列个

事件 $A_1, A_2, \cdots, A_n, \cdots$ 满足

$$A_i \cap A_j = \varnothing \quad (i \neq j, i, j = 1, 2, \cdots),$$

则称事件 $A_1, A_2, \cdots, A_n, \cdots$ 是两两互不相容的.

（7）若 $A \cup B = \Omega$ 且 $A \cap B = \varnothing$,则称事件 A 与事件 B 互为对立事件(或互为逆事件),记为 $B = \bar{A}$,如图 1-6 所示,表示由在事件 Ω 中且不在事件 A 中的样本点组成的事件,即 $\bar{A} = \Omega - A$.

用概率论的语言描述:事件 A 与事件 B 必有一个发生,但不同时发生.显然, $\bar{\bar{A}} = A$.

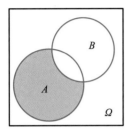

图 1-4

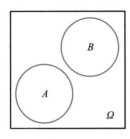

图 1-5

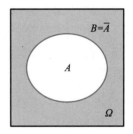

图 1-6

从随机事件的关系和运算中可以看出:

（1）因为 $A \cap \bar{A} = \varnothing$,所以对立事件一定是互不相容事件,但互不相容事件不一定是对立事件;

（2）根据差事件和对立事件的定义,事件 A 与 B 的差 $A - B$ 还可以表示成 $A \cap \bar{B} = A - A \cap B$;

（3）因为 $\Omega \cap \varnothing = \varnothing$,所以必然事件 Ω 与不可能事件 $\varnothing$ 互为对立事件.

在进行事件的运算时,经常用到下述定律.

（1）交换律：

$$A \cup B = B \cup A, \quad A \cap B = B \cap A.$$

（2）结合律：

$$(A \cup B) \cup C = A \cup (B \cup C), \quad (A \cap B) C = A (B \cap C).$$

（3）分配律：

$$(A \cup B) \cap C = (A \cap C) \cup (B \cap C),$$
$$(A \cap B) \cup C = (A \cup C) \cap (B \cup C).$$

分配律可以推广到有限个或可列个事件的情形,即

$$A \cap \left(\bigcup_{i=1}^{n} A_i \right) = \bigcup_{i=1}^{n} (A \cap A_i), \quad A \cup \left(\bigcap_{i=1}^{n} A_i \right) = \bigcap_{i=1}^{n} (A \cup A_i);$$
$$A \cap \left(\bigcup_{i=1}^{\infty} A_i \right) = \bigcup_{i=1}^{\infty} (A \cap A_i), \quad A \cup \left(\bigcap_{i=1}^{\infty} A_i \right) = \bigcap_{i=1}^{\infty} (A \cup A_i).$$

（4）对偶律(德摩根律)： $\overline{A \cup B} = \bar{A} \cap \bar{B}, \overline{A \cap B} = \bar{A} \cup \bar{B}$.

一般地,对于有限个或可列个事件也有类似的结果:

$$\overline{\bigcup_{i=1}^{n} A_i} = \bigcap_{i=1}^{n} \bar{A_i}, \quad \overline{\bigcap_{i=1}^{n} A_i} = \bigcup_{i=1}^{n} \bar{A_i};$$

$$\overline{\bigcup_{i=1}^{\infty} A_i} = \bigcap_{i=1}^{\infty} \overline{A_i}, \quad \overline{\bigcap_{i=1}^{\infty} A_i} = \bigcup_{i=1}^{\infty} \overline{A_i}.$$

例 1.4 设 A, B, C 是同一样本空间下的事件,用它们的运算表示下列事件:

(1) A, B, C 中至少有一个发生:$A \cup B \cup C$.

(2) A 发生且 B, C 都不发生:$A \cap \overline{B} \cap \overline{C}$.

(3) A, B, C 都不发生:$\overline{A} \cap \overline{B} \cap \overline{C}$ 或者 $\overline{A \cup B \cup C}$.

(4) A, B, C 不都发生:$\overline{A} \cup \overline{B} \cup \overline{C}$ 或者 $\overline{A \cap B \cap C}$.

(5) A, B, C 中至少有两个发生:$(A \cap B) \cup (A \cap C) \cup (B \cap C)$.

例 1.5 在某学院的学生中任选一名学生,设事件 A 表示"被选学生是女生",事件 B 表示"被选学生是一年级学生",事件 C 表示"被选学生是运动员".

(1) 叙述 $A \cap B \cap \overline{C}$ 的意义.

(2) 在什么条件下 $A \cap B \cap C = C$ 成立?

(3) 在什么条件下 $\overline{A} \subset B$ 成立?

解 (1) 被选学生是一年级女生,但不是运动员.

(2) 全院运动员都是一年级女生.

(3) 全院男生都在一年级.

习题 1-1

1. 写出下列随机试验的样本空间:

(1) 同时掷两颗骰子,记录两颗骰子的点数之和;

(2) 取单位圆内任意一点,记录它的坐标;

(3) 10 件产品中有三件是次品,每次从其中取一件,取后不放回,直到三件次品都取出为止,记录抽取的次数;

(4) 测量一汽车通过给定点的速度.

2. 将一枚均匀的硬币抛两次,设事件 A, B, C 分别表示"第一次出现正面""两次出现同一面""至少有一次出现正面".试写出样本空间及事件 A, B, C 中的样本点.

3. 设 A, B, C 为三个事件,用 A, B, C 的运算表示下列事件:

(1) A 发生,B 和 C 不发生;　　　　　(2) A 与 B 都发生,而 C 不发生;

(3) A, B, C 都发生;　　　　　　　　　　(4) A, B, C 都不发生;

(5) A, B, C 不都发生;　　　　　　　　　(6) A, B, C 至少有一个发生;

(7) A, B, C 不多于一个发生;　　　　　　(8) A, B, C 至少有两个发生.

4. 以 A, B, C 分别表示某城市居民订阅日报、晚报和体育报,试用 A, B, C 表示以下事件:

(1) 只订阅日报;　　　　　　　　　　　　(2) 只订阅日报和晚报;

(3) 只订阅一种报纸;　　　　　　　　　　(4) 正好订阅两种报纸;

(5) 至少订阅一种报纸;　　　　　　　　　(6) 不订阅任何报纸;

（7）至多订阅一种报纸；　　　　　　　（8）三种报纸都订阅；

（9）三种报纸不全订阅.

5. 设 A,B,C 为三个事件，说明下述运算的含义：

（1）A；（2）$\bar{B}\cap C$；（3）$A\cap\bar{B}\cap C$；（4）$\bar{A}\cap\bar{B}\cap\bar{C}$；（5）$A\cup B\cup C$；（6）$\overline{A\cap B\cap C}$.

6. 甲、乙、丙三人各射击一次，事件 A_1,A_2,A_3 分别表示甲、乙、丙射中.试说明下列事件所表示的结果：

$$\bar{A_2},\quad A_2\cup A_3,\quad \overline{A_1A_2},\quad \overline{A_1\cup A_2},\quad A_1A_2\bar{A_3},\quad A_1A_2\cup A_2A_3\cup A_1A_3.$$

7. 设一个工人生产了四个零件，A_i 表示事件"生产的第 i 个零件是正品"（$i=1,2,3,4$），用 A_1,A_2,A_3,A_4 的运算表示下列事件：

（1）没有一个零件是次品；　　　　　　（2）至少有一个零件是次品；

（3）只有一个零件是次品；　　　　　　（4）至少有三个零件不是次品.

8. 设 A 和 B 是任意两个事件，化简下列两式：

（1）$(A\cup B)(A\cup\bar{B})(\bar{A}\cup B)(\bar{A}\cup\bar{B})$；

（2）$(A\cap B)\cup(\bar{A}\cap B)\cup(A\cap\bar{B})\cup\overline{(\bar{A}\cap\bar{B})}-\bar{A}\cap B$.

1.2　概率定义及其性质

对于同一个事件（除了不可能事件和必然事件），它在一次试验中可能发生，也可能不发生.我们常常希望知道某些事件在一次试验中发生的可能性到底有多大.例如，抛掷一枚均匀的硬币，正面向上的可能性多大；明天下雨的可能性多大；等等.人们希望找到一个合适的数来表征在一次试验中事件发生的可能性大小.因此，我们首先引入频率，它描述了事件发生的频繁程度，进而引出表征事件在一次试验中发生的可能性的数——概率.

1.2.1　频率与概率

定义 1.3　在相同条件下，进行了 n 次试验，在这 n 次试验中，如果事件 A 发生了 n_A 次，则称 n_A 为事件 A 发生的频数，比值 $\dfrac{n_A}{n}$ 称为事件 A 发生的频率，记为

$$f_n(A)=\frac{\text{事件 }A\text{ 发生的次数}}{\text{试验的总次数}}=\frac{n_A}{n}.$$

由上述定义易知频率具有下述基本性质：

（1）非负性：对任意事件 A，有 $0\leqslant f_n(A)\leqslant 1$；

（2）规范性：$f_n(\Omega)=1$；

（3）可加性：若 $A_1,A_2,\cdots,A_k$ 为 k 个两两互不相容的事件，即

$$A_iA_j=\varnothing\quad(i\neq j,i,j=1,2,\cdots,k),$$

则

$$f_n\Big(\bigcup_{i=1}^{k} A_i\Big) = \sum_{i=1}^{k} f_n(A_i).$$

由于事件 A 发生的频率是它发生的次数与试验总次数之比,其大小表示 A 发生的频繁程度.频率越大,事件 A 发生得越频繁,即事件 A 发生的可能性就大,反之亦然.

在足够多次试验中,事件发生的频率总在一个确定值附近摆动.一般情况下随着试验次数的增多,摆动幅度越来越小,这个性质称为频率的稳定性.换言之,随着试验次数 n 的增大,频率值逐步"稳定"到一个实数,这个实数称为事件 A 发生的概率.

1.2.2 概率的公理化定义

1933 年柯尔莫哥洛夫首次提出了概率的公理化定义,这是概率论发展史的一个里程碑. 有了这个公理化定义后,概率论得到了迅速发展.概率的公理化定义如下:

定义 1.4 设 E 为随机试验,Ω 为其样本空间,若对任意事件 A,有唯一实数 $P(A)$ 与之对应,且满足下面条件,则数 $P(A)$ 称为事件 A 的概率:

(1) 非负性:对于任意事件 A,总有 $P(A) \geq 0$;

(2) 规范性:$P(\Omega) = 1$;

(3) 可列可加性:若 $A_1, A_2, \cdots, A_n \cdots$ 为两两互不相容的事件,即

$$A_i A_j = \varnothing \quad (i \neq j, i, j = 1, 2, \cdots),$$

则

$$P\Big(\bigcup_{i=1}^{\infty} A_i\Big) = \sum_{i=1}^{\infty} P(A_i).$$

1.2.3 概率的性质

由概率的公理化定义,可以推出概率的一些重要基本性质.

性质 1 $P(\varnothing) = 0.$

证 令 $A_i = \varnothing (i = 1, 2, \cdots)$,则

$$\bigcup_{i=1}^{\infty} A_i = \varnothing, \quad \text{且} \quad A_i A_j = \varnothing \ (i \neq j, i, j = 1, 2, \cdots),$$

由概率的可列可加性得

$$P(\varnothing) = P\Big(\bigcup_{i=1}^{\infty} A_i\Big) = \sum_{i=1}^{\infty} P(A_i) = \sum_{i=1}^{\infty} P(\varnothing).$$

由概率的非负性知,$P(\varnothing) \geq 0$.因此,由上述等式可得 $P(\varnothing) = 0$.

性质 2(有限可加性) 若 $A_1, A_2, \cdots, A_n$ 为两两互不相容的事件,则

$$P\Big(\bigcup_{i=1}^{n} A_i\Big) = \sum_{i=1}^{n} P(A_i).$$

证 令 $A_i = \varnothing (i = n+1, n+2, \cdots)$,则

$$A_i A_j = \varnothing \quad (i \neq j, i, j = 1, 2, \cdots).$$

由概率的可列可加性得

$$P\left(\bigcup_{i=1}^{n} A_i\right) = P\left(\bigcup_{i=1}^{\infty} A_i\right) = \sum_{i=1}^{\infty} P(A_i) = \sum_{i=1}^{n} P(A_i) + \sum_{i=n+1}^{\infty} P(\varnothing)$$

$$= \sum_{i=1}^{n} P(A_i) + 0 = \sum_{i=1}^{n} P(A_i).$$

性质 3(逆事件概率) 对任意事件 A，有 $P(\bar{A}) = 1 - P(A)$.

证 因 $A \cup \bar{A} = \Omega$，且 $A\bar{A} = \varnothing$，故由概率规范性和性质 2 可得，

$$1 = P(\Omega) = P(A \cup \bar{A}) = P(A) + P(\bar{A}),$$

即 $P(\bar{A}) = 1 - P(A)$.

由逆事件概率可知，当直接求解某些事件的概率比较复杂时，不妨考虑其对立事件的概率，有时可以转化为比较简单的问题.

性质 4 设 A, B 是两个事件，若事件 $A \subset B$，则

$$P(B - A) = P(B) - P(A),$$

从而 $P(B) \geqslant P(A)$.

证 由于 $A \subset B$，故 $B = A \cup (B - A)$，且 $A(B - A) = \varnothing$. 由概率的可加性得

$$P(B) = P(A) + P(B - A),$$

即 $P(B - A) = P(B) - P(A)$.

由概率的非负性知，$P(B - A) \geqslant 0$，故 $P(B) \geqslant P(A)$.

性质 5(减法公式) 设 A, B 为两个事件，则

$$P(A - B) = P(A) - P(AB).$$

证 因为 $A - B = A - AB$ 且 $AB \subset A$，由性质 4 可得

$$P(A - B) = P(A - AB) = P(A) - P(AB).$$

性质 6(加法公式) 设 A, B 为两个事件，则

$$P(A \cup B) = P(A) + P(B) - P(AB).$$

证 因为 $A \cup B = A \cup (B - AB)$ 且 $A(B - AB) = \varnothing$，由性质 2 和性质 4 可得

$$P(A \cup B) = P(A) + P(B - AB) = P(A) + P(B) - P(AB).$$

性质 6 的加法公式可以推广到多个事件的情况. 例如，设 A, B, C 为任意的三个事件，则

$$P(A \cup B \cup C) = P(A) + P(B) + P(C) - P(AB) -$$
$$P(AC) - P(BC) + P(ABC).$$

更一般地，设 $A_1, A_2, \cdots, A_n$ 为任意的 n 个事件，则

$$P\left(\bigcup_{i=1}^{n} A_i\right) = \sum_{i=1}^{n} P(A_i) - \sum_{1 \leqslant i < j \leqslant n} P(A_i A_j) +$$
$$\sum_{1 \leqslant i < j < k \leqslant n} P(A_i A_j A_k) + \cdots + (-1)^{n+1} P(A_1 A_2 \cdots A_n).$$

例 1.6 已知事件 A, B 且 $P(B) = 0.3$，$P(A \cup B) = 0.5$，求概率 $P(A\bar{B})$.

解 因为 $A\bar{B} = A - B$，所以

$$P(A\bar{B}) = P(A - B) = P(A) - P(AB),$$

又因为

$$P(A \cup B) = P(A) + P(B) - P(AB),$$

所以
$$P(A\overline{B}) = P(A \cup B) - P(B) = 0.5 - 0.3 = 0.2.$$

例 1.7 设 A, B 为两个事件,已知 A 发生的概率为 0.6, A 与 B 都发生的概率为 0.1, A 与 B 都不发生的概率为 0.15,求:

(1) A 发生且 B 不发生的概率;

(2) A 与 B 至少有一个发生的概率.

解 由题意知 $P(A) = 0.6$, $P(AB) = 0.1$, $P(\overline{A}\,\overline{B}) = 0.15$,故

(1) A 发生且 B 不发生的概率为
$$P(A - B) = P(A) - P(AB) = 0.6 - 0.1 = 0.5;$$

(2) A 与 B 至少有一个发生的概率为
$$P(A \cup B) = 1 - P(\overline{A \cup B}) = 1 - P(\overline{A}\,\overline{B}) = 1 - 0.15 = 0.85.$$

注 在计算有关"至少"或"至多"的事件时,常常考虑逆事件的概率公式 $P(\overline{A}) = 1 - P(A)$.

1.2.4 古典概型和几何概型

抛掷一枚均匀的硬币,正面向上和反面向上的发生概率是相同的,均为 $\dfrac{1}{2}$.这个试验具有以下特点:(1) 样本空间的元素只有有限个;(2) 每个基本事件发生的可能性相同.我们把这类试验称为等可能概型,也叫做古典概型.

1. 古典概型

设试验 E 为古典概型,由于其样本空间 Ω 只有有限个样本点,则 Ω 可以表示为 $\{\omega_1, \omega_2, \cdots, \omega_n\}$.又由古典概型的等可能性可得
$$P(\{\omega_1\}) = P(\{\omega_2\}) = \cdots = P(\{\omega_n\}).$$
因为基本事件两两互不相容,故
$$P(\{\omega_1\}) + P(\{\omega_2\}) + \cdots + P(\{\omega_n\}) = P(\Omega) = 1,$$
即 $P(\{\omega_i\}) = \dfrac{1}{n} (i = 1, 2, \cdots, n)$.

定义 1.5 若随机试验 E 的样本空间 Ω 包含 n(n 为常数)个样本点,且每个样本点出现的可能性相同,则称试验 E 为古典概型.若随机事件 $A \subset \Omega$ 含有 n_A 个样本点,则事件 A 发生的概率为
$$P(A) = \frac{A \text{ 中所含样本点的个数}}{\Omega \text{ 中所有样本点的个数}} = \frac{n_A}{n}.$$

例 1.8 将一枚均匀的硬币抛掷两次,试求两次向上的面相同的概率.

解 已知该试验为古典概型,令 $A = \{$两次向上的面相同$\}$,则样本空间 $\Omega = \{HH, HT, TH, TT\}$,共包含 4 个样本点,$A = \{HH, TT\}$,共 2 个样本点.因而 $P(A) = \dfrac{2}{4} = \dfrac{1}{2}$.

例 1.9 12 名新生中有 3 名优秀生,将这些新生随机地平均分配到三个班,试求:

(1) 每班各分配到一名优秀生的概率;

（2）3 名优秀生分配到同一个班的概率.

解 12 名新生平均分配到三个班的可能分法总数为

$$C_{12}^4 C_8^4 C_4^4 = \frac{12!}{(4!)^3}.$$

（1）设 A 表示"每班各分配到一名优秀生"，则分法数为 $3! \frac{9!}{(3!)^3} = \frac{9!}{(3!)^2}$. 所以

$$P(A) = \frac{\dfrac{9!}{(3!)^2}}{\dfrac{12!}{(4!)^3}} = \frac{16}{55}.$$

（2）设 B 表示"3 名优秀生分到同一班"，故 3 名优秀生分到同一班共有 3 种分法，其他 9 名学生分法总数为 $C_9^1 C_8^4 C_4^4 = \dfrac{9!}{1!4!4!}$，由乘法原理，$B$ 包含样本总数为 $3\dfrac{9!}{1!4!4!}$. 所以

$$P(B) = \frac{\dfrac{3 \times 9!}{(4!)^2}}{\dfrac{12!}{(4!)^3}} = \frac{3}{55}.$$

例 1.10（生日问题） $n(n \leqslant 365)$ 个人中至少有两个人的生日相同的概率是多少？

解 设一年以 365 天计，记事件 A 表示"n 个人中至少有两个人的生日相同"，则其对立事件 $\bar{A}$ 表示"n 个人的生日全不相同"，因此事件 $\bar{A}$ 的概率为

$$P(\bar{A}) = \frac{A_{365}^n}{365^n} = \frac{365 \cdot 364 \cdot 363 \cdot \cdots \cdot (365-(n-1))}{365^n},$$

即

$$P(A) = 1 - P(\bar{A}) = 1 - \frac{A_{365}^n}{365^n} = 1 - \frac{365 \cdot 364 \cdot 363 \cdot \cdots \cdot (365-(n-1))}{365^n}.$$

如果用 n 表示人数，$P(n)$ 表示 n 人中至少 2 人生日相同的概率，计算得到

$$P(5) = 0.03, \quad P(10) = 0.12, \quad P(20) = 0.41, \quad P(30) = 0.71,$$
$$P(40) = 0.89, \quad P(50) = 0.97, \quad P(56) = 0.99.$$

可以看出，当人数超过 56 人时，至少 2 人生日相同的概率就会超过 99%. 所以，如果一个班的学生超过 56 人，几乎可以肯定地说，一定有 2 人的生日相同.

例 1.11（抽样模型） 一个口袋里装有 N 个大小一样的球，其中有 M 个白球，$N-M$ 个红球. 今从中随机地抽取 n 个球. 试求：

（1）不放回抽样 n 个球中恰有 k 个白球的概率；

（2）有放回抽样 n 个球中恰有 k 个白球的概率.

解 不放回抽样是抽取一个球后不放回，再抽取下一个球，如此重复至抽取 n 个球；有放回抽样是抽取一个球后放回，再抽取下一个球，如此重复至抽取 n 个球.

（1）首先计算样本空间 Ω 中样本点的总数，由于是不放回抽样，从 N 个球中抽取 n 个，所以样本点的总数为 C_N^n，且为等可能发生.

设事件 A 表示"n 个球中恰有 k 个白球"，即需要从 M 个白球中抽取 k 个，从 $N-M$ 个红球中抽取 $n-k$ 个，故事件 A 中含有 $C_M^k C_{N-M}^{n-k}$ 个样本点，所以事件 A 发生的概率为

$$P(A) = \frac{C_M^k C_{N-M}^{n-k}}{C_N^n} \quad (k = \max\{0, n+M-N\}, \cdots, \min\{n, M\}).$$

（2）若采取有放回抽样，每次都是从 N 个球中抽取 1 个，共进行 n 次，所以样本空间 Ω 中样本点的总数为 N^n，且为等可能发生.

设事件 A 表示"n 个球中恰有 k 个白球"，则 n 个球中恰有 k 个白球的取法数为 C_n^k；由于每次抽到白球都是从 M 个白球中抽取 1 个，故有 M^k 种可能；同时，还要从 $N-M$ 件红球中选取 $n-k$ 次，故有 $(N-M)^{n-k}$ 种可能，因此事件 A 中含有 $C_n^k M^k (N-M)^{n-k}$ 个样本点.所以可得事件 A 发生的概率为

$$P(A) = \frac{C_n^k M^k (N-M)^{n-k}}{N^n} \quad (k = 0, 1, \cdots, n).$$

2. 几何概型

由前面古典概型例题的计算可知，其只适用于具有等可能性的有限样本空间.对于试验结果无限多的样本空间，它就不再适合.为了克服这种局限性，现将古典概型推广如下：

定义 1.6 若随机试验 E 的样本空间 Ω 为空间中的一个有界区域，且 Ω 中每个样本点出现的可能性相同，则称试验 E 为几何概型.随机事件 $A \subset \Omega$ 发生的概率为

$$P(A) = \frac{m(A)}{m(\Omega)},$$

其中，$m(\cdot)$ 表示长度、面积、体积等.

几何概型中的等可能性可以理解为：事件 A 发生的概率与 A 的度量（长度、面积、体积等）成正比，与 A 的位置和形状都没有关系.

例 1.12 如图 1-7 所示，A, B 两盏路灯之间的距离是 30 m，由于光线较暗，想在其间再随意安装两盏路灯 C, D，问 A 与 C，B 与 D 之间的距离都不小于 10 m 的概率是多少？

图 1-7

解 设事件 E 表示"A 与 C，B 与 D 之间的距离都不小于 10 m"，把 AB 三等分，则中间长度为 $30 \times \frac{1}{3} = 10$ m，所以

$$P(E) = \frac{10}{30} = \frac{1}{3}.$$

例 1.13 如图 1-8 所示，射箭比赛的箭靶涂有五个彩色的分环，从外向内依次为白色、黑色、蓝色、红色，靶心为金色.金色靶心叫"黄心".奥运会的比赛靶面直径为 122 cm，靶心直径为 12.2 cm.运动员在 70 m 外射箭.假设运动员射的箭都能中靶，且射中靶面内任一点都是等可能的，那么射中黄心的概率为多少？

解 设事件 A 表示"射中黄心".由于中靶点随机地落在面积为 $\frac{1}{4} \times \pi \times 122^2 \ \text{cm}^2$ 的大圆内，而当中靶点落在面积为 $\frac{1}{4} \times \pi \times 12.2^2 \ \text{cm}^2$ 的黄心时表示事件 A 发生，故事件 A 发生的概率为

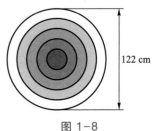

122 cm

图 1-8

$$P(A) = \frac{\frac{1}{4} \times \pi \times 12.2^2}{\frac{1}{4} \times \pi \times 122^2} = 0.01.$$

例 1.14(约会问题) 甲、乙两人约定在某天的 10 时到 11 时之间在学校图书馆碰面，约定先到者等候 20 min，过时即离去.若每人在这指定的 1 h 内任一时刻到达是等可能的，求两人能碰面的概率.

解 设 x, y 为两人到达预定地点的时刻(从 10 时开始的分钟数)，则两人到达时刻的一切可能结果落在边长为 60 的正方形内，这个正方形就是样本空间 Ω，而两人能见面的充要条件是 $|x-y| \leq 20$，即 $x-y \leq 20$ 且 $y-x \leq 20$.

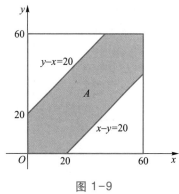

图 1-9

设事件 A 表示"两人能碰面"，其区域如图 1-9 阴影部分所示，则

$$P(A) = \frac{m(A)}{m(\Omega)} = \frac{60^2 - 40^2}{60^2} = \frac{5}{9}.$$

习题 1-2

1. 对事件 A, B 和 C，已知 $P(A) = P(B) = P(C) = \frac{1}{4}, P(AB) = P(CB) = 0, P(AC) = \frac{1}{8}$，求 A, B, C 中至少有一个发生的概率.

2. 设 $P(A) = \frac{1}{3}, P(B) = \frac{1}{2}$，试就以下三种情况分别求 $P(\bar{A}B)$：

(1) $AB = \varnothing$； (2) $A \subset B$； (3) $P(AB) = \frac{1}{8}$.

3. 设随机事件 A, B 满足 $P(B) = \frac{1}{3}, P(A \cup B) = \frac{1}{2}$，求 $P(A\bar{B})$.

4. 设 A, B 是两个事件且 $P(A) = 0.6, P(B) = 0.7$，问
(1) 在什么条件下 $P(AB)$ 取到最大值，最大值是多少？
(2) 在什么条件下 $P(AB)$ 取到最小值，最小值是多少？

5. (1) 已知

$$P(A) = \frac{1}{2}, \quad P(B) = \frac{1}{3}, \quad P(C) = \frac{1}{5}, \quad P(AB) = \frac{1}{10},$$

$$P(AC) = \frac{1}{15}, \quad P(BC) = \frac{1}{20}, \quad P(ABC) = \frac{1}{30},$$

求 $A \cup B, \bar{A}\bar{B}, A \cup B \cup C, \bar{A}\bar{B}\bar{C}, \bar{A}B\bar{C}, \bar{A}\bar{B} \cup C$ 发生的概率.

(2) 已知 $P(A) = \frac{1}{2}$，1) 若 A, B 互不相容，求 $P(A\bar{B})$；2) 若 $P(AB) = \frac{1}{8}$，求 $P(A\bar{B})$.

6. 设事件 A,B,C 满足 $AB \subset C$,试证明 $P(A)+P(B)-P(C) \leqslant 1$.

7. 在房间里有 10 个人,分别佩戴从 1 号到 10 号的纪念章,任选 3 人记录其纪念章的号码.求:

（1）最小号码为 5 的概率;

（2）最大号码为 5 的概率.

8. 袋中有 12 个球,其中红球 5 个、白球 4 个、黑球 3 个.从中任取 9 个,求其中恰好有 4 个红球、3 个白球、2 个黑球的概率.

9. 一个宿舍中住有 6 位同学,计算下列事件发生的概率:

（1）6 人中至少有 1 人生日在 10 月份; 　（2）6 人中恰有 4 人生日在 10 月份;

（3）6 人中恰有 4 人生日在同一月份; 　（4）6 人中至少有 2 人生日恰好在同一月份.

10. 10 把钥匙中有 3 把能打开门,今任取 2 把,求能打开门的概率.

11. 从一副扑克牌(52 张,无大王、小王)任取 3 张(不重复),计算取出的 3 张牌中至少有 2 张花色相同的概率.

12. 已知 10 个电脑芯片中有 2 个次品,从其中任取 2 次,每次任取 1 个,作不放回抽样.设事件 $A_i = \{$第 i 次取出的是正品$\}$ $(i=1,2)$.

（1）若 2 个都是次品,用 A_1,A_2 表示该事件并求其发生的概率;

（2）若第二次取出的是次品,用 A_1,A_2 表示该事件并求其发生的概率.

13. 在 1 500 个产品中有 400 个次品,1 100 个正品.从中任取 200 个.求:

（1）恰有 90 个次品的概率;

（2）至少有 2 个次品的概率.

14. 将三封信随机地放入标号为 1,2,3,4 的四个空邮筒,求以下事件发生的概率:

（1）恰有三个邮筒各有一封信;

（2）2 号邮筒恰有两封信;

（3）恰好有一个邮筒有三封信.

15. 甲、乙两人约定下午 1 时到 2 时之间到某站乘公共汽车,又这段时间内有 4 班公共汽车,它们的开车时刻分别为 1:15、1:30、1:45、2:00.假定甲、乙两人到达车站的时刻是相互不牵连的,且每人在 1 时到 2 时的任何时刻到达车站是等可能的.如果他们约定最多等一辆车,求甲、乙同乘一车的概率.

16. 甲、乙两艘轮船驶向一个不能同时停泊两艘轮船的码头,它们在一昼夜内到达的时刻是等可能的.如果甲船的停泊时间是 1 h,乙船的停泊时间是 2 h,求它们中任何一艘都不需要等候码头空出的概率.

17. 从区间 $(0,1)$ 中随机地取两个数,求:

（1）两个数之和小于 $\dfrac{6}{5}$ 的概率;

（2）两个数之积小于 $\dfrac{1}{4}$ 的概率.

18. 随机地向半圆 $\{(x,y) \mid 0 < y < \sqrt{2ax-x^2}\}$ (a 为正常数)掷一点,点落在圆任何区域的概率与区域的面积成正比,求原点与该点的连线与 x 轴的夹角小于 $\dfrac{\pi}{4}$ 的概率.

1.3 条件概率

1.3.1 条件概率

引例 1.1 假设抛掷一颗均匀的骰子,已知骰子出现的点数是偶数,求点数超过 3 的概率.

根据条件知,基本事件总数 $n_\Omega = 6$.设事件 $A =$ "出现偶数点" $= \{2,4,6\}$,事件 $B =$ "出现的点数超过 3" $= \{4,5,6\}$.所以 $P(A) = \dfrac{3}{6}$,$P(B) = \dfrac{3}{6}$.如果已知出现点数为偶数,则点数超过 3 的概率,即在事件 A 发生的条件下 B 发生的概率,这类概率就称为条件概率,记为 $P(B \mid A)$.根据古典概型,此概率为

$$P(B \mid A) = \frac{2}{3}.$$

如果回到原来的样本空间,事件 A 含有 3 个样本点,事件 B 含有 3 个样本点,积事件 AB 含有 2 个样本点,即 $n_A = 3$,$n_B = 3$,$n_{AB} = 2$.因此 $P(AB) = \dfrac{2}{6}$,

$$P(B \mid A) = \frac{2}{3} = \frac{n_{AB}}{n_A} = \frac{\dfrac{n_{AB}}{n_\Omega}}{\dfrac{n_A}{n_\Omega}} = \frac{P(AB)}{P(A)}.$$

这个例子启发我们给出条件概率的定义如下:

定义 1.7 设 A,B 是两个随机事件,且 $P(A) > 0$,称 $\dfrac{P(AB)}{P(A)}$ 为在事件 A 发生的条件下事件 B 发生的条件概率,记为 $P(B \mid A)$.

容易验证,条件概率 $P(\cdot \mid A)$ 满足概率定义 1.4 的三条公理:

(1) 非负性:对任意的事件 B,有 $P(B \mid A) \geqslant 0$;

(2) 规范性:$P(\Omega \mid A) = 1$;

(3) 可列可加性:若 $B_1, B_2, \cdots, B_n, \cdots$ 为两两互不相容的事件,即

$$B_i B_j = \varnothing \quad (i \neq j, i,j = 1,2,\cdots),$$

则

$$P\left(\bigcup_{i=1}^{\infty} B_i \mid A \right) = \sum_{i=1}^{\infty} P(B_i \mid A).$$

因此,1.2 节中概率的所有性质对条件概率都适用.

例 1.15 抛掷三颗骰子,已知出现的三个点数都不一样,求含有 1 点的概率.

解 设事件 $A =$ "出现的三个点数都不一样",事件 $B =$ "含有 1 点",因此

$$P(A) = \frac{A_6^3}{6^3} = \frac{5}{9}, \qquad P(AB) = \frac{C_3^1 A_5^2}{6^3} = \frac{5}{18},$$

所以由条件概率公式可得

$$P(B\mid A)=\frac{P(AB)}{P(A)}=\frac{1}{2}.$$

例 1.16 一张储蓄卡的密码共有 6 位数字,每位数字都可以从 0~9 中任选一个.某人在银行自动提款机上取钱时,忘记了密码的最后一位数字.求:

(1) 任意按最后一位数字,不超过 2 次就按对密码的概率;

(2) 如果此人记得密码的最后一位数字是偶数,不超过 2 次就按对的概率.

解 设事件 $A_i=$"第 i 次按对密码"$(i=1,2)$,则 $A=A_1\cup(\overline{A_1}A_2)$ 表示"不超过 2 次就按对密码".

(1) 因为事件 A_1 与事件 $\overline{A_1}A_2$ 互不相容,由概率的加法公式得

$$P(A)=P(A_1)+P(\overline{A_1}A_2)=\frac{1}{10}+\frac{9\times1}{10\times9}=\frac{1}{5}.$$

(2) 用事件 B 表示"最后一位按偶数",则

$$P(A\mid B)=P(A_1\mid B)+P(\overline{A_1}A_2\mid B)=\frac{1}{5}+\frac{4\times1}{5\times4}=\frac{2}{5}.$$

例 1.17 设 A,B 为两个事件,且已知 $P(A)=0.5,P(B)=0.7,P(B\mid A)=0.8$,求 $P(A\cup B)$.

解 因为 $0.8=P(B\mid A)=\dfrac{P(AB)}{P(A)}$,得

$$P(AB)=0.8P(A)=0.8\times0.5=0.4,$$

故

$$P(A\cup B)=P(A)+P(B)-P(AB)=0.5+0.7-0.4=0.8.$$

1.3.2 乘法公式

在条件概率定义 $P(B\mid A)=\dfrac{P(AB)}{P(A)}$ 两端同乘 $P(A)$,可得如下结论:

定理 1.1 设 A,B 为随机试验 E 中的两个事件,且 $P(A)>0$,则

$$P(AB)=P(A)P(B\mid A).$$

若 $P(B)>0$,则

$$P(AB)=P(B)P(A\mid B).$$

通常称上面的公式为概率的乘法公式.

概率的乘法公式也可推广到多个事件的情况.例如,设 A,B,C 为任意的三个事件,且 $P(AB)>0$,则

$$P(ABC)=P(A)P(B\mid A)P(C\mid AB).$$

一般地,设 $A_1,A_2,\cdots,A_n$ 为一组事件,且 $P(A_1A_2\cdots A_{n-1})>0$,则

$$P(A_1A_2\cdots A_n)=P(A_1)P(A_2\mid A_1)P(A_3\mid A_1A_2)\cdots P(A_n\mid A_1A_2\cdots A_{n-1}).$$

例 1.18 一批零件共有 100 个,其中 95 个正品,5 个次品,从中不放回取 3 次(每次取 1 个),求第 3 次才取到正品的概率.

解 设事件 $A_i=$"第 i 次取到次品"$(i=1,2,3)$,故事件 $B=$"第 3 次才取到正品"可以表

示成 $A_1 A_2 \overline{A_3}$,则

$$P(B) = P(A_1 A_2 \overline{A_3}) = P(A_1) P(A_2 \mid A_1) P(\overline{A_3} \mid A_1 A_2)$$

$$= \frac{5}{100} \cdot \frac{4}{99} \cdot \frac{95}{98} = \frac{19}{9\ 702}.$$

例 1.19 设盒中有 m 个红球, n 个白球,每次从盒中任取一个球,看后放回,再放入 k 个与所取颜色相同的球.若在盒中连取四次,试求第一次、第二次取到红球且第三次、第四次取到白球的概率.

解 设事件 A_i ="第 i 次取到红球" $(i=1,2,3,4)$,则事件 $\overline{A_i}$ ="第 i 次取到白球" $(i=1, 2,3,4)$,且

$$P(A_1 A_2 \overline{A_3} \overline{A_4}) = P(A_1) P(A_2 \mid A_1) P(\overline{A_3} \mid A_1 A_2) P(\overline{A_4} \mid A_1 A_2 \overline{A_3})$$

$$= \frac{m}{m+n} \cdot \frac{m+k}{m+n+k} \cdot \frac{n}{m+n+2k} \cdot \frac{n+k}{m+n+3k}.$$

1.3.3 全概率公式

全概率公式是概率论中一个非常重要的公式.在计算一些比较复杂的事件的概率问题时,如果能将其分解成一些较容易计算的情况分别进行考虑,可以化繁为简.

定义 1.8 设 Ω 是随机试验 E 的样本空间, $A_1, A_2, \cdots, A_n$ 为 Ω 的一组事件,若该组事件满足:

(1) $A_i A_j = \varnothing (i \neq j, i, j = 1, 2, \cdots, n)$;

(2) $A_1 \cup A_2 \cup \cdots \cup A_n = \Omega$,

则称事件组 $A_1, A_2, \cdots, A_n$ 为样本空间 Ω 的一个划分,如图 1-10 所示.

显然 A 与 $\overline{A}$ 是样本空间 Ω 的一个划分.

定理 1.2(全概率公式) 设 $A_1, A_2, \cdots, A_n$ 为样本空间 Ω 的一个划分,且 $P(A_i) > 0 (i=1, 2, \cdots, n)$,则对于任一事件 B ,

$$P(B) = \sum_{i=1}^{n} P(A_i) P(B \mid A_i).$$

证 因为 $A_1, A_2, \cdots, A_n$ 为样本空间 Ω 的一个划分(图 1-11),所以

$$A_i A_j = \varnothing \quad (i \neq j, i, j = 1, 2, \cdots, n),$$

且

$$A_1 \cup A_2 \cup \cdots \cup A_n = \Omega.$$

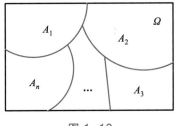

图 1-10

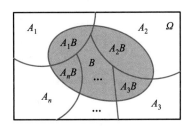

图 1-11

故

$$(A_iB)(A_jB) = \varnothing \quad (i \neq j, i,j = 1,2,\cdots,n),$$

且

$$B = \Omega B = (A_1 \cup A_2 \cup \cdots \cup A_n)B$$
$$= A_1B \cup A_2B \cup \cdots \cup A_nB.$$

由概率的有限可加性和乘法公式得

$$P(B) = P(A_1B) + P(A_2B) + \cdots + P(A_nB)$$
$$= P(A_1)P(B \mid A_1) + P(A_2)P(B \mid A_2) + \cdots + P(A_n)P(B \mid A_n)$$
$$= \sum_{i=1}^{n} P(A_i)P(B \mid A_i).$$

例 1.20　设某工厂有两个车间生产同型号家用电器,第 1 车间的次品率为 0.15,第 2 车间的次品率为 0.12,两个车间的成品都混合堆放在一个仓库.假设第 1,2 车间生产的成品比例为 2：3,今有一客户从成品仓库中随机提出一台电器,求该电器合格的概率.

解　设事件 A_i = "提出的电器是第 i 车间生产的"($i = 1,2$),B = "从仓库中随机提出的一台电器合格",则 $B = A_1B \cup A_2B$.由题意可知,

$$P(A_1) = \frac{2}{5}, \quad P(A_2) = \frac{3}{5}, \quad P(B \mid A_1) = 0.85, \quad P(B \mid A_2) = 0.88,$$

故由全概率公式得

$$P(B) = P(A_1B) + P(A_2B)$$
$$= 0.4 \times 0.85 + 0.6 \times 0.88 = 0.868.$$

例 1.21　设盒中有 m 个红球,n 个白球,今随机地从中取出一个,观察其颜色后放回,再放入 k 个与所取颜色相同的球,再从盒中第二次抽取一球,求第二次取到白球的概率.

解　设事件 A = "第一次取到白球",B = "第二次取到白球",则 $B = AB \cup \bar{A}B$,由全概率公式得

$$P(B) = P(AB \cup \bar{A}B) = P(A)P(B \mid A) + P(\bar{A})P(B \mid \bar{A})$$
$$= \frac{n}{m+n} \cdot \frac{n+k}{m+n+k} + \frac{m}{m+n} \cdot \frac{n}{m+n+k}$$
$$= \frac{n}{m+n}.$$

1.3.4　贝叶斯公式

定理 1.3(贝叶斯公式)　设 $A_1, A_2, \cdots, A_n$ 为样本空间 Ω 的一个划分,且

$$P(A_i) > 0 \quad (i = 1,2,\cdots,n).$$

对于任一事件 B,若 $P(B) > 0$,则

$$P(A_i \mid B) = \frac{P(A_i)P(B \mid A_i)}{\sum\limits_{j=1}^{n} P(A_j)P(B \mid A_j)} \quad (i = 1,2,\cdots,n).$$

证　由条件概率的定义可知

$$P(A_i \mid B) = \frac{P(A_iB)}{P(B)}.$$

由全概率公式和乘法公式可得

$$P(A_i \mid B) = \frac{P(A_i)P(B \mid A_i)}{\sum\limits_{j=1}^{n} P(A_j)P(B \mid A_j)}.$$

例 1.22　设某公路上经过的货车与客车的数量之比为 2∶1,货车中途停车修理的概率为 0.02,客车的为 0.01,今有一辆汽车(仅考虑货车与客车)中途停车修理,求该汽车是货车的概率.

解　设事件 B＝"中途停车修理",A_1＝"该汽车是货车",A_2＝"该汽车是客车",则

$$B = A_1B \cup A_2B, \quad (A_1B)(A_2B) = \varnothing,$$

由贝叶斯公式有

$$P(A_1 \mid B) = \frac{P(A_1)P(B \mid A_1)}{P(A_1)P(B \mid A_1) + P(A_2)P(B \mid A_2)}$$

$$= \frac{\dfrac{2}{3} \times 0.02}{\dfrac{2}{3} \times 0.02 + \dfrac{1}{3} \times 0.01} = 0.8.$$

例 1.23　设机器状态良好时,产品的合格率为 95%,而当机器发生某种故障时,产品的合格率为 50%,并设机器状态良好的概率为 90%.已知某日生产的第一件产品是合格品,求机器状态良好的概率.

解　用事件 A＝"产品合格",B＝"机器状态良好",则

$$P(B) = 0.9, \quad P(\overline{B}) = 0.1, \quad P(A \mid B) = 0.95, \quad P(A \mid \overline{B}) = 0.5,$$

由贝叶斯公式得

$$P(B \mid A) = \frac{P(AB)}{P(A)} = \frac{P(B)P(A \mid B)}{P(B)P(A \mid B) + P(\overline{B})P(A \mid \overline{B})}$$

$$= \frac{0.9 \times 0.95}{0.9 \times 0.95 + 0.1 \times 0.5} = 0.945.$$

例 1.24　由以往的临床记录,某种诊断癌症的试验具有如下效果:被诊断者患有癌症,试验反应为阳性的概率为 0.95;被诊断者未患癌症,试验反应为阴性的概率为 0.98.现对自然人群进行普查,设被试验的人群中患有癌症的概率为 0.005,求:已知试验反应为阳性,该被诊断者确有癌症的概率.

解　设 A＝"患有癌症",$\overline{A}$＝"未患癌症",B＝"试验反应为阳性",则由题意可知

$$P(A) = 0.005, \quad P(\overline{A}) = 0.995,$$

$$P(B \mid A) = 0.95, \quad P(\overline{B} \mid \overline{A}) = 0.98,$$

$$P(B \mid \overline{A}) = 1 - 0.98 = 0.02.$$

由贝叶斯公式可得

$$P(A \mid B) = \frac{P(A)P(B \mid A)}{P(A)P(B \mid A) + P(\bar{A})P(B \mid \bar{A})} = 0.193.$$

在上面例子中,根据以往的数据分析,患有癌症的被诊断者,试验反应为阳性的概率为 0.95;未患癌症的被诊断者,试验反应为阴性的概率为 0.98,这种概率叫做先验概率.而在得到试验反应为阳性,该被诊断者确有癌症的概率为 0.193,这种经过修正的概率叫做后验概率.计算结果表明,该试验的普查正确率只有 0.193(即 1 000 人具有阳性反应的人中大约只有 193 人的确患有癌症),由此可看出,若混淆 $P(B \mid A)$ 和 $P(A \mid B)$ 就会造成误诊的不良后果.

概率乘法公式、全概率公式、贝叶斯公式是与条件概率有关的 3 个重要公式.它们在解决某些复杂事件的概率问题中起到十分重要的作用.

习题 1-3

1. 已知 $P(A) = \dfrac{1}{3}$,$P(B \mid A) = \dfrac{1}{4}$,$P(A \mid B) = \dfrac{1}{6}$,求 $P(A \cup B)$.

2. 某种灯泡能用 3 000 h 的概率为 0.8,能用 3 500 h 的概率为 0.7.求一只灯泡已用了 3 000 h 还可以再用 500 h 的概率.

3. 两个箱子中装有同类型的零件,第一箱装有 60 只,其中 15 只一等品;第二箱装有 40 只,其中 15 只一等品.求在以下两种取法下恰好取到 1 只一等品的概率:

(1) 将两个箱子都打开,取出所有的零件混放在一起,从中任取 1 只零件;

(2) 从两个箱子中任意挑出一个箱子,然后从该箱中随机地取出 1 只零件.

4. 某市男性的色盲发病率为 7%,女性的色盲发病率为 0.5%.今有一人到医院求治色盲,求此人为女性的概率.(设该市男性与女性数量之比为 0.502 : 0.498.)

5. 袋中有 a 个黑球,b 个白球($a, b \geqslant 3$),甲、乙、丙三人依次从袋中取出一个球(取后不放回),分别求出他们各自取到白球的概率.

6. 已知甲袋中有 6 个红球,4 个白球;乙袋中有 8 个红球,6 个白球.求下列事件的概率:

(1) 随机取一袋,再从该袋中随机取一球,该球是红球;

(2) 合并两袋,从中随机取一球,该球是红球.

1.4 事件的独立性与伯努利概型

1.4.1 事件的独立性

独立性是概率论与数理统计中一个重要的概念,下面我们通过一个例子来引入独立性.

引例 1.2 设盒中有 5 个大小相同的球,其中有 3 个红球,2 个白球.现每次取出一个,有放回地取两次.记事件 A = "第一次取到红球",B = "第二次取到红球",则有

$$P(B \mid A) = \frac{3}{5} = P(B).$$

一般来说,对随机试验 E 的两个事件 A,B,当 $P(A)>0$ 时,未必有 $P(B \mid A)=P(B)$;但在某些条件下 $P(B \mid A)=P(B)$(如引例 1.2),则

$$P(AB)=P(A)P(B \mid A)=P(A)P(B).$$

它表示 A 的发生并不影响 B 发生的可能性大小.故我们得如下事件相互独立的定义:

定义 1.9 设 A,B 为两个事件,如果满足等式

$$P(AB)=P(A)P(B),$$

则称事件 A 与 B 相互独立,简称 A 与 B 独立.

由独立性的定义易知,若事件 A 与 B 相互独立且 $P(A)>0$,$P(B)>0$,则

$$P(AB)=P(A)P(B)>0,$$

因此 $AB \neq \varnothing$,故 A 与 B 为相容事件;反之,若 $AB=\varnothing$,则 $P(AB)=0$,但 $P(A)P(B)>0$,所以 $P(AB) \neq P(A)P(B)$,即 A 与 B 不独立.综上可知,当 $P(A)>0$,$P(B)>0$ 时,A 与 B 相互独立和 A 与 B 为不相容事件不可能同时成立.

定理 1.4 若事件 A 与 B 相互独立,则下列各对事件也相互独立:

$$A \text{ 与 } \bar{B}, \quad \bar{A} \text{ 与 } B, \quad \bar{A} \text{ 与 } \bar{B}.$$

证 由于事件 A 与 B 相互独立,则 $P(AB)=P(A)P(B)$.因为

$$P(A)=P(A\Omega)=P(A(B \cup \bar{B}))$$
$$=P(AB)+P(A\bar{B})=P(A)P(B)+P(A\bar{B}),$$

可以推出

$$P(A\bar{B})=P(A)-P(AB)=P(A)-P(A)P(B)$$
$$=P(A)(1-P(B))=P(A)P(\bar{B}),$$

故 A 与 $\bar{B}$ 相互独立.由此即可推出 $\bar{A}$ 与 $\bar{B}$ 相互独立,再由 $\bar{\bar{B}}=B$,又可推出 $\bar{A}$ 与 B 相互独立.

这个定理也告诉我们,以上四对事件中,只要有其中一对是相互独立的,则其余三对每对也相互独立.

定理 1.5 设 A,B 为两个事件且 $0<P(A)<1$,则

$$P(B \mid A)=P(B) \Leftrightarrow P(AB)=P(A)P(B).$$

证 由 $P(B \mid A)=P(B)$,可得

$$\frac{P(AB)}{P(A)}=P(B), \quad \text{即} \quad P(AB)=P(A)P(B).$$

以上过程都是可逆的,结论得证.

下面我们将相互独立性推广到三个事件的情况.

定义 1.10 设 A,B,C 为三个事件,如果满足等式

$$P(AB)=P(A)P(B),$$
$$P(AC)=P(A)P(C),$$
$$P(BC)=P(B)P(C),$$

则称事件 A,B,C 两两相互独立.

定义 1.11 设 A,B,C 为三个事件,如果满足等式

$$P(AB)=P(A)P(B),$$

$$P(AC) = P(A)P(C),$$
$$P(BC) = P(B)P(C),$$
$$P(ABC) = P(A)P(B)P(C),$$

则称事件 A, B, C 相互独立.

一般地，设 $A_1, A_2, \cdots, A_n$ 是 $n(n \geqslant 2)$ 个事件，如果对任意的两个事件 $A_i, A_j (i \neq j)$，都有

$$P(A_i A_j) = P(A_i)P(A_j) \quad (i \neq j),$$

则称事件 $A_1, A_2, \cdots, A_n$ 两两相互独立；如果对于任意 $k(1 < k \leqslant n)$，任意 $1 \leqslant i_1 < i_2 < \cdots < i_k \leqslant n$，成立等式

$$P(A_{i_1} A_{i_2} \cdots A_{i_k}) = P(A_{i_1})P(A_{i_2}) \cdots P(A_{i_k}),$$

则称 $A_1, A_2, \cdots, A_n$ 相互独立.

由前面的知识，我们可以得到下面两个结论：

（1）若 n 个事件 $A_1, A_2, \cdots, A_n (n \geqslant 2)$ 相互独立，则其中任意 $k(2 \leqslant k < n)$ 个事件也相互独立；

（2）若 n 个事件 $A_1, A_2, \cdots, A_n (n \geqslant 2)$ 相互独立，则将 $A_1, A_2, \cdots, A_n$ 中任意 $k(1 \leqslant k \leqslant n)$ 个事件换成它们的对立事件，所得的 n 个事件仍相互独立.

在实际问题中，对于事件的相互独立性往往不是根据定义来判断，而是根据实际意义确定的.

例 1.25 有四张卡片，一张涂红色，一张涂黄色，一张涂蓝色，另一张涂红、黄、蓝三色.设事件 A 表示"从四张卡片中摸出一张有红色"，事件 B 表示"从四张卡片中摸出一张有黄色"，事件 C 表示"从四张卡片中摸出一张有蓝色".（1）判断事件 A, B, C 是否两两独立；（2）判断三个事件 A, B, C 是否独立.

解　（1）由题意可知，

$$P(A) = \frac{2}{4}, \quad P(B) = \frac{2}{4}, \quad P(C) = \frac{2}{4}, \quad 且 \quad P(AB) = \frac{1}{4}.$$

因为 $P(A)P(B) = \frac{2}{4} \times \frac{2}{4} = \frac{1}{4}$，故 $P(AB) = P(A)P(B)$.同理可得

$$P(AC) = P(A)P(C), \quad P(BC) = P(B)P(C),$$

即三个事件 A, B, C 两两相互独立.

（2）由题意可知

$$P(ABC) = \frac{1}{4} \neq P(A)P(B)P(C) = \frac{1}{8}.$$

故 A, B, C 三个事件不相互独立.

从这个例子可以看出，事件 A, B, C 两两相互独立，但不相互独立.

例 1.26 某型号的高射炮，每门发射一发炮弹击中飞机的概率 0.6.现在有若干门高射炮同时独立地对来犯敌机各发射一发炮弹，要求击中敌机的概率超过 99%，则至少需要多少门这种高射炮？

解　设需要 n 门高射炮，事件 $A =$ "飞机被击中"，$A_i =$ "第 i 门高射炮击中飞机"（$i = 1, 2, \cdots, n$），则

$$P(A) = P(A_1 \cup A_2 \cup \cdots \cup A_n) = 1 - P(\overline{A_1 \cup A_2 \cup \cdots \cup A_n})$$
$$= 1 - P(\overline{A_1})P(\overline{A_2}) \cdots P(\overline{A_n}) = 1 - (1 - 0.6)^n \geqslant 0.99,$$

化简得 $0.4^n \leqslant 0.01$,解得

$$n \geqslant 6.$$

故要求击中敌机的概率超过 99%,至少需要 6 门这种高射炮.

1.4.2 伯努利概型

伯努利试验是一种只有两个结果的简单随机试验,它的结果为正或反、成功或失败、中或不中、黑或白、开或关等.生活中这样的例子很普遍,比如我们观察从一副纸牌中任取一张的颜色,它为黑色或者红色;接生一个婴儿是男孩或女孩;某天或者遇到沙尘暴,或者遇不到沙尘暴.在每一种情况下,很容易设计一种结果为"成功",另外一种结果为"失败",比如取出一张牌为黑色、婴儿为男孩、没有遇到沙尘暴都可以表示为"成功".但是从概率的角度来看,选择红色牌、女孩、遇到沙尘暴为成功也不会产生差异.在这种场合下,"成功"仅表示事件发生,没有价值取向的色彩.

研究单个伯努利试验的意义不是很大,但是若我们反复进行伯努利试验,并观察这些试验有多少次是成功的,多少次是失败的,事情就变得非常有意义了,这些累计记录包含了很多潜在的非常有用的信息.

设事件 A 在一次试验中发生的概率 $P(A)=p(0<p<1)$,则 $P(\overline{A})=1-p$.将该试验独立重复地进行 n 次,则称这 n 次独立重复试验为 n 重伯努利试验或 n 重伯努利概型.这里"重复"表示每次试验是在相同条件下进行的,即在每次试验中,事件 A 发生的概率不变;"独立"表示每次试验的结果互不影响.

对于 n 重伯努利概型,我们关心的是在 n 次试验中 A 发生 k 次的概率.通常用 $P_n(k)$ 表示这个概率.

设事件 A_i 表示"第 i 次试验中 A 发生"($i=1,2,\cdots,n$),因此

$$P(A_i)=p, \quad P(\overline{A_i})=1-p \quad (i=1,2,\cdots,n).$$

事件 A 在指定的 k 次试验中发生,而在其余 $n-k$ 次试验中不发生的概率为

$$p^k(1-p)^{n-k}.$$

事件 A 发生 k 次可以有各种排列顺序,共有 C_n^k 种,而这 C_n^k 种排列所对应的 C_n^k 个事件是两两互不相容的.由概率加法公式得

$$P_n(k)=C_n^k p^k(1-p)^{n-k} \quad (k=0,1,2,\cdots,n).$$

这就得出了 n 重伯努利概型事件 A 发生 k 次的概率的计算公式.

例 1.27 某人射击,每次命中的概率为 0.7,现独立射击 5 次,求恰好命中 2 次的概率.

解 设事件 A 表示"某人射击命中",则

$$P(A)=0.7, \quad P(\overline{A})=1-0.7=0.3.$$

以 $P_5(2)$ 表示射击 5 次恰好命中 2 次的概率,由伯努利概型计算公式可得

$$P_5(2)=C_5^2 0.7^2 0.3^3=0.132\ 3.$$

例 1.28 假设购买一张彩票中奖的概率为 0.01,问需要买多少张彩票才使至少中一次奖的概率不小于 0.95?

解 设需要购买 n 张彩票,事件 A 表示"购买一张彩票中奖",则

$$P(A)=0.01, \quad P(\bar{A})=1-0.01=0.99.$$

以事件 B 表示"中奖", $P_n(k)$ 表示 n 张彩票中恰好有 k 张中奖的概率,由伯努利概型计算公式可得

$$P(B)=\sum_{i=1}^{n}P_n(i)=1-P_n(0)$$
$$=1-C_n^0 0.01^0 0.99^n$$
$$=1-0.99^n \geqslant 0.95,$$

解得 $n \geqslant 298.07$.故需要买 299 张彩票才能保证中奖的概率不小于 0.95.

 习题 1-4

1. 已知事件 A,B,C 互相独立,证明:事件 $\bar{A},\bar{B},\bar{C}$ 也互相独立.

2. 一射手对同一目标进行 4 次独立的射击,若至少射中一次的概率为 $\dfrac{80}{81}$,求此射手每次射击的命中率.

3. 甲、乙、丙三人同时各用一发子弹对目标进行射击,三人各自击中目标的概率分别是 $0.4,0.5,0.7$.目标被击中一次而冒烟的概率为 0.2,被击中两次而冒烟的概率为 0.6,被击中三次则必定冒烟,求目标冒烟的概率.

4. 甲、乙、丙三人抢答一道智力竞赛题,他们抢到答题权的概率分别为 $0.2,0.3,0.5$,而他们能将题答对的概率分别为 $0.9,0.4,0.4$.现在这道题已经答对,问甲、乙、丙三人谁答对的可能性最大.

5. 某学校五年级有两个班,一班 50 名学生,其中 10 名女生;二班 30 名学生,其中 18 名女生.在两个班中任选一个班,然后从中先后挑选两名学生,求:

(1) 先选出的是女生的概率;

(2) 在已知先选出的是女生的条件下,后选出的也是女生的概率.

6. 设 A,B 为两个事件,$P(A|B)=P(A|\bar{B})$,$P(A)>0$,$P(B)>0$,证明:A 与 B 独立.

本 章 小 结

在一个随机试验中总可以找出一组基本结果,由一切可能结果组成的集合 Ω 称为样本空间,样本空间 Ω 的子集称为随机事件.由于事件是集合,所以事件的关系和运算可以用集合的关系和运算来处理.集合的关系和运算大家是熟悉的,重要的是要知道它们在概率论中的含义.

我们不仅要明确一个试验中可能会发生哪些事件,更重要的是知道某些事件在一次试验中发生的可能性大小,事件发生的频率的稳定性表明刻画事件发生可能性大小的数——概率——是客观存在的.我们从频率的稳定性和频率的性质得到启发,给出了概率的公理化

定义,并由此推出了概率的一些基本性质.

古典概型是只有有限个基本事件且每个基本事件发生的可能性相等的概率模型.计算古典概型中事件 A 发生的概率,关键是明白试验的基本事件的具体含义.计算基本事件总数和事件 A 中包含的基本事件数的方法灵活多样,没有固定模式,一般可利用排列、组合及乘法原理、加法原理的知识计算.将古典概型中只有有限个基本事件推广到无限个基本事件的情形,并保留等可能性的条件,就得到几何概型.

条件概率的定义为:在事件 A 发生的条件下,事件 B 发生的概率

$$P(B \mid A) = \frac{P(AB)}{P(A)}, \quad P(A) > 0.$$

条件概率 $P(\cdot \mid A)$ 满足概率的三条公理:

(1) 非负性:对任意的事件 B,有 $P(B \mid A) \geq 0$;

(2) 规范性:$P(\Omega \mid A) = 1$;

(3) 可列可加性:若 $B_1, B_2, \cdots, B_n, \cdots$ 为两两互不相容的事件,即

$$B_i B_j = \varnothing \quad (i \neq j, i, j = 1, 2, \cdots),$$

则

$$P\left(\bigcup_{i=1}^{\infty} B_i \mid A\right) = \sum_{i=1}^{\infty} P(B_i \mid A),$$

因而条件概率是一种概率.对概率证明具有的性质,条件概率也同样具有.

计算条件概率 $P(B \mid A)$ 通常有两种方法:一是按定义,先算出 $P(A)$ 和 $P(AB)$,再求出 $P(B \mid A)$;二是在缩减样本空间 Ω_A 中计算事件 B 发生的概率,即得到 $P(B \mid A)$.

由条件概率定义变形即得到乘法公式:若 $P(A) > 0$,则

$$P(AB) = P(A)P(B \mid A).$$

概率的乘法公式也可推广到多个事件的情况.例如,设 A, B, C 为任意的三个事件,且 $P(AB) > 0$,则

$$P(ABC) = P(A)P(B \mid A)P(C \mid AB).$$

一般地,设 $A_1, A_2, \cdots, A_n$ 为一组事件,且 $P(A_1 A_2 \cdots A_{n-1}) > 0$,则

$$P(A_1 A_2 \cdots A_n) = P(A_1)P(A_2 \mid A_1)P(A_3 \mid A_1 A_2) \cdots P(A_n \mid A_1 A_2 \cdots A_{n-1}).$$

在解题时要注意条件概率 $P(B \mid A)$ 和积事件的概率 $P(AB)$ 的区别.

全概率公式是概率论中一个非常重要的公式.在计算一些比较复杂的事件的概率问题时,如果能将其分解成一些较容易计算的情况分别进行考虑,可以化繁为简,即全概率公式:设 $A_1, A_2, \cdots, A_n$ 为样本空间 Ω 的一个划分,且 $P(A_i) > 0(i = 1, 2, \cdots, n)$,则对于任一事件 B,

$$P(B) = \sum_{i=1}^{n} P(A_i)P(B \mid A_i).$$

由全概率公式和条件概率定义很容易得到贝叶斯公式:设 $A_1, A_2, \cdots, A_n$ 为样本空间 Ω 的一个划分,且 $P(A_i) > 0(i = 1, 2, \cdots n)$,则对于任一事件 B 且 $P(B) > 0$,

$$P(A_i \mid B) = \frac{P(A_i)P(B \mid A_i)}{\sum_{j=1}^{n} P(A_j)P(B \mid A_j)} \quad (i = 1, 2, \cdots, n).$$

若把全概率公式中的 B 视为"果",而把 Ω 的每一划分 A_i 视为"因",则全概率公式反映的是"由因求果".$P(A_i)$ 是根据以往信息和经验得到的,所以称为先验概率.而贝叶斯公式则是"执果溯因",即在"结果"B 已发生的条件下,寻找 B 发生的"原因".公式中 $P(A_i|B)$ 是得到"结果"B 后求出的,称为后验概率.

独立性是概率中一个非常重要的概念,在概率论与数理统计中有广泛的应用.

计算相互独立事件 $A_1, A_2, \cdots, A_n$ 的和的概率,可简化为

$$P(A_1 \cup A_2 \cup \cdots \cup A_n) = 1 - P(\overline{A_1 \cup A_2 \cup \cdots \cup A_n})$$
$$= 1 - P(\overline{A_1}) P(\overline{A_2}) \cdots P(\overline{A_n}).$$

n 重伯努利试验是一类很重要的概率模型.解题前,首先要确认试验是不是多重独立重复试验以及每次试验结果是否只有两个(若有多个结果,可分为两类),并记为 A 和 $\overline{A}$,再确定重数 n 及一次试验中 A 发生的概率 p,以求出事件 A 在 n 重伯努利试验中发生 k 次的概率.

第一章知识结构梳理

第一章总复习题

一、选择题

1. 设 A, B, C 为任意三个事件,则与 A 一定互不相容的事件为(　　).

A. $\overline{A \cup B \cup C}$ 　　　　 B. $\overline{AB} \cup \overline{AC}$ 　　　　 C. $\overline{ABC}$ 　　　　 D. $\overline{A(B \cup C)}$

2. 设 A, B 是任意两个事件,$A \subset B$,$P(B) > 0$,则下列不等式中成立的是(　　).

A. $P(A) < P(A|B)$ 　　　　　　　　　　 B. $P(A) \leqslant P(A|B)$

C. $P(A) > P(A|B)$ 　　　　　　　　　　 D. $P(A) \geqslant P(A|B)$

3. 设随机事件 A 与 B 互不相容,且 $P(A) = p$,$P(B) = q$,则 A 与 B 中恰有一个发生的概率等于(　　).

A. $p+q$ 　　　　　　　　　　　　　　　 B. $p+q-pq$

C. $(1-p)(1-q)$ 　　　　　　　　　　　 D. $p(1-q) + q(1-p)$

4. 若事件 A, B 互斥,且 $P(A) > 0$,$P(B) > 0$,则下列式子成立的是(　　).

A. $P(A|B) = P(A)$ 　　　　　　　　　　 B. $P(B|A) > 0$

C. $P(AB) = P(A)P(B)$ 　　　　　　　　 D. $P(B|A) = 0$

5. 进行一系列独立重复试验,每次试验成功的概率为 p,则在成功 2 次之前已经失败 3 次的概率为(　　).

　　A. $4p(1-p)^3$ 　　B. $C_5^2 p^2 (1-p)^3$ 　　C. $(1-p)^3$ 　　D. $4p^2(1-p)^3$

二、填空题

1. 生产某种电子产品直到有 10 件正品为止,记录生产产品的总件数,样本空间 Ω 为
_____.

2. 事件 A 表示"甲种产品畅销,乙种产品滞销",则其对立事件 $\bar{A}$ 为_____.

3. 假设 A,B 是两个随机事件,且 $AB=\bar{A}\bar{B}$,则 $A\cup B=$ _____ , $AB=$ _____.

4. 设 A,B 两个事件满足 $P(AB)=P(\bar{A}\bar{B})$,且 $P(A)=p$,则 $P(B)=$ _____.

5. 已知事件 A,B,C 满足 $P(A)=P(B)=P(C)=\dfrac{1}{4}$, $P(AB)=P(BC)=0$, $P(AC)=\dfrac{3}{16}$,则 A,B,C 都不发生的概率为____.

6. 在区间 $(0,1)$ 内随机取两个数,则两个数之差的绝对值小于 $\dfrac{1}{2}$ 的概率为____.

7. 已知事件 A,B 满足 $P(A)=0.6$, $P(A\cup B)=0.84$, $P(\bar{B}\mid A)=0.4$,则 $P(B)=$ ____.

8. 随机事件 A,B 满足 $P(A)=0.4$, $P(B)=0.5$, $P(A\mid B)=P(A\mid\bar{B})$,则 $P(A\bar{B})=$
_____.

9. 设两两相互独立的三个事件 A,B 和 C 满足 $ABC=\varnothing$, $P(A)=P(B)=P(C)$,且已知 $P(A\cup B\cup C)=\dfrac{9}{16}$,则 $P(A)=$ ____.

10. 设两个相互独立的事件 A 和 B 都不发生的概率为 $\dfrac{1}{9}$, A 发生 B 不发生的概率与 B 发生 A 不发生的概率相等,则 $P(A)=$ ____.

三、综合题

1. 一盒内放有四个球,它们分别标上 1,2,3,4 号,试根据下列 3 种不同的随机试验,写出对应的样本空间:

(1) 从盒中任取一球后,不放回盒中,再从盒中任取一球,记录两次取球的结果;

(2) 从盒中任取一球后放回,再从盒中任取一球,记录两次取球的结果;

(3) 一次从盒中任取 2 个球,记录取球的结果.

2. (1) 已知事件 A,B 满足 $P(\bar{A})=0.3$, $P(B)=0.4$, $P(A\bar{B})=0.5$.求条件概率 $P(B\mid A\cup\bar{B})$;

(2) 已知事件 A,B 满足 $P(A)=\dfrac{1}{4}$, $P(A\mid B)=\dfrac{1}{2}$, $P(B\mid A)=\dfrac{1}{3}$,求 $P(A\cup B)$.

3. 某产品由甲、乙两车间生产,甲车间产量占 60%,乙车间产量占 40%,且甲车间的正品率为 90%,乙车间的正品率为 95%,求:

(1) 任取一件产品是正品的概率;

(2) 任取一件是次品,它是乙车间生产的概率.

4. 甲、乙二人各自独立地对同一试验重复两次,每次试验的成功率甲为 0.7,乙为 0.6,试求:

(1) 两人试验成功次数相同的概率;

(2) 甲比乙试验成功次数多的概率.

5. 设 A,B 是任意两个事件,其中 A 发生的概率不等于 0 和 1,证明: $P(B|A) = P(B|\bar{A})$ 是事件 A 与 B 独立的充要条件.

历年考研真题精选

一、选择题

1. (2014, Ⅰ,Ⅲ)设随机事件 A 与 B 相互独立,且 $P(B) = 0.5$, $P(A-B) = 0.3$,则 $P(B-A) =$ ( ).

    A. 0.1   B. 0.2   C. 0.3   D. 0.4

2. (2015, Ⅰ,Ⅲ)若 A,B 为任意两个随机事件,则( ).

    A. $P(AB) \leqslant P(A)P(B)$ B. $P(AB) \geqslant P(A)P(B)$

    C. $P(AB) \leqslant \dfrac{P(A)+P(B)}{2}$ D. $P(AB) \geqslant \dfrac{P(A)+P(B)}{2}$

3. (2016,Ⅲ)设 A,B 为两个随机事件,且 $0<P(A)<1$, $0<P(B)<1$,如果 $P(A|B) = 1$,则 ( ).

    A. $P(\bar{B}|\bar{A}) = 1$ B. $P(A|\bar{B}) = 0$

    C. $P(A \cup B) = 1$ D. $P(B|A) = 1$

4. (2017,Ⅰ)设 A,B 为随机事件,若 $0<P(A)<1$, $0<P(B)<1$,则 $P(A|B)>P(A|\bar{B})$ 的充要条件是( ).

    A. $P(B|A)>P(B|\bar{A})$ B. $P(B|A)<P(B|\bar{A})$

    C. $P(\bar{B}|A)>P(B|\bar{A})$ D. $P(\bar{B}|A)<P(B|\bar{A})$

5. (2019,Ⅰ,Ⅲ)设 A,B 为随机事件,则 $P(A) = P(B)$ 的充要条件是( ).

    A. $P(A \cup B) = P(A)+P(B)$ B. $P(AB) = P(A)P(B)$

    C. $P(A\bar{B}) = P(B\bar{A})$ D. $P(AB) = P(\bar{A}\bar{B})$

6. (2020,Ⅰ,Ⅲ)设 A,B,C 为三个随机事件,且 $P(A) = P(B) = P(C) = \dfrac{1}{4}$, $P(AB) = 0$,

$P(AC) = P(BC) = \dfrac{1}{12}$,则 A,B,C 中恰有一个事件发生的概率为( ).

    A. $\dfrac{3}{4}$ B. $\dfrac{2}{3}$ C. $\dfrac{1}{2}$ D. $\dfrac{5}{12}$

7. (2021,Ⅰ,Ⅲ)设 A,B 为随机事件,且 $0<P(B)<1$,下列命题中不成立的是( ).

    A. 若 $P(A|B) = P(A)$,则 $P(A|\bar{B}) = P(A)$

    B. 若 $P(A|B)>P(A)$,则 $P(\bar{A}|\bar{B})>P(\bar{A})$

    C. 若 $P(A|B)>P(A|\bar{B})$,则 $P(A|B)>P(A)$

D. 若 $P(A \mid A \cup B) > P(\overline{A} \mid A \cup B)$，则 $P(A) > P(B)$

二、填空题

1. (2012, Ⅰ, Ⅲ) 设 A, B, C 是随机事件，A 与 C 互不相容，$P(AB) = \dfrac{1}{2}$，$P(C) = \dfrac{1}{3}$，$P(AB \mid \overline{C}) = $ _____ .

2. (2016, Ⅲ) 设袋中有红球、白球、黑球各 1 个，从中有放回地取球，每次取 1 个，直到三种颜色的球都取到时停止，则取球次数恰好为 4 的概率为 ____ .

3. (2018, Ⅰ) 设随机事件 A 与 B 相互独立，A 与 C 相互独立，$BC = \varnothing$，若 $P(A) = P(B) = \dfrac{1}{2}$，$P(AC \mid AB \cup C) = \dfrac{1}{4}$，则 $P(C) = $ _____ .

4. (2018, Ⅲ) 随机事件 A, B, C 相互独立，且 $P(A) = P(B) = P(C) = \dfrac{1}{2}$，则 $P(AC \mid A \cup B) = $ _____ .

第一章部分习题
参考答案

第二章 一维随机变量及其分布

在第一章例 1.2 中,我们发现一些随机试验的结果可以用数来表示,此时它们的样本空间中的每个元素都是一个数,如 Ω_3,Ω_6;但有些则不然,它们的样本空间中的元素不是数,如 Ω_1,因而难以用数学方法来处理.为了能更方便地研究随机试验的各种结果及结果发生的概率,我们引入随机变量,将随机试验的结果数量化,即将随机试验的每一个结果与实数对应起来,使得能统一地处理随机现象,而且过程会更简单直接.本章中我们将主要介绍一维随机变量及其分布.

2.1　随机变量与分布函数

2.1.1　随机变量

先看下面的例子.

例 2.1 （1）抛掷一枚均匀的硬币,观察出现正反面的情形,则样本空间为 $\Omega=\{H,T\}$,其中 H 表示正面向上,T 表示反面向上.这时,可按如下方式设置变量 X:

样本点	H	T
X 的取值	1	0

这就在 2 个样本点与 X 的 2 个取值之间建立了对应关系:
$$\{X=1\}=\{\text{正面向上}\},\quad \{X=0\}=\{\text{反面向上}\}.$$

（2）将一枚均匀的硬币抛掷三次,观察出现正面和反面的情况,样本空间为
$$\Omega=\{TTT,TTH,THT,HTT,THH,HTH,HHT,HHH\}.$$
若变量 X 表示"三次抛掷得到正面 H 的总数",则样本点与 X 的取值之间有如下的对应关系:

样本点	TTT	TTH	THT	HTT	THH	HTH	HHT	HHH
X 的取值	0	1	1	1	2	2	2	3

在这里,8 个样本点 ω 与 X 的 4 个取值 x 建立了对应关系:一个样本点 ω 对应一个 x,但不同的 ω 可以对应相同的 x.这种对应关系就是函数关系,其自变量为样本点 ω,因变量为实数 x,记为 $X=X(\omega)$.随机变量 X 是定义在 Ω 上的实值函数,这里 X 为正面向上的次数,如图 2-1 所示.

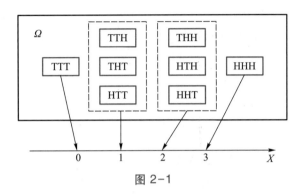

图 2-1

一般地,有以下定义:

定义 2.1 设随机试验 E 的样本空间是 Ω,若对 Ω 中的每一个样本点 ω,有唯一一个实数 $X(\omega)$ 与之对应,则把这个定义域为 Ω 的实值单值函数 $X=X(\omega)$ 称为随机变量.

一般用大写字母 $X,Y,Z,W,\cdots$ 表示随机变量,用小写字母 $x,y,z,w,\cdots$ 表示实数.

据此定义,随机变量 X 是样本点 ω 的函数,它的定义域是样本空间,自变量是样本点,可以是数,也可以不是数,而因变量必须是实数.随机变量可以让不同的样本点与不同的实数相对应,也可以让多个样本点与同一个实数相对应.

随机变量的取值由随机试验的结果决定,而试验的各个结果出现都有一定的概率,故随机变量的取值有一定的概率.例如,在例 2.1(2)中,X 的取值为 1,记为 $\{X=1\}$,对应样本点的集合为 $A=\{HTT,THT,TTH\}$,换句话说,当且仅当事件 A 发生时,有 $\{X=1\}$ 发生.我们称概率 $P(A)=P\{HTT,THT,TTH\}$ 为 $\{X=1\}$ 发生的概率,即

$$P\{X=1\}=P(A)=\frac{3}{8}.$$

类似地,

$$P\{X\geqslant 2\}=P\{HHH,HHT,THH,HTH\}=\frac{1}{2}.$$

在试验之前不能预知试验的结果,因此只有在试验之后才能确定随机变量的确切值.随机变量的取值有一定的概率,这个性质显示了随机变量与普通函数之间的本质差异.

随机变量的引入使我们能用随机变量来描述各种随机现象,并能利用高等数学的方法对随机试验的结果进行更深入广泛的研究和讨论.

2.1.2 分布函数

上一小节讨论了随机变量的取值,这里着重讨论随机变量取值的概率分布规律.一般情况下,随机变量 X 的可能取值不一定能一一列出,因此我们需要研究随机变量落在某区间

$(x_1,x_2]$ 内的概率,即概率 $P\{x_1<X\leqslant x_2\}$,但由于

$$P\{x_1<X\leqslant x_2\}=P\{X\leqslant x_2\}-P\{X\leqslant x_1\},$$

因此研究 $P\{x_1<X\leqslant x_2\}$ 就归结为研究事件 $\{X\leqslant x\}$ 发生的概率问题,其中 x 为任意实数.显然,事件 $\{X\leqslant x\}$ 发生的概率 $P\{X\leqslant x\}$ 随 x 的变化而变化,它是关于 x 的函数,称这个函数为分布函数.下面给出分布函数的定义.

定义 2.2　设 X 是一个随机变量,对于任意实数 x,事件 $\{X\leqslant x\}$ 发生的概率

$$F(x)=P\{X\leqslant x\}$$

称为随机变量 X 的分布函数.

对任意的两个实数 $x_1,x_2(x_1<x_2)$,有

$$P\{x_1<X\leqslant x_2\}=P\{X\leqslant x_2\}-P\{X\leqslant x_1\}$$
$$=F(x_2)-F(x_1).$$

因此,只要已知 X 的分布函数,就可以知道 X 落在任一区间 $(x_1,x_2]$ 内的概率.所以,分布函数可以完整地描述随机变量的统计规律性.

若将随机变量 X 看成数轴上随机点的坐标,那么分布函数 $F(x)$ 可看成事件 $\{-\infty<X\leqslant x\}$ 发生的概率.

任一分布函数 $F(x)$ 具有如下基本性质:

(1) 对于任意实数 x,有 $0\leqslant F(x)\leqslant 1$,且

$$\lim_{x\to-\infty}F(x)=0,\quad 记作\quad F(-\infty)=0;$$
$$\lim_{x\to+\infty}F(x)=1,\quad 记作\quad F(+\infty)=1.$$

可以理解为事件 $\{X<-\infty\}$ 为不可能事件,而 $\{X<+\infty\}$ 是必然事件.

(2) $F(x)$ 为单调不减函数,即当 $x_1<x_2$ 时,有 $F(x_1)\leqslant F(x_2)$.

(3) $F(x)$ 是 x 的右连续函数,即 $F(x^+)=F(x)$.

证明略.

在引进随机变量和分布函数后,我们就能用高等数学的许多结果和方法来研究随机现象了,它们是概率论中的两个很重要的概念.

习题 2-1

一、选择题

1. 设 $F(x)$ 是随机变量 X 的分布函数,则下列结论不正确的是(　　　).

A. 若 $F(a)=0$,则对任意 $x\leqslant a$ 有 $F(x)=0$

B. 若 $F(a)=1$,则对任意 $x\geqslant a$ 有 $F(x)=1$

C. 若 $F(a)=\dfrac{1}{2}$,则 $P\{x\leqslant a\}=\dfrac{1}{2}$

D. 若 $F(a)=\dfrac{1}{2}$,则 $P\{x\geqslant a\}=\dfrac{1}{2}$

2. 若定义函数 $F(x)=P\{X\leqslant x\}$,则 $F(x)$ 是某一随机变量 X 的分布函数的充要条件是(　　　).

A. $0 \leqslant F(x) \leqslant 1$

B. $0 \leqslant F(x) \leqslant 1$,且 $F(-\infty) = 0, F(+\infty) = 1$

C. $F(x)$ 单调不减,且 $F(-\infty) = 0, F(+\infty) = 1$

D. $F(x)$ 单调不减,函数 $F(x)$ 右连续,且 $F(-\infty) = 0, F(+\infty) = 1$

二、判断题

1. 若将随机变量 X 看成数轴上随机点的坐标,那么,分布函数 $F(x)$ 在点 x 处的函数值表示 X 落在区间 $(-\infty, x)$ 上的概率. （　　）

2. 若 $F(x)$ 是随机变量 X 的分布函数,则 $\lim\limits_{x \to +\infty} F(x) = 1$. （　　）

3. 若 $F(x)$ 是随机变量 X 的分布函数,则 $F(x^-) = F(x)$. （　　）

三、综合题

设函数

$$F(x) = \begin{cases} \sin x, & 0 \leqslant x \leqslant \pi, \\ 0, & \text{其他}, \end{cases}$$

试说明 $F(x)$ 能否是某随机变量的分布函数.

2.2　两种类型的随机变量

2.2.1　离散型随机变量及其分布律

若随机变量全部可能的取值为有限个或可列无限个,则称这种随机变量为离散型随机变量.例如在例 2.1(1) 中的随机变量 X 可能取 0,1 两个值,它是一个离散型随机变量.又如某超市一天的顾客数也是离散型随机变量.而电池充满电后的续航时间取值范围是一个区间,无法一一列举出来,因而它是一个非离散型随机变量.

要想全面掌握离散型随机变量 X 的统计规律,必须且只需知道 X 的所有可能取值以及取每一个值的概率.因此有如下分布律定义:

定义 2.3　若离散型随机变量 X 的所有可能取值为 $x_i(i = 1, 2, \cdots)$,事件 $\{X = x_i\}$ 发生的概率为

$$P\{X = x_i\} = p_i \quad (i = 1, 2, \cdots),$$

则称上式为离散型随机变量 X 的分布律(或分布列、概率分布).

分布律也可用表格更直观地表示如下:

X	x_1	x_2	$\cdots$	x_n	$\cdots$
p_i	p_1	p_2	$\cdots$	p_n	$\cdots$

由概率的性质易得,任一离散型随机变量的分布律满足下面两个条件:

(1) 非负性: $p_i \geqslant 0, i = 1, 2, \cdots$;

（2）规范性：$\sum\limits_{i=1}^{\infty} p_i = 1$.

这两个条件也是判别某一数列能否成为某一随机变量的分布律的充要条件.

例 2.2 某自动生产线在调整以后出现废品的概率为 $p(0<p<1)$，生产过程中出现废品时立即重新进行调整.设在两次调整之间生产的合格品数为 X，求 X 的分布律.

解 由题意，事件 $\{X=0\}$ 表示调整后生产的第一个产品是废品，$P\{X=0\}=p$；$\{X=1\}$ 表示调整后生产的第一个产品是合格品，而第二个产品是废品，$P\{X=1\}=(1-p)p$；以此类推，则有 X 的分布律为

$$P\{X=i\} = (1-p)^i p \quad (i=0,1,\cdots),$$

也可以表示为

X	0	1	$\cdots$	n	$\cdots$
p_i	p	$(1-p)p$	$\cdots$	$(1-p)^n p$	$\cdots$

例 2.3 设随机变量 X 的分布律如下：

X	-1	0	1
p_i	0.2	0.5	0.3

求（1）$P\{X\leqslant -0.7\}$；（2）X 的分布函数 $F(x)$.

解 （1）$P\{X\leqslant -0.7\} = P\{X=-1\} = 0.2$.

（2）X 的分布函数 $F(x)=P\{X\leqslant x\}$，因此，当 $x<-1$ 时，

$$P\{X\leqslant x\} = 0;$$

当 $-1\leqslant x<0$ 时，

$$P\{X\leqslant x\} = P\{X=-1\} = 0.2;$$

当 $0\leqslant x<1$ 时，

$$P\{X\leqslant x\} = P\{X=-1\} + P\{X=0\} = 0.2+0.5 = 0.7;$$

当 $x\geqslant 1$ 时，随机事件 $\{X\leqslant x\}$ 为必然事件，因此 $P\{X\leqslant x\}=1$，即

$$P\{X\leqslant x\} = P\{X=-1\} + P\{X=0\} + P\{X=1\}$$
$$= 0.2+0.5+0.3 = 1.$$

可得

$$F(x) = \begin{cases} 0, & x<-1, \\ 0.2, & -1\leqslant x<0, \\ 0.7, & 0\leqslant x<1, \\ 1, & x\geqslant 1. \end{cases}$$

由此可知，已知离散型随机变量 X 的分布律 $P\{X=i\}=p_i(i=1,2,\cdots)$，可以求其分布函数 $F(x)$，仿例 2.3 的计算可知，离散型随机变量 X 的分布函数 $F(x)$ 可表示为

$$F(x) = P\{X\leqslant x\} = \sum_{x_i\leqslant x} p_i.$$

反之，若已知离散型随机变量 X 的分布函数 $F(x)$，并设 X 的所有可能取值为 $x_i(i=1,$

2，…），则

$$P\{X=x_i\}=F(x_i)-F(x_i^-).$$

如例 2.3 中的随机变量 X，可以通过如下过程由分布函数 $F(x)$ 求得其分布律：

$$P\{X=-1\}=P\{X\leqslant-1\}=F(-1)=0.2,$$
$$P\{X=0\}=P\{-1<X\leqslant0\}=F(0)-F(-1)=0.7-0.2=0.5,$$
$$P\{X=1\}=P\{0<X\leqslant1\}=F(1)-F(0)=1-0.7=0.3.$$

2.2.2　连续型随机变量及其密度函数

离散型随机变量的特点是它的所有可能取值可以一一列举，但并非所有的随机变量都如此.如果随机变量的取值充满了数轴上的某个区间（或某几个区间的并），则称其为非离散型随机变量.连续型随机变量就是非离散型随机变量中最常见的一类随机变量.

连续型随机变量的一切可能取值充满某个区间，在这个区间内有不可列个实数.因此描述连续型随机变量的概率分布不能再用分布律表示，而要改用概率密度表示.下面结合一个例子来介绍这个重要概念.

例 2.4　一个半径为 1 m 的圆盘靶，设射中靶上任一圆盘上的点的概率与该圆盘的面积成正比，并设每次射击都能中靶，以 X 表示弹着点与圆心的距离（单位：m），试求随机变量 X 的分布函数.

解　若 $x<0$，因为事件 $\{X\leqslant x\}$ 是不可能事件，所以

$$F(x)=P\{X\leqslant x\}=0.$$

若 $0\leqslant x<1$，由题意知

$$P\{0\leqslant X\leqslant x\}=kx^2,\quad k \text{ 是常数}.$$

为了确定 k 的值，取 $x=1$，有 $P\{0\leqslant X\leqslant1\}=k$，但事件 $\{0\leqslant X\leqslant1\}$ 是必然事件，故

$$P\{0\leqslant X\leqslant1\}=1,\quad 即\quad k=1.$$

于是

$$F(x)=P\{X\leqslant x\}=P\{X<0\}+P\{0\leqslant X\leqslant x\}=x^2.$$

若 $x\geqslant1$，由于事件 $\{X\leqslant1\}$ 是必然事件，于是

$$F(x)=P\{X\leqslant x\}=1.$$

综上得到

$$F(x)=\begin{cases}0,&x<0,\\x^2,&0\leqslant x<1,\\1,&x\geqslant1.\end{cases}$$

它的图形是一条连续的曲线，如图 2-2 所示.

本例中的分布函数还可以写成

$$F(x)=\begin{cases}0,&x<0,\\\displaystyle\int_0^x2t\mathrm{d}t,&0\leqslant x<1,\\1,&1\leqslant x.\end{cases}$$

定义 2.4　如果对随机变量 X 的分布函数 $F(x)$，

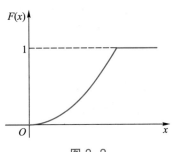

图 2-2

存在非负可积函数 $f(x)$，使对任意实数 x，有

$$F(x) = \int_{-\infty}^{x} f(t) \, dt,$$

则称 X 为(一维)连续型随机变量，$f(x)$ 称为 X 的概率密度函数，简称概率密度.

概率密度 $f(x)$ 与分布函数 $F(x)$ 之间的关系如图 2-3 所示，$F(x) = P\{X \leqslant x\}$ 恰好是 $f(x)$ 在区间 $(-\infty, x]$ 上的积分，也即图中阴影部分的面积.

由定义易知，概率密度 $f(x)$ 具有以下性质：

(1) 非负性：$f(x) \geqslant 0, -\infty < x < +\infty$.

(2) 规范性：$\int_{-\infty}^{+\infty} f(x) \, dx = 1$.

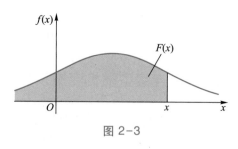

图 2-3

(3) 对任意实数 $x_1, x_2 (x_1 < x_2)$，

$$P\{x_1 < X \leqslant x_2\} = F(x_2) - F(x_1) = \int_{x_1}^{x_2} f(x) \, dx.$$

(4) 若 $f(x)$ 在点 x 处连续，则 $F'(x) = f(x)$.

(5) 对任意一个常数 $a, -\infty < a < +\infty, P\{X = a\} = 0$. 所以，在事件 $\{a \leqslant X \leqslant b\}$ 中剔除 $X = a$ 或剔除 $X = b$，都不影响概率的大小，即

$$P\{a \leqslant X \leqslant b\} = P\{a < X \leqslant b\} = P\{a \leqslant X < b\} = P\{a < X < b\}.$$

需注意的是，这个性质对离散型随机变量是不成立的. 恰恰相反，离散型随机变量计算的就是"点点概率".

例 2.5 设连续型随机变量 X 的概率密度为

$$f(x) = \begin{cases} 6x^2, & 0 < x < 1, \\ 0, & \text{其他}, \end{cases}$$

求：(1) $P\{|X| < 0.5\}$；(2) X 的分布函数 $F(x)$.

解 (1) $P\{|X| < 0.5\} = P\{-0.5 < X < 0.5\} = \int_0^{0.5} 6x^2 \, dx = 0.25$.

(2) 由题意，

$$F(x) = \begin{cases} 0, & x < 0, \\ \int_0^x 6t^2 \, dt, & 0 \leqslant x < 1, \\ \int_0^1 6t^2 \, dt, & x \geqslant 1 \end{cases} = \begin{cases} 0, & x < 0, \\ 2x^3, & 0 \leqslant x < 1, \\ 1, & x \geqslant 1. \end{cases}$$

显然，不难求出 $F(x)$ 的导数即为 x 的概率密度.

习题 2-2

1. 离散型随机变量 X 的分布律为 $P\{X = k\} = b\lambda^k, k = 1, 2, \cdots$，则 λ 为 ( ).

A. 任意正实数   B. $\lambda = b + 1$

C. $\lambda = \dfrac{1}{b+1}$ D. $\lambda = \dfrac{1}{b-1}$

2. 设随机变量 X 的分布律为

X	0	1	2
p_i	0.25	0.35	0.4

而 $F(x)=P\{X\leqslant x\}$,则 $F(\sqrt{2})=$ (   ).

A. 0.6   B. 0.35   C. 0.25   D. 0

3. 设

$$f(x)=\begin{cases}\dfrac{x}{c}\mathrm{e}^{-\frac{x^2}{2c}}, & x>0,\\ 0, & x\leqslant 0\end{cases}$$

是随机变量 X 的概率密度,则常数 c (   ).

A. 可以是任意非零常数   B. 只能是任意正常数

C. 仅取 1   D. 仅取 -1

4. 已知随机变量 X 只能取值 $-1,0,1,2$,且取这四个值的概率依次是 $\dfrac{1}{2c},\dfrac{3}{4c},\dfrac{5}{8c},\dfrac{7}{16c}$,试确定 c ,并计算条件概率 $P\{x=1\mid x\geqslant 0\}$.

5. 设随机变量 X 的概率密度为

$$f(x)=\begin{cases}x, & 0\leqslant x<1,\\ 2-x, & 1\leqslant x\leqslant 2,\\ 0, & 其他,\end{cases}$$

求 $P\left\{\dfrac{1}{2}\leqslant X<\dfrac{3}{2}\right\}$.

6. 一袋中装有 5 个球,编号为 $1,2,3,4,5$.在袋中同时取 3 个,以 X 表示取出的 3 个球中的最大号码,写出随机变量 X 的分布律.

7. 设随机变量 X 的概率密度为

$$f(x)=\begin{cases}cx^2, & 0<x<1,\\ 0, & 其他,\end{cases}$$

求:(1) 常数 c 的值;(2) $P\left\{-1<X<\dfrac{1}{2}\right\}$;(3) X 的分布函数 $F(x)$.

2.3 常见的随机变量的分布

2.3.1 常见的离散型随机变量的分布

1. 伯努利试验、二项分布

用随机变量 X 表示 n 重伯努利试验中事件 A 发生的次数,我们来求 X 的分布律. X 的所

有可能取值为 $0,1,2,\cdots,n$,故在 n 重伯努利试验中事件 A 发生 k 次的概率为

$$P\{X=k\}=\mathrm{C}_n^k p^k(1-p)^{n-k},\quad 0<p<1,k=0,1,2,\cdots,n.$$

称随机变量 X 服从参数为 n,p 的二项分布,记为 $X\sim B(n,p)$.

显然,

$$P\{X=k\}\geqslant 0,\quad k=0,1,2,\cdots,n,$$

$$\sum_{k=0}^{n}P\{X=k\}=\sum_{k=0}^{n}\mathrm{C}_n^k p^k(1-p)^{n-k}=(p+1-p)^n=1,$$

满足离散型随机变量分布律的非负性和规范性.注意到 $\mathrm{C}_n^k p^k(1-p)^{n-k}$ 刚好是二项式 $(p+1-p)^n$ 的展开式中出现 p^k 的那一项,因此二项分布由此得名.

特别地,当 $n=1$ 时,$X\sim B(1,p)$,即有

$$P\{X=k\}=p^k(1-p)^{1-k},\quad 0<p<1,k=0,1,$$

相应的分布律为

X	0	1
p_i	$1-p$	p

表示随机变量 X 只取 0 和 1,故又称随机变量 X 服从参数为 $p(0<p<1)$ 的 $(0-1)$ 分布(或两点分布).

例 2.6　某人进行射击,设每次射击的命中率是 0.02,独立射击 200 次,求至少射中两次的概率.

解　将每一次射击看成一次试验.设击中的次数为 X,则 $X\sim B(200,0.02)$,X 的分布律为

$$P\{X=k\}=\mathrm{C}_{200}^k 0.02^k 0.98^{n-k},\quad k=0,1,2,\cdots,200.$$

于是所求概率为

$$\begin{aligned}
P\{X\geqslant 2\}&=1-P\{X=0\}-P\{X=1\}\\
&=1-0.98^{200}-200\times 0.02\times 0.98^{199}\\
&=0.910\ 624\ 5.
\end{aligned}$$

例 2.7　有一大批产品,已知其次品率为 0.05,现在随机地抽 10 个,求其中至多有 2 个次品的概率.

解　将抽取 1 个产品观察它是否为次品看成一次试验,连续抽取 10 个产品看成连续 10 次重复试验.由于只抽出 10 个,总数比 10 大得多,故可近似看成有放回抽样来处理,即可近似地看成 10 重伯努利试验.记 X 为抽出的 10 个产品中包含的次品数,即有 $X\sim B(10,0.05)$,于是所求概率

$$\begin{aligned}
P\{X\leqslant 2\}&=P\{X=0\}+P\{X=1\}+P\{X=2\}\\
&=0.95^{10}+10\times 0.05\times 0.95^9+45\times 0.05^2\times 0.95^8\\
&=0.988.
\end{aligned}$$

2. 泊松分布

设随机变量 X 的分布律为

$$P\{X=k\}=\frac{\lambda^{k}}{k!}\mathrm{e}^{-\lambda},\quad \lambda>0,k=0,1,2,\cdots,$$

称随机变量 X 服从参数为 λ 的泊松分布,记为 $X\sim P(\lambda)$.

泊松分布也是一种常用的离散型分布,它常常与计数过程相联系,例如,一本书一章内的错别字个数,某医院一天内接收的急诊病人数,某路口一段时间内发生的交通事故次数等,都服从泊松分布.

例 2.8 已知某商店每月销售的某种商品的数量 X 服从参数为 5 的泊松分布.问月初至少预备多少件该种商品才能保证该月不脱销的概率在 95% 以上? 假定上月没有库存,且本月不再进货.

解 设该商品每月需求量为 X,至少需要进货 n 件,才能满足不脱销的概率在 95% 以上,故

$$P\{X\leqslant n\}>0.95.$$

由于 $X\sim P(5)$,上式为

$$\sum_{k=0}^{n}\frac{5^{k}}{k!}\mathrm{e}^{-5}>0.95.$$

查附表 3 可得

$$P\{X\leqslant 8\}=0.931\ 9<0.95,\quad P\{X\leqslant 9\}=0.968\ 2>0.95.$$

所以月初预备 9 件时,才能保证该月不脱销的概率在 95% 以上.

下面介绍一个泊松分布逼近二项分布的定理.在二项分布计算中,当 n 较大时,计算概率就显得十分麻烦.当 p 较小而 $np=\lambda$ 适中时,我们常用泊松分布的概率值作为二项分布的概率值近似计算.我们有如下的定理:

泊松定理 在 n 重伯努利试验中,记 p_{n} 为事件 A 在一次试验中发生的概率,设 $np_{n}=\lambda$($\lambda>0$ 是一个常数,n 是任意正整数),则对任一非负整数 k,有

$$\lim_{n\to\infty}\mathrm{C}_{n}^{k}p_{n}^{k}(1-p_{n})^{n-k}=\frac{\lambda^{k}}{k!}\mathrm{e}^{-\lambda}.$$

证 由 $p_{n}=\dfrac{\lambda}{n}$,故

$$\mathrm{C}_{n}^{k}p_{n}^{k}(1-p_{n})^{n-k}=\frac{n(n-1)\cdots(n-k+1)}{k!}\left(\frac{\lambda}{n}\right)^{k}\left(1-\frac{\lambda}{n}\right)^{n-k}$$

$$=\frac{\lambda^{k}}{k!}\left(1-\frac{1}{n}\right)\left(1-\frac{2}{n}\right)\cdots\left(1-\frac{k-1}{n}\right)\left(1-\frac{\lambda}{n}\right)^{n-k}.$$

对固定的 k 有

$$\lim_{n\to\infty}\left(1-\frac{\lambda}{n}\right)^{n-k}=\mathrm{e}^{-\lambda},\quad \lim_{n\to\infty}\left(1-\frac{1}{n}\right)\left(1-\frac{2}{n}\right)\cdots\left(1-\frac{k-1}{n}\right)=1,$$

故有

$$\lim_{n\to\infty}\mathrm{C}_{n}^{k}p_{n}^{k}(1-p_{n})^{n-k}=\frac{\lambda^{k}}{k!}\mathrm{e}^{-\lambda}.$$

例 2.9 计算机硬件公司制造某种特殊型号芯片 1 000 件,次品率为 0.001,各芯片为次品是相互独立的.求产品中至少有 2 个次品的概率.

解 所求概率为

$$P\{X \geqslant 2\} = 1 - P\{X=0\} - P\{X=1\}$$
$$= 1 - 0.999^{1\,000} - 1\,000 \times 0.001 \times 0.999^{999}$$
$$= 1 - 0.367\,695\,4 - 0.368\,063\,5 = 0.264\,241\,1.$$

这个概率的计算量很大,由于 $n=1\,000$ 较大,$p=0.001$ 较小,且 $\lambda = np = 1$,所以用泊松分布近似得

$$P\{X \geqslant 2\} = 1 - P\{X=0\} - P\{X=1\}$$
$$\approx 1 - \sum_{k=0}^{1} \mathrm{e}^{-1} \frac{1}{k!} = 1 - \mathrm{e}^{-1} - \mathrm{e}^{-1}$$
$$= 0.264\,241\,1.$$

显然,利用泊松近似计算更简便.一般地,当 $n \geqslant 20, p \leqslant 0.05$ 时,近似效果颇佳.

3. 超几何分布

超几何分布的产生背景之一是产品的不放回抽样.设在 N 件产品中有 M 件是不合格品,即这批产品的不合格率是 $p = \dfrac{M}{N}$,若从中不放回地抽取 $n(n \leqslant N)$ 件,令 X 表示 n 件产品中含有的不合格品的件数,显然

$$P\{X=k\} = \frac{\mathrm{C}_M^k \mathrm{C}_{N-M}^{n-k}}{\mathrm{C}_N^n},$$

这里 $k = \max\{0, n+M-N\}, \cdots, \min\{n, M\}$.称 X 服从参数为 N, M 和 n 的超几何分布,记为 $X \sim H(N, M, n)$,其中 N, M 和 n 均为正整数.

如果上述抽样是放回抽样,那么这个模型变成了 n 重伯努利试验,这时 $X \sim B(n, p)$,其中 $p = \dfrac{M}{N}$.可以证明:当 $M = Np$ 时,有

$$\lim_{N \to \infty} \frac{\mathrm{C}_M^k \mathrm{C}_{N-M}^{n-k}}{\mathrm{C}_N^n} = \mathrm{C}_n^k p^k (1-p)^{n-k}.$$

在实际应用中,当 $n \ll N$,即抽取个数 n 远小于产品总数 N 时,每次抽取后,总体中的不合格率改变很微小,此时不放回抽样可以近似地看成有放回抽样,超几何分布就可用二项分布近似.

4. 几何分布、负二项分布

在 n 重伯努利试验中,记每次试验中事件 A 发生的概率 $P(A) = p(0 < p < 1)$,设随机变量 X 表示事件 A 首次出现时已经试验的次数,则 X 的取值为 $1, 2, \cdots$,相应的分布律为

$$P\{X=k\} = p(1-p)^{k-1}, \quad 0 < p < 1, k = 1, 2, \cdots.$$

称随机变量 X 服从参数为 p 的几何分布,记为 $X \sim Ge(p)$.

例 2.10 一个人要开门,他共有 n 把钥匙,其中仅有一把能打开门.每次随机抽取一把钥匙,这人在第 s 次试开成功的概率是多少?

解 这是一个伯努利试验,所求概率为

$$P\{X=s\} = \frac{1}{n} \left(1 - \frac{1}{n}\right)^{s-1}.$$

负二项分布是几何分布的一个延伸.设随机变量 X 表示事件 A 第 r 次出现时已经进行的试验次数,则 X 的取值为 $r, r+1, \cdots, r+n, \cdots$,相应的分布律为

$$P\{X=k\} = C_{k-1}^{r-1}p^r(1-p)^{k-r}, \quad 0<p<1, k=r, r+1, \cdots, r+n, \cdots.$$

称随机变量 X 服从参数为 r, p 的负二项分布,记为 $X \sim NB(r, p)$.当 $r=1$ 时,负二项分布即为几何分布.

2.3.2 常见的连续型随机变量的分布

1. 均匀分布

若随机变量 X 的概率密度(图 2-4(a))为

$$f(x) = \begin{cases} \dfrac{1}{b-a}, & a<x<b, \\ 0, & \text{其他}, \end{cases}$$

则称 X 在区间 (a, b) 上服从均匀分布,记为 $X \sim U(a, b)$.

显然,$f(x) \geqslant 0 (-\infty < x < +\infty)$,且

$$\int_{-\infty}^{+\infty} f(x)\,\mathrm{d}x = \int_a^b \frac{1}{b-a}\mathrm{d}x = 1.$$

易得,X 的分布函数(图 2-4(b))为

$$F(x) = \begin{cases} 0, & x<a, \\ \dfrac{x-a}{b-a}, & a \leqslant x<b, \\ 1, & x \geqslant b. \end{cases}$$

由此得到,若 $X \sim U(a, b)$,则对于任一长度为 d 的子区间 $(c, c+d)$,$a<c<c+d<b$,有

$$P\{c<X \leqslant c+d\} = \int_c^{c+d} \frac{1}{b-a}\mathrm{d}x = \frac{d}{b-a}.$$

因此,在区间 (a, b) 上服从均匀分布的随机变量 X,在任何子区间取值的概率只与该区间长度 d 有关,而与区间的位置无关.

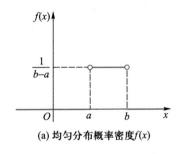
(a) 均匀分布概率密度 $f(x)$

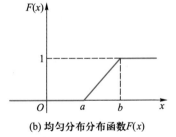
(b) 均匀分布分布函数 $F(x)$

图 2-4

例 2.11 设电阻值 R(单位:Ω)是一个随机变量,$R \sim U(800, 1\,000)$,求 R 的概率密度及 $R \in (850, 950)$ 的概率.

解 根据题意,R 的概率密度为

$$f(r) = \begin{cases} \dfrac{1}{200}, & 800<r<1\,000, \\ 0, & \text{其他}. \end{cases}$$

$R \in (850, 950)$ 的概率为

$$P\{850 < R < 950\} = \int_{850}^{950} \frac{1}{200} \mathrm{d}r = \frac{1}{2}.$$

2. 指数分布

设随机变量 X 的概率密度(图 2-5(a))为

$$f(x) = \begin{cases} \lambda e^{-\lambda x}, & x \geqslant 0, \\ 0, & 其他, \end{cases} \quad \lambda > 0,$$

则称 X 服从参数为 λ 的指数分布,记为 $X \sim E(\lambda)$.

显然,$f(x) \geqslant 0 (-\infty < x < +\infty)$,且

$$\int_{-\infty}^{+\infty} f(x) \mathrm{d}x = \int_{0}^{+\infty} \lambda e^{-\lambda x} \mathrm{d}x = 1.$$

易得,X 的分布函数(图 2-5(b))为

$$F(x) = \begin{cases} 0, & x < 0, \\ 1 - e^{-\lambda x}, & x \geqslant 0. \end{cases}$$

若 $0 < a < b$,则

$$P\{a < X \leqslant b\} = F(b) - F(a) = e^{-\lambda a} - e^{-\lambda b}.$$

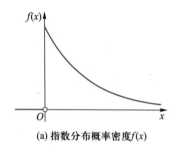

(a) 指数分布概率密度$f(x)$ (b) 指数分布分布函数$F(x)$

图 2-5

例 2.12 设随机变量 X 服从参数为 λ 的指数分布,对任意实数 $s, t > 0$,证明:

$$P\{X > s+t \mid X > s\} = P\{X > t\}.$$

证 易得 $P\{X > t\} = 1 - F(t) = e^{-\lambda t}$,故

$$P\{X > s+t \mid X > s\} = \frac{P\{X > s+t\}}{P\{X > s\}} = \frac{e^{-\lambda(s+t)}}{e^{-\lambda s}}$$

$$= e^{-\lambda t} = P\{X > t\}.$$

指数分布常被用作各种"寿命"分布,具有无记忆性.如果随机变量 X 是一个元件的寿命,那么例 2.12 表示该元件使用了 s h 后再使用 t h 的概率,只与持续时间长度 t h 有关,与起点 s h 无关.具有这一性质是指数分布被广泛应用的重要原因.

3. 正态分布

设随机变量 X 的概率密度为

$$f(x) = \frac{1}{\sigma\sqrt{2\pi}} e^{-\frac{(x-\mu)^2}{2\sigma^2}}, \quad -\infty < x < +\infty,$$

其中 $\mu,\sigma^2(\sigma>0)$ 为常数,则称 X 服从参数为 μ,σ 的正态分布,记为 $X \sim N(\mu,\sigma^2)$,并称 X 为正态随机变量.

显然 $f(x) \geqslant 0(-\infty<x<+\infty)$,下面证明 $\int_{-\infty}^{+\infty} f(x)\mathrm{d}x = 1$. 令 $\dfrac{x-\mu}{\sigma}=t$,得到

$$\int_{-\infty}^{+\infty} \frac{1}{\sigma\sqrt{2\pi}}\mathrm{e}^{-\frac{(x-\mu)^2}{2\sigma^2}}\mathrm{d}x = \frac{1}{\sqrt{2\pi}}\int_{-\infty}^{+\infty}\mathrm{e}^{-\frac{t^2}{2}}\mathrm{d}t.$$

记 $I = \dfrac{1}{\sqrt{2\pi}}\displaystyle\int_{-\infty}^{+\infty}\mathrm{e}^{-\frac{t^2}{2}}\mathrm{d}t$,则

$$I^2 = \frac{1}{2\pi}\int_{-\infty}^{+\infty}\int_{-\infty}^{+\infty}\mathrm{e}^{-\frac{t^2+u^2}{2}}\mathrm{d}t\mathrm{d}u,$$

作极坐标变换,得到

$$I^2 = \frac{1}{2\pi}\int_0^{2\pi}\int_0^{+\infty}r\mathrm{e}^{-\frac{r^2}{2}}\mathrm{d}r\mathrm{d}\theta = 1,$$

故

$$\int_{-\infty}^{+\infty} f(x)\mathrm{d}x = \int_{-\infty}^{+\infty}\frac{1}{\sigma\sqrt{2\pi}}\mathrm{e}^{-\frac{(x-\mu)^2}{2\sigma^2}}\mathrm{d}x = 1.$$

易知,X 的分布函数为

$$F(x) = \int_{-\infty}^{x}\frac{1}{\sigma\sqrt{2\pi}}\mathrm{e}^{-\frac{(t-\mu)^2}{2\sigma^2}}\mathrm{d}t, \quad -\infty<x<+\infty,$$

它的图形是一条光滑上升的曲线.

正态分布的概率密度和分布函数的图形如图 2-6 所示.

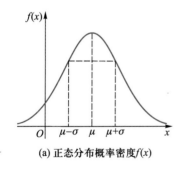

(a) 正态分布概率密度 $f(x)$ (b) 正态分布分布函数 $F(x)$

图 2-6

正态分布是概率统计中最重要的分布之一,其概率密度 $f(x)$ 的图形具有如下性质:

(1) 关于直线 $x=\mu$ 对称.

(2) 当 $x=\mu$ 时取最大值 $f(\mu) = \dfrac{1}{\sqrt{2\pi}\sigma}$. x 离 μ 越远,$f(x)$ 的值越小,表明对于同样长度的区间,当区间中点离 μ 越远时,X 在这个区间上取值的概率越小.

(3) 固定 σ,改变 μ 的值,则图形沿 x 轴平移,但不改变其形状,所以参数 μ 又称为位置参数.如图 2-7(a) 所示.

（4）图形在点 $x = \mu \pm \sigma$ 处有拐点.

（5）固定 μ，改变 σ 的值，则图形的位置不变，但随着 σ 的值越小，图形越陡峭，所以参数 σ 又称为尺度参数，如图 2-7（b）所示.

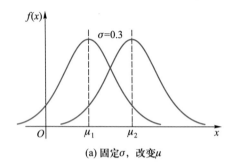

(a) 固定 σ，改变 μ

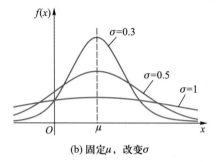

(b) 固定 μ，改变 σ

图 2-7

特别地，当 $\mu = 0, \sigma = 1$ 时，称随机变量 X 服从标准正态分布，记为 $X \sim N(0,1)$，并称 X 为标准正态随机变量，其概率密度和分布函数分别为

$$f(x) = \frac{1}{\sqrt{2\pi}} e^{-\frac{x^2}{2}} \xlongequal{\text{def}} \varphi(x), \quad -\infty < x < +\infty,$$

$$F(x) = \int_{-\infty}^{x} \frac{1}{\sqrt{2\pi}} e^{-\frac{t^2}{2}} dt \xlongequal{\text{def}} \Phi(x), \quad -\infty < x < +\infty.$$

易知，$\Phi(x) = 1 - \Phi(-x)$，人们已事先编制了 $\Phi(x)$ 的函数值表，见附表 2. 因此，若随机变量 $X \sim N(0,1)$，则对任意实数 $a, b (a < b)$，有

$$P\{a < X \leqslant b\} = \Phi(b) - \Phi(a).$$

此外，对 $X \sim N(\mu, \sigma^2)$，X 落在任一区间 $(x_1, x_2]$ 内的概率为

$$P\{x_1 < X \leqslant x_2\} = P\left\{\frac{x_1 - \mu}{\sigma} < \frac{X - \mu}{\sigma} \leqslant \frac{x_2 - \mu}{\sigma}\right\}$$

$$= P\left\{\frac{X - \mu}{\sigma} \leqslant \frac{x_2 - \mu}{\sigma}\right\} - P\left\{\frac{X - \mu}{\sigma} \leqslant \frac{x_1 - \mu}{\sigma}\right\}$$

$$= \Phi\left(\frac{x_2 - \mu}{\sigma}\right) - \Phi\left(\frac{x_1 - \mu}{\sigma}\right).$$

由 $\Phi(x)$ 的函数值表可以得到，

$$P\{\mu - \sigma < X < \mu + \sigma\} = \Phi(1) - \Phi(-1) = 0.682\ 6,$$

$$P\{\mu - 2\sigma < X < \mu + 2\sigma\} = \Phi(2) - \Phi(-2) = 0.954\ 4,$$

$$P\{\mu - 3\sigma < X < \mu + 3\sigma\} = \Phi(3) - \Phi(-3) = 0.997\ 4.$$

由上式可知，尽管 X 的取值范围是 $(-\infty, +\infty)$，但它取值在区间 $(\mu - 3\sigma, \mu + 3\sigma)$ 内几乎是肯定的. 此结论又称为"3σ"法则.

例 2.13 设随机变量 $X \sim N(0,1)$，借助于 $\Phi(x)$ 函数值表，可求下列事件发生的概率：

（1）$P\{X \leqslant 1.11\} = \Phi(1.11) = 0.866\ 5$；

（2）$P\{X>1.11\}=1-P\{X\leqslant 1.11\}=1-\varPhi(1.11)=1-0.866\,5=0.133\,5$;

（3）$P\{X\leqslant -1.11\}=\varPhi(-1.11)=1-\varPhi(1.11)=0.133\,5$;

（4）$P\{-1<X\leqslant 1.11\}=\varPhi(1.11)-\varPhi(-1)=\varPhi(1.11)-[1-\varPhi(1)]$

$\qquad\qquad\qquad\qquad\quad=0.866\,5-(1-0.841\,3)=0.707\,8$;

（5）$P\{|X|\leqslant 1.11\}=\varPhi(1.11)-\varPhi(-1.11)=2\varPhi(1.11)-1=0.733$.

例 2.14 设随机变量 $X\sim N(0,1)$,若 $P\{X\leqslant c\}=0.975$,求 c.

解 $P\{X\leqslant c\}=\varPhi(c)=0.975$,查表得 $\varPhi(1.96)=$
0.95,所以 $c=1.96$.

为了便于今后应用,对于标准正态分布,引入上
α 分位数.设随机变量 $X\sim N(0,1)$ 时,

$$P\{X>u_{\alpha}\}=\alpha,\quad 0<\alpha<1,$$

称 u_{α} 为标准正态分布的上 α 分位数,如图 2-8 所示.

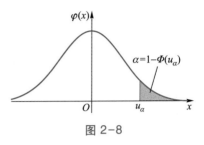

图 2-8

习题 2-3

1. 从一批含有 10 件正品及 3 件次品的产品中一件一件地抽取.设每次抽取时,各件产品被抽到的可能性相等.在下列 3 种情形下,分别求出直到取得正品为止所需次数 X 的分布律:

（1）每次取出的产品立即放回这批产品中再取下一件产品;

（2）每次取出的产品都不放回这批产品中;

（3）每次取出一件产品后总是放回一件正品.

2. 设随机变量 $X\sim B(n,p)$,已知 $P\{X=1\}=P\{X=n-1\}$,求 p 与 $P\{X=2\}$ 的值.

3. 设在 3 次相互独立试验中,事件 A 发生的概率相等.若已知 A 至少发生 1 次的概率等
于 $\dfrac{19}{27}$,求事件 A 在 1 次试验中发生的概率值.

4. 从学校乘汽车到火车站的途中有 4 个十字路口,假设在各个十字路口遇到红灯的事件是相互独立的,并且概率都是 0.4.设 X 为途中遇到红灯的次数,求随机变量 X 的分布律和分布函数.

5. 任何长度为 t（周）的时间内发生地震的次数 $N(t)\sim P(\lambda t)$,求:

（1）相邻两周内至少发生 3 次地震的概率;

（2）在连续 8 周内无地震的情形下,在未来 8 周中仍无地震的概率.

6. 工厂有 600 台车床,已知每台车床发生故障的概率为 0.005.

（1）如果该厂安排 4 名维修工人,求车床发生故障后都能得到及时维修的概率（假定每台车床只需 1 名维修工人）;

（2）该厂至少应配备多少名维修工人,才能使车床发生故障后都能得到及时维修的概率不小于 0.96?

7. 某地区报名参加一年一度的城市马拉松赛的长跑爱好者共有 10 000 名,其中女性 4 000 名,但只有 2 000 个名额.现从中随机抽取 2 000 名参加比赛,求参赛者中女性数量 X 的分布律.

8. 交换台每分钟收到呼唤的次数服从参数为 4 的泊松分布,求:

(1) 某一分钟恰有 8 次呼唤的概率;

(2) 某一分钟的呼唤次数大于 10 的概率.

9. 某运动员的投篮命中率是 45%,以 X 表示他首次投中时累计已投篮的次数,写出 X 的分布律,并计算 X 取偶数的概率.

10. 设事件 A 在每一次试验中发生的概率为 0.3,当 A 发生不少于 3 次时,指示灯发出信号.

(1) 进行了 5 次重复独立试验,求指示灯发出信号的概率;

(2) 进行了 7 次重复独立试验,求指示灯发出信号的概率.

11. 随机变量 X 在区间 $[3,5]$ 上服从均匀分布,求"关于 t 的方程 $t^2+Xt+1=0$ 有实根"的概率.

12. 到某银行窗口等待服务的时间 X(单位:min)的概率密度为

$$f(x)=\begin{cases} \dfrac{1}{5}e^{-\frac{1}{5}x}, & x>0, \\ 0, & x\leq 0, \end{cases}$$

某顾客在窗口等待,(1) 如超过 10 min,他就离开,求他离开的概率;(2) 求 X 的分布函数.

13. 设随机变量 $X\sim N(3,2^2)$.

(1) 求 $P\{2<X\leq 5\}$,$P\{-4<X\leq 10\}$,$P\{|X|>2\}$,$P\{X>3\}$;

(2) 确定 c,使得 $P\{X>c\}=P\{X\leq c\}$;

(3) 设 d 满足 $P\{X>d\}\geq 0.9$,问 d 至多为多少?

2.4　一维随机变量函数及其分布

实际问题中,一些随机变量的分布往往难以直接得到,但是与它们有函数关系的随机变量的分布是易知的,因此,在这一节中,我们研究讨论如何由已知随机变量 X 的概率分布去求与之有函数关系的随机变量 Y 的分布.设 $Y=g(X)$ 是关于随机变量 X 的一个已知函数,则 Y 也是一个随机变量.下面分别在 X 为离散型与连续型两种情形下给出 Y 的分布.

2.4.1　离散型随机变量函数的分布

设离散型随机变量 X 的分布律为

X	x_1	x_2	$\cdots$	x_n	$\cdots$
p_i	p_1	p_2	$\cdots$	p_n	$\cdots$

则 $Y=g(X)$ 的分布律为

$Y=g(X)$	$g(x_1)$	$g(x_2)$	$\cdots$	$g(x_n)$	$\cdots$
p_i	p_1	p_2	$\cdots$	p_n	$\cdots$

但要注意的是,与 $g(x_n)$ 取相同值对应的那些概率应合并相加.

例 2.15 设离散型随机变量 X 的分布律为

X	-2	0	1	2
p_i	0.2	0.3	0.1	0.4

试求随机变量 $Y=X^2$ 的分布律.

解

X	-2	0	1	2
$Y=X^2$	4	0	1	4
p_i	0.2	0.3	0.1	0.4

对相等的取值 4,概率要合并,整理可得 Y 的分布律为

$Y=X^2$	0	1	4
p_i	0.3	0.1	0.6

2.4.2 连续型随机变量函数的分布

设连续型随机变量 X 的概率密度为 $f_X(x)$,可求 $Y=g(X)$ 的概率密度 $f_Y(y)$.首先来看一个例子.

例 2.16 设连续型随机变量 X 具有概率密度

$$f_X(x)=\begin{cases} \dfrac{x}{2}, & 0<x<2, \\ 0, & \text{其他}, \end{cases}$$

求随机变量 $Y=2X+2$ 的概率密度.

解 分别记 X,Y 的分布函数为 $F_X(x),F_Y(y)$.下面先求 $F_Y(y)$.

$$F_Y(y)=P\{Y\leqslant y\}=P\{2X+2\leqslant y\}$$

$$=P\left\{X\leqslant\frac{y-2}{2}\right\}=F_X\left(\frac{y-2}{2}\right),$$

将 $F_Y(y)$ 关于 y 求导,得

$$f_Y(y) = \begin{cases} \dfrac{y-2}{8}, & 2<y<6, \\ 0, & \text{其他}. \end{cases}$$

由上例知,求 Y 的概率密度 $f_Y(y)$ 的关键是"$Y \leq y$"等价于"$g(X) \leq y$",从而解出关于 X 的不等式,并用之代替"$g(X) \leq y$".下面仅对 $Y = g(X)$,其中 $g(\cdot)$ 为严格单调函数,写出一般结果.

定理 2.1 设连续型随机变量 X 的概率密度为 $f_X(x)$,$-\infty < x < +\infty$,设 $y = g(x)$ 为严格单调函数且处处可导,则 $Y = g(X)$ 是连续型随机变量,其概率密度为

$$f_Y(y) = \begin{cases} f_X(h(y)) \cdot |h'(y)|, & \alpha < y < \beta, \\ 0, & \text{其他}, \end{cases}$$

其中 $\alpha = \min\{g(-\infty), g(+\infty)\}$,$\beta = \max\{g(-\infty), g(+\infty)\}$,$h(y)$ 是 $g(x)$ 的反函数.

证 我们先证 $y = g(x)$ 为严格单增函数的情况,它的反函数 $h(y)$ 存在,且在区间 (α, β) 内严格单调递增且可导.我们先求 Y 的分布函数 $F_Y(y)$,并通过对 $F_Y(y)$ 求导求出 $f_Y(y)$.

由于 $Y = g(X)$ 在 (α, β) 内取值,故

当 $y \leq \alpha$ 时,$F_Y(y) = 0$;

当 $y \geq \beta$ 时,$F_Y(y) = 1$;

当 $\alpha < y < \beta$ 时,

$$F_Y(y) = P\{Y \leq y\} = P\{g(X) \leq y\} = P\{X \leq h(y)\} = F_X(h(y)),$$
$$f_Y(y) = F_Y'(y) = f_X(h(y)) \cdot h'(y).$$

所以

$$f_Y(y) = \begin{cases} f_X(h(y)) \cdot h'(y), & \alpha < y < \beta, \\ 0, & \text{其他}. \end{cases}$$

若 $y = g(x)$ 为严格单减函数,同理可证

$$f_Y(y) = \begin{cases} f_X(h(y)) \cdot (-h'(y)), & \alpha < y < \beta, \\ 0, & \text{其他}. \end{cases}$$

综合上述两个方面,

$$f_Y(y) = \begin{cases} f_X(h(y)) \cdot |h'(y)|, & \alpha < y < \beta, \\ 0, & \text{其他}, \end{cases}$$

例 2.17 设随机变量 $X \sim N(\mu, \sigma^2)$,求 $Y = aX + b (a \neq 0)$ 的概率密度.

解 X 的概率密度为

$$f_X(x) = \frac{1}{\sigma\sqrt{2\pi}} e^{-\frac{(x-\mu)^2}{2\sigma^2}}, \quad -\infty < x < +\infty.$$

由 $y = ax + b$ 得 $x = h(y) = \dfrac{y-b}{a}$,且 $h'(y) = \dfrac{1}{a}$.由定理 2.1 得

$$f_Y(y) = \frac{1}{|a|} \frac{1}{\sigma\sqrt{2\pi}} e^{-\frac{\left(\frac{y-b}{a}-\mu\right)^2}{2\sigma^2}} = \frac{1}{|a|\sigma\sqrt{2\pi}} e^{-\frac{(y-b-a\mu)^2}{2(a\sigma)^2}}, \quad -\infty < y < +\infty,$$

即 $Y \sim N(a\mu + b, (a\sigma)^2)$,这说明服从正态分布的随机变量的线性函数仍然服从正态分布.

习题 2-4

1. 设随机变量 X 的分布律为

X	-2	-1	0	1	3
p_i	$\dfrac{1}{5}$	$\dfrac{1}{6}$	$\dfrac{1}{5}$	$\dfrac{1}{15}$	$\dfrac{11}{30}$

求 $Y=X^2$ 的分布律.

2. 设随机变量 $X \sim U(-1,2)$，求函数 $Y=\begin{cases} 1, & X>0, \\ 0, & X=0, \\ -1, & X<0 \end{cases}$ 的分布律.

3. 设随机变量 X 在区间 $(0,1)$ 内服从均匀分布.

（1）求 $Y=e^X$ 的概率密度；

（2）求 $Y=-2\ln X$ 的概率密度.

4. 设随机变量 X 服从参数为 $\lambda=2$ 的指数分布，求 $Y=1-e^{-2X}$ 的概率密度.

5. 设随机变量 X 的概率密度为

$$f(x)=\frac{1}{\pi(1+x^2)}, \quad -\infty<x<+\infty,$$

求 $Y=1-\sqrt[3]{X}$ 的概率密度 $f_Y(y)$.

6. 设随机变量 $X \sim N(0,1)$，求 $Y=|X|$ 的密度函数 $f_Y(y)$.

7. 设随机变量的概率密度为 $f(x)=\begin{cases} \dfrac{1}{9}x^2, & 0<x<3, \\ 0, & 其他, \end{cases}$ 令随机变量 $Y=\begin{cases} 2, & X \leqslant 1, \\ X, & 1<X<2, \\ 1, & X \geqslant 2. \end{cases}$

（1）求 Y 的分布函数；

（2）求概率 $P\{X \leqslant Y\}$.

本 章 小 结

本章引进随机变量的概念，将随机试验的结果对应到实数，随机变量的可能取值有一定的概率.引入随机变量，方便我们用数学的方法研究随机现象.此外，本章还讨论了一维离散型和连续型随机变量以及它们常用的分布.随机变量的函数在实际应用中很重要，要掌握由已知分布的随机变量，求出其函数随机变量的分布的方法.

学习本章知识，读者应重点掌握以下内容：

1. 理解几个基本概念：分布函数、分布律、概率密度.本章引入几种重要的随机变量的分布：(0-1)分布、二项分布、泊松分布、指数分布、均匀分布和正态分布.读者必须熟知这几种分布的分布律和概率密度.

2. 掌握并能够应用的几个性质:随机变量分布函数 $F(x)$ 的性质、离散型随机变量分布律的性质、连续型随机变量概率密度的性质.

3. 我们将随机变量分成离散型随机变量和非离散型随机变量.非离散型随机变量包括连续型和其他类型.读者不要误以为,一个随机变量不是离散型的,就一定是连续型的.但是本书只讨论两类重要的随机变量:离散型随机变量和连续型随机变量.

4. 随机变量 X 的函数 $Y=g(X)$ 也是一个随机变量,要掌握如何利用已知的 X 的分布(分布律或概率密度)去求得 Y 的分布(分布律或概率密度).

第二章知识结构梳理

第二章总复习题

一、选择题

1. 随机变量 X 服从 $(0-1)$ 分布,又知 X 取 1 的概率为它取 0 的概率的一半,则 $P\{X=1\}$ 为(　　).

A. $\dfrac{1}{3}$ 　　　　　　B. 0 　　　　　　C. $\dfrac{1}{2}$ 　　　　　　D. 1

2. 已知随机变量 X 的分布律如下:

X	1	2	3	4	5	6	7	8	9	10
p_i	$\dfrac{2}{3}$	$\dfrac{2}{3^2}$	$\dfrac{2}{3^3}$	$\dfrac{2}{3^4}$	$\dfrac{2}{3^5}$	$\dfrac{2}{3^6}$	$\dfrac{2}{3^7}$	$\dfrac{2}{3^8}$	$\dfrac{2}{3^9}$	m

则 $P\{X=10\}=$ (　　).

A. $\dfrac{2}{3^9}$ 　　　　B. $\dfrac{2}{3^{10}}$ 　　　　C. $\dfrac{1}{3^9}$ 　　　　D. $\dfrac{1}{3^{10}}$

3. 随机变量 X,Y 都服从二项分布:$X \sim B(2,p)$,$Y \sim B(4,p)$,$0<p<1$,已知 $P\{X \geqslant 1\}=\dfrac{5}{9}$,则 $P\{Y \geqslant 1\}=$ (　　).

A. $\dfrac{65}{81}$ 　　　　B. $\dfrac{56}{81}$ 　　　　C. $\dfrac{80}{81}$ 　　　　D. 1

4. 设随机变量 X 的概率密度 $f(x)$ 是偶函数,分布函数为 $F(x)$,则(　　).

A. $F(x)$ 是偶函数 　　　　　　B. $F(x)$ 是奇函数

C. $F(x)+F(-x)=1$ 　　　　　　D. $2F(x)-F(-x)=1$

5. 设随机变量 X_1, X_2 的分布函数、概率密度分别为 $F_1(x), F_2(x), f_1(x), f_2(x)$, 若 $a>0$, $b>0, c>0$, 则下列结论中不正确的是(　　　).

A. $aF_1(x)+bF_2(x)$ 是某一随机变量分布函数的充要条件是 $a+b=1$

B. $cF_1(x)F_2(x)$ 是某一随机变量分布函数的充要条件是 $c=1$

C. $af_1(x)+bf_2(x)$ 是某一随机变量概率密度的充要条件是 $a+b=1$

D. $cf_1(x)f_2(x)$ 是某一随机变量分布函数的充要条件是 $c=1$

6. 设 $f(x)$ 是连续型随机变量 X 的概率密度, 则 $f(x)$ 一定是(　　　).

A. 可积函数   B. 单调函数   C. 连续函数   D. 可导函数

7. 下列命题陈述正确的是(　　　).

A. 若 $P\{X\leqslant 1\}=P\{X\geqslant 1\}$, 则 $P\{X\leqslant 1\}=\dfrac{1}{2}$

B. 若随机变量 $X\sim B(n,p)$, 则 $P\{X=k\}=P\{X=n-k\}, k=0,1,2,\cdots,n$

C. 若随机变量 X 服从正态分布, 则分布函数 $F(x)=1-F(-x)$

D. 随机变量 X 的分布函数 $F(x)$ 满足 $\lim\limits_{x\to+\infty}[F(x)+F(-x)]=1$

8. 设随机变量 $X\sim N(\mu,\sigma^2)$, 则概率 $P\{X\leqslant\mu\}$ 的值(　　　).

A. 与 μ 有关, 但是与 σ 无关　　　　B. 与 μ 无关, 但是与 σ 有关

C. 与 μ 和 σ 均有关　　　　D. 与 μ 和 σ 均无关

9. 下列函数中可看成某一随机变量 X 的概率密度的是(　　　).

A. $f(x)=1+x^2, -\infty<x<+\infty$　　　　B. $f(x)=\dfrac{1}{1+x^2}, -\infty<x<+\infty$

C. $f(x)=\dfrac{1}{\pi(1+x^2)}, -\infty<x<+\infty$　　　　D. $f(x)=\dfrac{2}{\pi(1+x^2)}, -\infty<x<+\infty$

10. 设随机变量 X 服从正态分布 $N(0,1)$, 对给定的 $\alpha(0<\alpha<1)$, 数 u_α 满足 $P\{X>u_\alpha\}=\alpha$, 若 $P\{|X|<x\}=\dfrac{\alpha}{2}$, 则 x 等于(　　　).

A. $u_{\frac{\alpha}{2}}$　　　　B. $u_{\frac{1}{2}-\frac{\alpha}{4}}$　　　　C. $u_{\frac{1-\alpha}{2}}$　　　　D. $u_{1-\alpha}$

二、填空题

1. 设本科生入学数学考试及格率为 0.55, 则 15 名考生中数学考试及格人数 X 服从二项分布, 参数为 ＿＿＿＿＿ .

2. 设随机变量 $X\sim N(1,4)$, 则 $P\{1<X\leqslant 2\}=$ ＿＿＿＿＿ .

3. 设随机变量 X 的概率密度为 $f(x)=\begin{cases}\dfrac{1}{3}, & 0\leqslant x\leqslant 1, \\ \dfrac{2}{9}, & 3\leqslant x\leqslant 6, \\ 0, & \text{其他,}\end{cases}$ 若 k 使得 $P\{X\geqslant k\}=\dfrac{2}{3}$, 则 k 的

取值范围是 ＿＿＿＿＿ .

4. 设连续型随机变量 X 的分布密度为 $f(x)=\begin{cases}axe^{-3x}, & x\geqslant 0, \\ 0, & x<0,\end{cases}$ 则 $a=$ ＿＿＿＿＿ , X 的分布

函数为_____.

5. 一台机器制造了 3 个同种零件,第 i 个零件不合格的概率为 $p_i = \dfrac{1}{i+1}(i=1,2,3)$,以 X 表示 3 个零件中合格品的个数,则 $P\{X=2\}=$_____.

三、综合题

1. 口袋中有 7 个白球、3 个黑球.

(1)每次从中任取一个不放回,求首次取出白球的取球次数 X 的分布律;

(2)如果取出的是黑球则不放回,而另外放入一个白球,求此时 X 的分布律.

2. 设随机变量 X 分布函数为

$$F(x)=\begin{cases} A+Be^{-\lambda x}, & x\geq 0, \\ 0, & x<0 \end{cases} \quad (\lambda>0).$$

(1)求常数 A,B;

(2)求 $P\{X\leq 2\}$,$P\{X>3\}$;

(3)求概率密度 $f(x)$.

3. 设随机变量 X 的概率密度为

$$f(x)=Ae^{-|x|}, \quad -\infty<x<+\infty,$$

求:

(1)A 的值;

(2)$P\{0<X<1\}$;

(3)$F(x)$.

4. 设随机变量 $X\sim P(5)$,求 k,使得概率 $P\{X=k\}$ 在分布律中最大.

5. 某种高射炮一发炮弹击中敌机的概率为 0.6.问至少需要多少门炮同时各射一发,才能使敌机被击中的概率不小于 0.99?

6. 某地区 18 岁的女青年的血压(收缩压,以 mm Hg 计)服从 $N(110,144)$.在该地区任选一名 18 岁的女青年,测量她的血压 X.

(1)求 $P\{X\leq 105\}$,$P\{100<X\leq 120\}$;

(2)确定最小的 X,使 $P\{X>x\}\leq 0.05$.

7. 在半圆 $y=\sqrt{1-x^2}$ 上任取一点 P,过 P 作 x 轴的垂线,垂足为 Q,求垂线 PQ 的长度的概率密度.

历年考研真题精选

1.(2011,Ⅰ,Ⅲ)设 $F_1(x)$,$F_2(x)$ 为两个分布函数,其相应的概率密度 $f_1(x)$,$f_2(x)$ 是连续函数,则必为概率密度的是(   ).

A. $f_1(x)f_2(x)$　　　　　　　　　　B. $2f_2(x)F_1(x)$

C. $f_1(x)F_2(x)$　　　　　　　　　　D. $f_1(x)F_2(x)+f_2(x)F_1(x)$

2. (2013,Ⅰ,Ⅲ)设 X_1,X_2,X_3 是随机变量,且 $X_1 \sim N(0,1)$,$X_2 \sim N(0,2^2)$,$X_3 \sim N(5,3^2)$,$p_j = P\{-2 \le X_j \le 2\}$ $(j=1,2,3)$,则( ).

A. $p_1 > p_2 > p_3$

B. $p_2 > p_1 > p_3$

C. $p_3 > p_1 > p_2$

D. $p_1 > p_3 > p_2$

3. (2016,Ⅰ)设随机变量 $X \sim N(\mu,\sigma^2)$ $(\sigma>0)$,记 $p = P\{X \le \mu+\sigma^2\}$,则( ).

A. p 随着 μ 的增加而增加

B. p 随着 σ 的增加而增加

C. p 随着 μ 的增加而减少

D. p 随着 σ 的增加而减少

4. (2018,Ⅰ,Ⅲ)设随机变量 X 的概率密度 $f(x)$ 满足 $f(1+x)=f(1-x)$,且 $\int_0^2 f(x)\,\mathrm{d}x = 0.6$,则 $P\{X<0\} = ($).

A. 0.2

B. 0.3

C. 0.4

D. 0.6

第二章部分习题
参考答案

第三章 多维随机变量及其分布

在实际问题中,除了经常用一个随机变量来描述随机试验的结果外,还常常需要同时用两个或两个以上的随机变量来描述试验结果.例如,观察炮弹在地面弹着点 e 的位置,需要用它的横坐标 $X(e)$ 与纵坐标 $Y(e)$ 来确定,而横坐标和纵坐标是定义在同一个样本空间 $\Omega=\{e\}=\{$ 所有可能的弹着点 $\}$ 上的两个随机变量.又如,某钢铁厂炼钢时必须考察炼出的钢 e 的硬度 $X(e)$ 、含碳量 $Y(e)$ 和含硫量 $Z(e)$ 的情况,它们也是定义在同一个样本空间 $\Omega=\{e\}$ 上的 3 个随机变量.因此,在考虑实际问题时,有时只用一个随机变量来描述是不够的,要考察多个随机变量及其相互之间的关系.本章主要以二维随机变量的情形为研究的代表,讲述有关多个随机变量的一些基本内容.

3.1 二维随机变量及其联合分布

3.1.1 二维随机变量

一般地,设 E 是一个随机试验,它的样本空间是 $\Omega=\{e\}$,设 $X=X(e)$ 和 $Y=Y(e)$ 是定义在 Ω 上的随机变量,由它们构成的一个向量 (X,Y) ,称为二维随机向量或二维随机变量(图 3-1).第二章讨论的随机变量也称为一维随机变量.

二维随机变量 (X,Y) 的性质不仅与 X 及 Y 有关,而且还依赖于这两个随机变量的相互关系.因此,逐个地来研究 X 或 Y 的性质是不够的,还需将 (X,Y) 作为一个整体来研究.和一维随机变量的情况类似,我们也借助"分布函数"来研究二维随机变量.

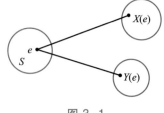

图 3-1

3.1.2 二维随机变量的分布函数

定义 3.1 设 (X,Y) 是二维随机变量,对于任意实数 x,y ,二元函数

$$F(x,y)=P(\{X\leqslant x\}\cap\{Y\leqslant y\})=P\{X\leqslant x,Y\leqslant y\}$$

称为二维随机变量 (X,Y) 的分布函数,或称为随机变量 X 和 Y 的联合分布函数.

如果将二维随机变量 (X,Y) 看成平面上随机点的坐标,那么,分布函数 $F(x,y)$ 在点 (x,y) 处的函数值就是随机点 (X,Y) 落在如图 3-2 所示的、以点 (x,y) 为顶点而位于该点左下方的无穷矩形区域内的概率.

依照上述解释,借助图 3-3 容易算出随机点 (X,Y) 落在矩形区域 $\{(x,y)\mid x_1<x\leqslant x_2,$ $y_1<y\leqslant y_2\}$ 的概率为

$$P\{x_1<X\leqslant x_2,y_1<Y\leqslant y_2\}=F(x_2,y_2)-F(x_2,y_1)+F(x_1,y_1)-F(x_1,y_2).$$

分布函数 $F(x,y)$ 具有如下基本性质:

(1) $F(x,y)$ 是变量 x 和 y 的不减函数,即对于任意固定的 y,当 $x_2>x_1$ 时,$F(x_2,y)\geqslant F(x_1,y)$;对于任意固定的 x,当 $y_2>y_1$ 时,$F(x,y_2)\geqslant F(x,y_1)$.

(2) $0\leqslant F(x,y)\leqslant1$,且对于任意固定的 y,$F(-\infty,y)=0$,对于任意固定的 x,$F(x,-\infty)=0$. 此外,

$$F(-\infty,-\infty)=0,F(+\infty,+\infty)=1.$$

上面四个式子可以从几何的角度加以说明.例如,在图 3-2 中将无穷矩形的右边界向左无限平移(即 $x\to-\infty$),则"随机点 (X,Y) 落在这个矩形内"这一事件趋于不可能事件,故其发生的概率趋于 0,即有 $F(-\infty,y)=0$;又如当 $x\to+\infty$,$y\to+\infty$ 时,图 3-2 中的无穷矩形扩展到全平面,"随机点 (X,Y) 落在其中"这一事件趋于必然事件,故其发生的概率趋于 1,即 $F(+\infty,+\infty)=1$.

(3) $F(x+0,y)=F(x,y)$,$F(x,y+0)=F(x,y)$,即 $F(x,y)$ 关于 x 右连续,关于 y 也右连续.

(4) 对于任意 (x_1,y_1),(x_2,y_2),$x_1<x_2$,$y_1<y_2$,下述不等式成立:

$$F(x_2,y_2)-F(x_2,y_1)+F(x_1,y_1)-F(x_1,y_2)\geqslant0.$$

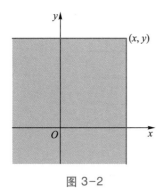

图 3-2

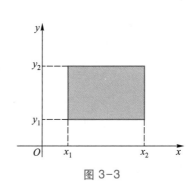

图 3-3

3.1.3 二维离散型随机变量及其分布律

如果二维随机变量 (X,Y) 全部可能取到的值是有限对或可列对,则称 (X,Y) 是二维离散型随机变量.

设二维离散型随机变量 (X,Y) 所有可能取的值为 (x_i,y_j),$i,j=1,2,\cdots$,记

$$P\{X=x_i,Y=y_j\}=p_{ij},\quad i,j=1,2,\cdots,$$

称为二维离散型随机变量(X,Y)的分布律,或随机变量X和Y的联合分布律.

也能用表格来表示X和Y的联合分布律,如下表所示:

X	Y				
	y_1	y_2	$\cdots$	y_j	$\cdots$
x_1	p_{11}	p_{12}	$\cdots$	p_{1j}	$\cdots$
x_2	p_{21}	p_{22}	$\cdots$	p_{2j}	$\cdots$
$\vdots$	$\vdots$	$\vdots$		$\vdots$	
x_i	p_{i1}	p_{i2}	$\cdots$	p_{ij}	$\cdots$
$\vdots$	$\vdots$	$\vdots$		$\vdots$	

由概率的性质易得,任一二维离散型随机变量的分布律满足:

(1)非负性:$p_{ij} \geqslant 0, i,j = 1,2,\cdots$;

(2)规范性:$\displaystyle\sum_{i=1}^{\infty} \sum_{j=1}^{\infty} p_{ij} = 1$.

例 3.1 设随机变量X在$1,2,3,4$四个整数中等可能地取一个值,另一个随机变量Y在$1 \sim X$中等可能地取一个整数值.试求二维随机变量(X,Y)的分布律.

解 由乘法公式容易求得(X,Y)的分布律.易知$\{X=i, Y=j\}$的取值情况是:$i=1,2,3,4$,j取不大于i的正整数,且

$$P\{X=i, Y=j\} = P\{Y=j \mid X=i\} P\{X=i\}$$
$$= \frac{1}{i} \cdot \frac{1}{4}, \quad i=1,2,3,4, j \leqslant i.$$

于是(X,Y)的分布律为

X	Y			
	1	2	3	4
1	$\dfrac{1}{4}$	0	0	0
2	$\dfrac{1}{8}$	$\dfrac{1}{8}$	0	0
3	$\dfrac{1}{12}$	$\dfrac{1}{12}$	$\dfrac{1}{12}$	0
4	$\dfrac{1}{16}$	$\dfrac{1}{16}$	$\dfrac{1}{16}$	$\dfrac{1}{16}$

将(X,Y)看成一个随机点的坐标,由图3-2知道离散型随机变量X和Y的联合分布函数为

$$F(x,y) = \sum_{x_i \leqslant x} \sum_{y_j \leqslant y} p_{ij},$$

其中和式是对一切满足 $x_i \leqslant x, y_j \leqslant y$ 的 i,j 来求和的.

3.1.4 二维连续型随机变量及其概率密度

与一维随机变量相似,对于二维随机变量 (X,Y) 的分布函数 $F(x,y)$,如果存在非负的函数 $f(x,y)$ 使对于任意 x,y 有

$$F(x,y) = \int_{-\infty}^{y} \int_{-\infty}^{x} f(u,v) \mathrm{d}u \mathrm{d}v,$$

则称 (X,Y) 是二维连续型随机变量,函数 $f(x,y)$ 称为二维随机变量 (X,Y) 的概率密度,或称为随机变量 X 和 Y 的联合概率密度.

按定义,概率密度 $f(x,y)$ 具有以下性质:

(1) 非负性:$f(x,y) \geqslant 0, -\infty < x,y < +\infty$;

(2) 规范性:$\int_{-\infty}^{+\infty} \int_{-\infty}^{+\infty} f(x,y) \mathrm{d}x \mathrm{d}y = F(+\infty,+\infty) = 1$;

(3) 设 G 是 xOy 平面上的区域,点 (X,Y) 落在区域 G 内的概率为

$$P\{(X,Y) \in G\} = \iint_G f(x,y) \mathrm{d}x \mathrm{d}y;$$

(4) 若 $f(x,y)$ 在点 (x,y) 处连续,则有

$$\frac{\partial^2 F(x,y)}{\partial x \partial y} = f(x,y).$$

由性质(4),在 $f(x,y)$ 的连续点处有

$$\lim_{\substack{\Delta x \to 0^+ \\ \Delta y \to 0^+}} \frac{P\{x < X \leqslant x+\Delta x, y < Y \leqslant y+\Delta y\}}{\Delta x \Delta y}$$

$$= \lim_{\substack{\Delta x \to 0^+ \\ \Delta y \to 0^+}} \frac{1}{\Delta x \Delta y} [F(x+\Delta x, y+\Delta y) - F(x+\Delta x, y) - F(x, y+\Delta y) + F(x,y)]$$

$$= \frac{\partial^2 F(x,y)}{\partial x \partial y} = f(x,y),$$

这表示若 $f(x,y)$ 在点 (x,y) 处连续,则当 $\Delta x, \Delta y$ 很小时,

$$P\{x < X \leqslant x+\Delta x, y < Y \leqslant y+\Delta y\} \approx f(x,y) \Delta x \Delta y,$$

也就是点 (X,Y) 落在小矩形 $(x, x+\Delta x] \times (y, y+\Delta y]$ 内的概率近似地等于 $f(x,y) \Delta x \Delta y$.

在几何上 $z = f(x,y)$ 表示空间的一个曲面.由性质(2)知,介于它和 xOy 平面的空间区域的体积为 1.由性质(3)知,$P\{(X,Y) \in G\}$ 的值等于以 G 为底、曲面 $z = f(x,y)$ 为顶面的柱体体积.

例 3.2 设二维随机变量 (X,Y) 具有概率密度

$$f(x,y) = \begin{cases} 2e^{-(2x+y)}, & x>0, y>0, \\ 0, & \text{其他}. \end{cases}$$

求:

(1) 分布函数 $F(x,y)$;

（2）概率 $P\{Y\leqslant X\}$.

解　（1）由已知，

$$F(x,y)=\int_{-\infty}^{y}\int_{-\infty}^{x}f(x,y)\mathrm{d}x\mathrm{d}y$$

$$=\begin{cases}\displaystyle\iint_{0}^{y}\int_{0}^{x}2\mathrm{e}^{-(2x+y)}\mathrm{d}x\mathrm{d}y,&x>0,y>0,\\0,&\text{其他}\end{cases}$$

$$=\begin{cases}(1-\mathrm{e}^{-2x})(1-\mathrm{e}^{-y}),&x>0,y>0,\\0,&\text{其他}.\end{cases}$$

（2）将 (X,Y) 看成平面上随机点的坐标，即有

$$\{Y\leqslant X\}=\{(X,Y)\in G\},$$

其中 G 为 xOy 平面上直线 $y=x$ 及其下方的部分，如图 3-4 所示.于是

$$P\{Y\leqslant X\}=P\{(X,Y)\in G\}=\iint_{G}f(x,y)\mathrm{d}x\mathrm{d}y$$

$$=\int_{0}^{+\infty}\int_{y}^{+\infty}2\mathrm{e}^{-(2x+y)}\mathrm{d}x\mathrm{d}y=\frac{1}{3}.$$

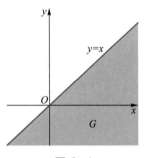

图 3-4

以上关于二维随机变量的讨论，不难推广到 $n(n>2)$ 维随机变量的情况.一般地，设 E 是一个随机试验，它的样本空间是 $\Omega=\{e\}$，设 $X_1=X_1(e)$，$X_2=X_2(e)$，$\cdots$，$X_n=X_n(e)$ 是定义在 Ω 上的随机变量，由它们构成的一个 n 维向量 $(X_1,X_2,\cdots,X_n)$ 称为 n 维随机向量或 n 维随机变量.对于任意 n 个实数 x_1，$x_2,\cdots,x_n$，n 元函数

$$F(x_1,x_2,\cdots,x_n)=P\{X_1\leqslant x_1,X_2\leqslant x_2,\cdots,X_n\leqslant x_n\}$$

称为 n 维随机变量 $(X_1,X_2,\cdots,X_n)$ 的分布函数或随机变量 $X_1,X_2,\cdots,X_n$ 的联合分布函数.它具有类似于二维随机变量的分布函数的性质.

习题 3-1

1. 一个箱子中装有 150 件同类产品，其中一等品、二等品、三等品分别有 90 件、50 件、10 件.现从中随机地抽取一件，试求 (X_1,X_2) 的联合分布律，其中

$$X_i=\begin{cases}1,&\text{抽到 }i\text{ 等品},\\0,&\text{抽到非 }i\text{ 等品},\end{cases}\quad i=1,2.$$

2. 将一硬币抛掷 3 次，以 X 表示在 3 次中出现正面的次数，以 Y 表示 3 次中出现正面次数与出现反面次数之差的绝对值.试写出 X 和 Y 的联合分布律.

3. 盒子里装有 3 个黑球、2 个红球、2 个白球，在其中任取 4 个球，以 X 表示取到黑球的个数，以 Y 表示取到红球的个数.求 X 和 Y 的联合分布律.

4. 设二维随机变量 (X,Y) 的联合分布函数为

$$F(x,y)=\begin{cases}\sin x\sin y,&0\leqslant x\leqslant\dfrac{\pi}{2},0\leqslant y\leqslant\dfrac{\pi}{2},\\0,&\text{其他}.\end{cases}$$

求二维随机变量(X,Y)在长方形区域$\left\{0<x\leqslant\dfrac{\pi}{4},\dfrac{\pi}{6}<y\leqslant\dfrac{\pi}{3}\right\}$内的概率.

5. 设随机变量(X,Y)的概率密度为

$$f(x,y)=\begin{cases}A\mathrm{e}^{-(3x+4y)}, & x>0,y>0,\\ 0, & \text{其他},\end{cases}$$

求:

（1）常数A;

（2）随机变量(X,Y)的分布函数;

（3）$P\{0\leqslant X<1,0\leqslant Y<2\}$.

6. 设随机变量(X,Y)的概率密度为

$$f(x,y)=\begin{cases}k(6-x-y), & 0<x<2,2<y<4,\\ 0, & \text{其他}.\end{cases}$$

（1）确定常数k;

（2）求$P\{X<1,Y<3\}$;

（3）求$P\{X<1.5\}$;

（4）求$P\{X+Y\leqslant4\}$.

3.2 边缘分布

3.2.1 二维随机变量的边缘分布函数

二维随机变量(X,Y)作为一个整体,具有分布函数$F(x,y)$.而X和Y都是随机变量,各自也有分布函数,将它们分别记为$F_X(x)$,$F_Y(y)$,依次称为二维随机变量(X,Y)关于X和关于Y的边缘分布函数.边缘分布函数可以由(X,Y)的分布函数$F(x,y)$所确定,事实上,

$$F_X(x)=P\{X\leqslant x\}=P\{X\leqslant x,Y<+\infty\}=F(x,+\infty),$$

即

$$F_X(x)=F(x,+\infty),$$

也就是说,只要在函数$F(x,y)$中令$y\to+\infty$就能得到$F_X(x)$.同理

$$F_Y(y)=F(+\infty,y).$$

3.2.2 二维离散型随机变量的边缘分布律

对于二维离散型随机变量(X,Y),由$F_X(x)=F(x,+\infty)$,$F_Y(y)=F(+\infty,y)$可得

$$F_X(x)=\sum_{x_i\leqslant x}\sum_{j=1}^{\infty}p_{ij}.$$

与2.2节中$F(x)=\displaystyle\sum_{x_i\leqslant x}p_i$比较,知道$X$的分布律为

$$P\{X=x_i\} = \sum_{j=1}^{\infty} p_{ij}, \quad i=1,2,\cdots.$$

同样,Y 的分布律为

$$P\{Y=y_j\} = \sum_{i=1}^{\infty} p_{ij}, \quad j=1,2,\cdots.$$

记

$$p_{i\cdot} = \sum_{j=1}^{\infty} p_{ij} = P\{X=x_i\}, \quad i=1,2,\cdots,$$

$$p_{\cdot j} = \sum_{i=1}^{\infty} p_{ij} = P\{Y=y_j\}, \quad j=1,2,\cdots,$$

分别称 $p_{i\cdot}(i=1,2,\cdots)$ 和 $p_{\cdot j}(j=1,2,\cdots)$ 为 (X,Y) 关于 X 和关于 Y 的边缘分布律(注意,记号 $p_{i\cdot}$ 中的"·"表示 $p_{i\cdot}$ 是由 p_{ij} 关于 j 求和后得到的;同样 $p_{\cdot j}$ 是由 p_{ij} 关于 i 求和后得到的).

例 3.3 一个整数 N 等可能地在 $1,2,3,\cdots,10$ 中取一个值.设 $D=D(N)$ 是能整除 N 的正整数的个数,$F=F(N)$ 是能整除 N 的素数的个数(注意,1 不是素数).试写出 D 和 F 的联合分布律,并求边缘分布律.

解 先将试验的样本空间及 D,F 取值的情况列出如下:

样本点	1	2	3	4	5	6	7	8	9	10
D	1	2	2	3	2	4	2	4	3	4
F	0	1	1	1	1	2	1	1	1	2

D 所有可能取的值为 $1,2,3,4$;F 所有可能取的值为 $0,1,2$.容易得到 (D,F) 取 (i,j),$i=1,2,3,4,j=0,1,2$ 的概率,例如

$$P\{D=1,F=0\} = \frac{1}{10}, \quad P\{D=2,F=1\} = \frac{4}{10},$$

可得 D 和 F 的联合分布律及边缘分布律如下:

D	F			$P\{D=i\}$
	0	1	2	
1	$\frac{1}{10}$	0	0	$\frac{1}{10}$
2	0	$\frac{4}{10}$	0	$\frac{4}{10}$
3	0	$\frac{2}{10}$	0	$\frac{2}{10}$
4	0	$\frac{1}{10}$	$\frac{2}{10}$	$\frac{3}{10}$
$P\{F=j\}$	$\frac{1}{10}$	$\frac{7}{10}$	$\frac{2}{10}$	1

即有边缘分布律

D	1	2	3	4
p_i	$\dfrac{1}{10}$	$\dfrac{4}{10}$	$\dfrac{2}{10}$	$\dfrac{3}{10}$

F	0	1	2
p_i	$\dfrac{1}{10}$	$\dfrac{7}{10}$	$\dfrac{2}{10}$

我们常常将边缘分布律写在联合分布律表格的边缘,这就是"边缘分布律"这个名词的来源.

3.2.3 二维连续型随机变量的边缘概率密度

对于二维连续型随机变量(X,Y),设它的概率密度为$f(x,y)$,由于

$$F_X(x)=F(x,+\infty)=\int_{-\infty}^{x}\left[\int_{-\infty}^{+\infty}f(x,y)\mathrm{d}y\right]\mathrm{d}x,$$

由 2.2 节中的 $F(x)=\int_{-\infty}^{x}f(t)\mathrm{d}t$ 知道,X 是一个连续型随机变量,且其概率密度为

$$f_X(x)=\int_{-\infty}^{+\infty}f(x,y)\mathrm{d}y.$$

同样,Y 也是一个连续型随机变量,其概率密度为

$$f_Y(y)=\int_{-\infty}^{+\infty}f(x,y)\mathrm{d}x.$$

分别称$f_X(x),f_Y(y)$为(X,Y)关于X和关于Y的边缘概率密度.

例 3.4 设随机变量 X 和 Y 具有联合概率密度$f(x,y)=\begin{cases}6, & x^2<y<x,\\ 0, & \text{其他},\end{cases}$求边缘概率密度$f_X(x),f_Y(y)$.

解 由已知并参考图 3-5,

$$f_X(x)=\int_{-\infty}^{+\infty}f(x,y)\mathrm{d}y=\begin{cases}\int_{x^2}^{x}6\mathrm{d}y, & 0\le x\le1,\\ 0, & \text{其他}\end{cases}$$

$$=\begin{cases}6(x-x^2), & 0\le x\le1,\\ 0, & \text{其他},\end{cases}$$

$$f_Y(y)=\int_{-\infty}^{\infty}f(x,y)\mathrm{d}x=\begin{cases}\int_{y}^{\sqrt{y}}6\mathrm{d}x, & 0\le y\le1,\\ 0, & \text{其他}\end{cases}$$

$$=\begin{cases}6(\sqrt{y}-y), & 0\le y\le1,\\ 0, & \text{其他}.\end{cases}$$

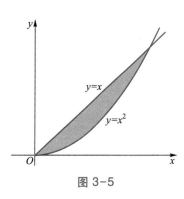

图 3-5

例 3.5 设二维随机变量 (X,Y) 的概率密度为

$$f(x,y) = \frac{1}{2\pi\sigma_1\sigma_2\sqrt{1-\rho^2}} \exp\left\{\frac{-1}{2(1-\rho^2)}\left[\frac{(x-\mu_1)^2}{\sigma_1^2} - \right.\right.$$

$$\left.\left. 2\rho\frac{(x-\mu_1)(y-\mu_2)}{\sigma_1\sigma_2} + \frac{(y-\mu_2)^2}{\sigma_2^2}\right]\right\}, \quad -\infty < x,y < +\infty,$$

其中 $\mu_1,\mu_2,\sigma_1,\sigma_2,\rho$ 都是常数,且 $\sigma_1 > 0, \sigma_2 > 0, -1 < \rho < 1$. 我们称 (X,Y) 服从参数为 μ_1, $\mu_2,\sigma_1,\sigma_2,\rho$ 的二维正态分布,记为 $(X,Y) \sim N(\mu_1,\mu_2,\sigma_1^2,\sigma_2^2,\rho)$. 试求 (X,Y) 的边缘概率密度.

解 因为

$$f_X(x) = \int_{-\infty}^{+\infty} f(x,y)\,\mathrm{d}y,$$

而

$$\frac{(y-\mu_2)^2}{\sigma_2^2} - 2\rho\frac{(x-\mu_1)(y-\mu_2)}{\sigma_1\sigma_2} = \left(\frac{y-\mu_2}{\sigma_2} - \rho\frac{x-\mu_1}{\sigma_1}\right)^2 - \rho^2\frac{(x-\mu_1)^2}{\sigma_1^2},$$

于是

$$f_X(x) = \frac{1}{2\pi\sigma_1\sigma_2\sqrt{1-\rho^2}} \mathrm{e}^{-\frac{(x-\mu_1)^2}{2\sigma_1^2}} \int_{-\infty}^{+\infty} \mathrm{e}^{-\frac{1}{2(1-\rho^2)}\left(\frac{y-\mu_2}{\sigma_2} - \rho\frac{x-\mu_1}{\sigma_1}\right)^2}\,\mathrm{d}y.$$

令 $t = \frac{1}{\sqrt{1-\rho^2}}\left(\frac{y-\mu_2}{\sigma_2} - \rho\frac{x-\mu_1}{\sigma_1}\right)$,则有

$$f_X(x) = \frac{1}{2\pi\sigma_1} \mathrm{e}^{-\frac{(x-\mu_1)^2}{2\sigma_1^2}} \int_{-\infty}^{+\infty} \mathrm{e}^{-\frac{t^2}{2}}\,\mathrm{d}t,$$

即

$$f_X(x) = \frac{1}{\sqrt{2\pi}\sigma_1} \mathrm{e}^{-\frac{(x-\mu_1)^2}{2\sigma_1^2}}, \quad -\infty < x < +\infty,$$

同理

$$f_Y(y) = \frac{1}{\sqrt{2\pi}\sigma_2} \mathrm{e}^{-\frac{(y-\mu_2)^2}{2\sigma_2^2}}, \quad -\infty < y < +\infty.$$

我们看到二维正态分布的两个边缘分布都是一维正态分布,并且都不依赖于参数 ρ,亦即对于给定的 $\mu_1,\mu_2,\sigma_1,\sigma_2$,不同的 ρ 对应不同的二维正态分布,它们的边缘分布却都是一样的. 这一事实表明,单由关于 X 和关于 Y 的边缘分布,一般来说是不能确定随机变量 X 和 Y 的联合分布的.

称服从二维正态分布的随机变量 (X,Y) 为二维正态随机变量.

习题 3-2

1. 设二维随机变量 (X,Y) 的概率密度为

$$f(x,y) = \begin{cases} \dfrac{24}{5}y(2-x), & 0 \leqslant x \leqslant 1, 0 \leqslant y \leqslant x, \\ 0, & \text{其他}, \end{cases}$$

求边缘概率密度.

2. 设二维随机变量 (X,Y) 的概率密度为

$$f(x,y) = \begin{cases} e^{-y}, & 0 < x < y, \\ 0, & 其他, \end{cases}$$

求边缘概率密度.

3. 设二维随机变量 (X,Y) 的概率密度为

$$f(x,y) = \begin{cases} cx^2 y, & x^2 \le y \le 1, \\ 0, & 其他. \end{cases}$$

(1) 试确定常数 c;

(2) 求边缘概率密度.

4. 袋中有五个号码 $1,2,3,4,5$,从中任取三个,记这三个号码中最小的号码为 X,最大的号码为 Y.试求

(1) X 与 Y 的联合分布律;

(2) 关于 X 与关于 Y 的边缘分布律.

5. 设二维随机变量 (X,Y) 的联合分布律为

X	Y		
	2	5	8
0.4	0.15	0.30	0.35
0.8	0.05	0.12	0.03

求关于 X 和关于 Y 的边缘分布律.

3.3 条件分布

3.3.1 二维离散型随机变量的条件分布律

我们由条件概率很自然地引出条件分布的概念.

设 (X,Y) 是二维离散型随机变量,其分布律为

$$P\{X = x_i, Y = y_j\} = p_{ij}, \quad i,j = 1,2,\cdots,$$

(X,Y) 关于 X 和关于 Y 的边缘分布律分别为

$$P\{X = x_i\} = p_{i\cdot} = \sum_{j=1}^{\infty} p_{ij}, \quad i = 1,2,\cdots,$$

$$P\{Y = y_j\} = p_{\cdot j} = \sum_{i=1}^{\infty} p_{ij}, \quad j = 1,2,\cdots.$$

设 $p_{\cdot j} > 0$,我们来考虑在事件 $\{Y = y_j\}$ 已发生的条件下事件 $\{X = x_i\}$ 发生的概率,也就是来求

事件

$$\{X = x_i \mid Y = y_j\}, \quad i = 1, 2, \cdots$$

发生的概率.由条件概率公式,可得

$$P\{X = x_i \mid Y = y_j\} = \frac{P\{X = x_i, Y = y_j\}}{P\{Y = y_j\}} = \frac{p_{ij}}{p_{\cdot j}}, \quad i = 1, 2, \cdots.$$

易知上述条件概率具有分布律的性质:

(1) 非负性:$P\{X = x_i \mid Y = y_j\} \geqslant 0$;

(2) 规范性:$\displaystyle\sum_{i=1}^{\infty} P\{X = x_i \mid Y = y_j\} = \sum_{i=1}^{\infty} \frac{p_{ij}}{p_{\cdot j}} = \frac{1}{p_{\cdot j}} \sum_{i=1}^{\infty} p_{ij} = \frac{p_{\cdot j}}{p_{\cdot j}} = 1.$

于是我们引入如下定义:

定义 3.2　设(X, Y)是二维离散型随机变量,对于固定的j,若$P\{Y = y_j\} > 0$,则称

$$P\{X = x_i \mid Y = y_j\} = \frac{P\{X = x_i, Y = y_j\}}{P\{Y = y_j\}} = \frac{p_{ij}}{p_{\cdot j}}, \quad i = 1, 2, \cdots$$

为在$Y = y_j$的条件下随机变量X的条件分布律.

同样,对于固定的i,若$P\{X = x_i\} > 0$,则称

$$P\{Y = y_j \mid X = x_i\} = \frac{P\{X = x_i, Y = y_j\}}{P\{X = x_i\}} = \frac{p_{ij}}{p_{i\cdot}}, \quad j = 1, 2, \cdots$$

为在$X = x_i$的条件下随机变量Y的条件分布律.

例 3.6　在一个汽车制造厂中,一辆汽车有两道工序是由机器人完成的.其一是紧固 3 只螺栓,其二是焊接 2 处焊点.以 X 表示其中紧固不良的螺栓数目,以 Y 表示焊接不良的焊点数目.据积累的资料知(X, Y)具有分布律

X	Y			$P\{X = i\}$
	0	1	2	
0	0.840	0.060	0.010	0.910
1	0.030	0.010	0.005	0.045
2	0.020	0.008	0.004	0.032
3	0.010	0.002	0.001	0.013
$P\{Y = j\}$	0.900	0.080	0.020	1.000

(1) 求在 $X = 1$ 的条件下,Y 的条件分布律;

(2) 求在 $Y = 0$ 的条件下,X 的条件分布律.

解　边缘分布律已经求出并列在上表中.

(1) 在 $X = 1$ 的条件下,Y 的条件分布律为

$$P\{Y = 0 \mid X = 1\} = \frac{P\{X = 1, Y = 0\}}{P\{X = 1\}} = \frac{0.030}{0.045},$$

$$P\{Y=1 \mid X=1\} = \frac{P\{X=1,Y=1\}}{P\{X=1\}} = \frac{0.010}{0.045},$$

$$P\{Y=2 \mid X=1\} = \frac{P\{X=1,Y=2\}}{P\{X=1\}} = \frac{0.005}{0.045},$$

或写成

$Y=k$	0	1	2
$P\{Y=k \mid X=1\}$	$\dfrac{6}{9}$	$\dfrac{2}{9}$	$\dfrac{1}{9}$

(2) 同样可得在 $Y=0$ 的条件下 X 的条件分布律为

$X=k$	0	1	2	3
$P\{X=k \mid Y=0\}$	$\dfrac{84}{90}$	$\dfrac{3}{90}$	$\dfrac{2}{90}$	$\dfrac{1}{90}$

例 3.7 一名射手进行射击,击中目标的概率为 $p(0<p<1)$,射击直至击中目标两次为止.以 X 表示首次击中目标所进行的射击次数,以 Y 表示总共进行的射击次数,试求 X 和 Y 的联合分布律及条件分布律.

解 按题意,$Y=n$ 就表示在第 n 次射击时击中目标,且在第 1 次、第 2 次……第 $n-1$ 次射击中恰有一次击中目标.已知各次射击是相互独立的,于是不管 $m(m<n)$ 是多少,概率 $P\{X=m,Y=n\}$ 都应等于

$$p \cdot p \cdot \underbrace{q \cdot q \cdot \cdots \cdot q}_{n-2个} = p^2 q^{n-2} \quad (\text{这里 } q=1-p),$$

即得 X 和 Y 的联合分布律为

$$P\{X=m,Y=n\} = p^2 q^{n-2}, \quad n=2,3,\cdots;m=1,2,\cdots,n-1.$$

由此可知,

$$P\{X=m\} = \sum_{n=m+1}^{\infty} P\{X=m,Y=n\} = \sum_{n=m+1}^{\infty} p^2 q^{n-2}$$

$$= p^2 \sum_{n=m+1}^{\infty} q^{n-2} = \frac{p^2 q^{m-1}}{1-q} = pq^{m-1}, \quad m=1,2,\cdots,$$

$$P\{Y=n\} = \sum_{m=1}^{n-1} P\{X=m,Y=n\} = \sum_{m=1}^{n-1} p^2 q^{n-2}$$

$$= (n-1)p^2 q^{n-2}, \quad n=2,3,\cdots.$$

于是由可得到所求的条件分布律:

当 $n=2,3,\cdots$ 时,

$$P\{X=m \mid Y=n\} = \frac{p^2 q^{n-2}}{(n-1)p^2 q^{n-2}} = \frac{1}{n-1}, \quad m=1,2,\cdots,n-1;$$

当 $m=1,2,\cdots$ 时,

$$P\{Y=n \mid X=m\}=\frac{p^2 q^{n-2}}{pq^{m-1}}=pq^{n-m-1}, \quad n=m+1, m+2, \cdots.$$

例如，

$$P\{X=m \mid Y=3\}=\frac{1}{2}, \quad m=1,2;$$

$$P\{Y=n \mid X=3\}=pq^{n-4}, \quad n=4,5,\cdots.$$

3.3.2　二维连续型随机变量的条件概率密度

设(X,Y)是二维连续型随机变量，这时由于对任意x,y有

$$P\{X=x\}=0, \quad P\{Y=y\}=0,$$

因此就不能直接用条件概率公式引入"条件分布函数"了.

设(X,Y)的概率密度为$f(x,y)$，(X,Y)关于Y的边缘概率密度为$f_Y(y)$.给定y，对于任意固定的$\varepsilon>0$和任意x，考虑条件概率$P\{X\leqslant x \mid y<Y\leqslant y+\varepsilon\}$.

设$P\{y<X\leqslant y+\varepsilon\}>0$，则有

$$
\begin{aligned}
P\{X\leqslant x \mid y<Y\leqslant y+\varepsilon\} &=\frac{P\{X\leqslant x, y<Y\leqslant y+\varepsilon\}}{P\{y<Y\leqslant y+\varepsilon\}}\\
&=\frac{\displaystyle\int_{-\infty}^{x}\left[\int_{y}^{y+\varepsilon}f(x,y)\,\mathrm{d}y\right]\mathrm{d}x}{\displaystyle\int_{y}^{y+\varepsilon}f_Y(y)\,\mathrm{d}y}.
\end{aligned}
$$

在某些条件下，当ε很小时，上式第二行分子、分母分别近似于$\varepsilon\displaystyle\int_{-\infty}^{x}f(x,y)\,\mathrm{d}x$和$\varepsilon f_Y(y)$，于是当$\varepsilon$很小时，有

$$P\{X\leqslant x \mid y<Y\leqslant y+\varepsilon\}\approx\frac{\varepsilon\displaystyle\int_{-\infty}^{x}f(x,y)\,\mathrm{d}x}{\varepsilon f_Y(y)}=\int_{-\infty}^{x}\frac{f(x,y)}{f_Y(y)}\mathrm{d}x.$$

与2.2节中的$F(x)=\displaystyle\int_{-\infty}^{x}f(t)\,\mathrm{d}t$相比较，给出如下定义：

定义 3.3　设二维随机变量(X,Y)的概率密度为$f(x,y)$，(X,Y)关于Y的边缘概率密度为$f_Y(y)$.若对于固定的$y,f_Y(y)>0$，则称$\dfrac{f(x,y)}{f_Y(y)}$为在$Y=y$的条件下X的条件概率密度，记为

$$f_{X\mid Y}(x \mid y)=\frac{f(x,y)}{f_Y(y)}.$$

条件概率密度满足：

（1）非负性：$f_{X\mid Y}(x \mid y)=\dfrac{f(x,y)}{f_Y(y)}\geqslant 0$；

（2）规范性：$\displaystyle\int_{-\infty}^{+\infty}f_{X\mid Y}(x \mid y)\,\mathrm{d}x=\int_{-\infty}^{+\infty}\frac{f(x,y)}{f_Y(y)}\,\mathrm{d}x=\frac{1}{f_Y(y)}\int_{-\infty}^{+\infty}f(x,y)\,\mathrm{d}x=1.$

称 $\displaystyle\int_{-\infty}^{x} f_{X\mid Y}(x\mid y)\,\mathrm{d}x = \int_{-\infty}^{x}\frac{f(x,y)}{f_Y(y)}\,\mathrm{d}x$ 为在 $Y=y$ 的条件下 X 的条件分布函数,记为 $P\{X\le x\mid Y=y\}$ 或 $F_{X\mid Y}(x\mid y)$,即

$$F_{X\mid Y}(x\mid y)=P\{X\le x\mid Y=y\}=\int_{-\infty}^{x}\frac{f(x,y)}{f_Y(y)}\,\mathrm{d}x.$$

类似地,可以定义 $f_{Y\mid X}(y\mid x)=\dfrac{f(x,y)}{f_X(x)}$ 和 $F_{Y\mid X}(y\mid x)=\displaystyle\int_{-\infty}^{y}\dfrac{f(x,y)}{f_X(x)}\,\mathrm{d}y$.

因此,当 ε 很小时,有

$$P\{X\le x\mid y<Y\le y+\varepsilon\}\approx\int_{-\infty}^{x}f_{X\mid Y}(x\mid y)\,\mathrm{d}x=F_{X\mid Y}(x\mid y).$$

上式说明了条件概率密度和条件分布函数的含义.

例 3.8 设 G 是平面上的有界区域,其面积为 A.若二维随机变量 (X,Y) 具有概率密度

$$f(x,y)=\begin{cases}\dfrac{1}{A}, & (x,y)\in G,\\[2mm] 0, & \text{其他},\end{cases}$$

则称 (X,Y) 在 G 上服从均匀分布.现设二维随机变量 (X,Y) 在圆域 $\{(x,y)\mid x^2+y^2\le 1\}$ 上服从均匀分布,求条件概率密度 $f_{X\mid Y}(x\mid y)$.

解 由假设,随机变量 (X,Y) 具有概率密度

$$f(x,y)=\begin{cases}\dfrac{1}{\pi}, & x^2+y^2\le 1,\\[2mm] 0, & \text{其他},\end{cases}$$

且有边缘概率密度

$$f_Y(y)=\int_{-\infty}^{+\infty}f(x,y)\,\mathrm{d}x=\begin{cases}\dfrac{1}{\pi}2\sqrt{1-y^2}, & -1\le y\le 1,\\[2mm] 0, & \text{其他}.\end{cases}$$

于是当 $-1<y<1$ 时有

$$f_{X\mid Y}(x\mid y)=\begin{cases}\dfrac{\dfrac{1}{\pi}}{\dfrac{2}{\pi}\sqrt{1-y^2}}, & |x|\le\sqrt{1-y^2},\\[3mm] 0, & \text{其他}\end{cases}=\begin{cases}\dfrac{1}{2\sqrt{1-y^2}}, & |x|\le\sqrt{1-y^2},\\[2mm] 0, & \text{其他}.\end{cases}$$

当 $y=0$ 和 $y=\dfrac{1}{2}$ 时,$f_{X\mid Y}(x\mid y)$ 的图形分别如图 3-6 和图 3-7 所示.

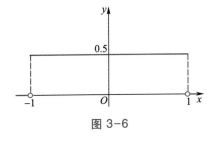

图 3-6

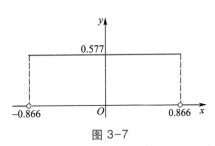

图 3-7

例 3.9　设数 X 在区间 $(0,1)$ 内随机地取值,当观察到 $X=x(0<x<1)$ 时,数 Y 在区间 $(x,1)$ 内随机地取值.求 Y 的概率密度 $f_Y(y)$.

解　按题意,X 具有概率密度

$$f_X(x)=\begin{cases}1, & 0<x<1,\\0, & \text{其他}.\end{cases}$$

对于任意给定的 $x(0<x<1)$,在 $X=x$ 的条件下 Y 的条件概率密度为

$$f_{Y\mid X}(y\mid x)=\begin{cases}\dfrac{1}{1-x}, & x<y<1,\\0, & \text{其他}.\end{cases}$$

可得 X 和 Y 的联合概率密度为

$$f(x,y)=f_{Y\mid X}(y\mid x)f_X(x)=\begin{cases}\dfrac{1}{1-x}, & 0<x<y<1,\\0, & \text{其他}.\end{cases}$$

于是得关于 Y 的边缘概率密度为

$$f_Y(y)=\int_{-\infty}^{+\infty}f(x,y)\,\mathrm{d}x=\begin{cases}\displaystyle\int_0^y\frac{1}{1-x}\,\mathrm{d}x, & 0<y<1,\\0, & \text{其他}\end{cases}=\begin{cases}-\ln(1-y), & 0<y<1,\\0, & \text{其他}.\end{cases}$$

习题 3-3

1. 设随机变量 (X,Y) 的概率密度为

$$f(x,y)=\begin{cases}1, & |y|<x,0<x<1,\\0, & \text{其他}.\end{cases}$$

求条件概率密度 $f_{X\mid Y}(x\mid y),f_{Y\mid X}(y\mid x)$.

2. 在习题 3-1 的第 2 题中,求:

(1) 给定条件 $Y=1$ 下 X 的条件分布律;

(2) 给定条件 $X=1$ 下 Y 的条件分布律.

3. 已知随机变量 (X,Y) 的联合密度函数为

$$f(x,y)=\begin{cases}2\mathrm{e}^{-(x+2y)}, & x>0,y>0,\\0, & \text{其他}.\end{cases}$$

试求:

(1) 条件概率密度 $f_{X\mid Y}(x\mid 1)$ 与 $f_{X\mid Y}(x\mid y)$,其中 $y>0$;

(2) (X,Y) 的联合分布函数;

(3) 概率 $P\{X<1,Y>2\}$.

3.4　二维随机变量的独立性

本节我们将利用两个事件相互独立的概念引出两个随机变量相互独立的概念,后者是一个十分重要的概念.

定义 3.4 设 $F(x,y)$ 及 $F_X(x)$，$F_Y(y)$ 分别是二维随机变量 (X,Y) 的分布函数及边缘分布函数.若对于所有 x,y 有

$$P\{X \leqslant x, Y \leqslant y\} = P\{X \leqslant x\} P\{Y \leqslant y\},$$
$$F(x,y) = F_X(x) F_Y(y),$$

则称随机变量 X 与 Y 是相互独立的.

设 (X,Y) 是二维连续型随机变量，$f(x,y)$，$f_X(x)$，$f_Y(y)$ 分别为 (X,Y) 的概率密度和边缘概率密度，则 X 与 Y 相互独立的条件 $F(x,y) = F_X(x) F_Y(y)$ 等价于等式对所有的 x,y 有

$$f(x,y) = f_X(x) f_Y(y).$$

当 (X,Y) 是二维离散型随机变量时，X 与 Y 相互独立的条件 $F(x,y) = F_X(x) F_Y(y)$ 等价于对于 (X,Y) 的所有可能取的值 (x_i, y_j) 有

$$P\{X = x_i, Y = y_j\} = P\{X = x_i\} P\{Y = y_j\}.$$

在实际问题中经常使用上述等价条件来判断二维随机变量是否相互独立.

例如 3.1 节例 3.2 中的随机变量 X 和 Y，由于

$$f_X(x) = \begin{cases} 2e^{-2x}, & x > 0, \\ 0, & \text{其他}, \end{cases} \quad f_Y(y) = \begin{cases} e^{-y}, & y > 0, \\ 0, & \text{其他}, \end{cases}$$

故有 $f(x,y) = f_X(x) f_Y(y)$，因而 X 与 Y 是相互独立的.

又如，若随机变量 X, Y 具有联合分布律

X	Y		$P\{X=i\}$
	1	2	
0	$\dfrac{1}{6}$	$\dfrac{2}{6}$	$\dfrac{1}{2}$
1	$\dfrac{1}{6}$	$\dfrac{2}{6}$	$\dfrac{1}{2}$
$P\{Y=j\}$	$\dfrac{1}{3}$	$\dfrac{2}{3}$	1

则

$$P\{X=0, Y=1\} = \frac{1}{6} = P\{X=0\} P\{Y=1\},$$

$$P\{X=0, Y=2\} = \frac{2}{6} = P\{X=0\} P\{Y=2\},$$

$$P\{X=1, Y=1\} = \frac{1}{6} = P\{X=1\} P\{Y=1\},$$

$$P\{X=1, Y=2\} = \frac{2}{6} = P\{X=1\} P\{Y=2\}.$$

因而 X 与 Y 是相互独立的.

再如 3.2 节例 3.3 中的随机变量 D 与 F，由于

$$P\{D=1, F=0\} = \frac{1}{10} \neq P\{D=1\} P\{F=0\},$$

因而 D 与 F 不是相互独立的.

下面考察二维正态随机变量(X,Y),它的概率密度为

$$f(x,y)=\frac{1}{2\pi\sigma_1\sigma_2\sqrt{1-\rho^2}}\exp\left\{\frac{-1}{2(1-\rho^2)}\left[\frac{(x-\mu_1)^2}{\sigma_1^2}-\right.\right.$$

$$\left.\left.2\rho\frac{(x-\mu_1)(y-\mu_2)}{\sigma_1\sigma_2}+\frac{(y-\mu_2)^2}{\sigma_2^2}\right]\right\},\quad-\infty<x,y<+\infty.$$

由 3.2 节例 3.5 知道,其边缘概率密度 $f_X(x),f_Y(y)$ 的乘积为

$$f_X(x)f_Y(y)=\frac{1}{2\pi\sigma_1\sigma_2}\exp\left\{-\frac{1}{2}\left[\frac{(x-\mu_1)^2}{\sigma_1^2}+\frac{(y-\mu_2)^2}{\sigma_2^2}\right]\right\},\quad-\infty<x,y<+\infty.$$

因此,如果 $\rho=0$,则对于所有 x,y 有 $f(x,y)=f_X(x)f_Y(y)$,即 X 和 Y 相互独立.反之,如果 X 与 Y 相互独立,由于 $f(x,y),f_X(x),f_Y(y)$ 都是连续函数,故对于所有的 x,y 有 $f(x,y)=f_X(x)f_Y(y)$. 特别地,令 $x=\mu_1,y=\mu_2$,自这一等式得到

$$\frac{1}{2\pi\sigma_1\sigma_2\sqrt{1-\rho^2}}=\frac{1}{2\pi\sigma_1\sigma_2},$$

从而 $\rho=0$.综上所述,得到以下结论:

对于二维正态随机变量(X,Y),X 与 Y 相互独立的充要条件是参数 $\rho=0$.

例 3.10　一负责人到达办公室的时刻均匀分布在 8 时~12 时,他的秘书到达办公室的时刻均匀分布在 7 时~9 时,设他们两人到达的时间相互独立,求他们到达办公室的时间相差不超过 5 min $\left(即\frac{1}{12}\text{ h}\right)$ 的概率.

解　设 X 和 Y 分别是负责人和他的秘书到达办公室的时刻,由假设 X 和 Y 的概率密度分别为

$$f_X(x)=\begin{cases}\dfrac{1}{4},&8<x<12,\\0,&\text{其他},\end{cases}\qquad f_Y(y)=\begin{cases}\dfrac{1}{2},&7<y<9,\\0,&\text{其他}.\end{cases}$$

因 X 与 Y 相互独立,故(X,Y)的概率密度为

$$f(x,y)=f_X(x)f_Y(y)=\begin{cases}\dfrac{1}{8},&8<x<12,7<y<9,\\0,&\text{其他}.\end{cases}$$

按题意,需要求概率 $P\left\{|X-Y|\leqslant\dfrac{1}{12}\right\}$.如图 3-8 所示,画出四边形 $BCC'B'$,记为 G.

显然仅当(X,Y)取值于 G 内时,他们两人到达的时间相差才不超过 $\dfrac{1}{12}$ h.因此,所求的概率为

$$P\left\{|X-Y|\leqslant\frac{1}{12}\right\}=\iint_G f(x,y)\mathrm{d}x\mathrm{d}y=\frac{1}{8}\times G\text{ 的面积}.$$

因为

$$G\text{ 的面积}=\triangle ABC\text{ 的面积}-\triangle AB'C'\text{ 的面积}$$

$$=\frac{1}{2}\left(\frac{13}{12}\right)^2-\frac{1}{2}\left(\frac{11}{12}\right)^2=\frac{1}{6},$$

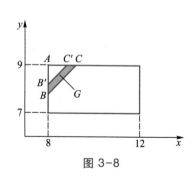

图 3-8

于是

$$P\left\{\,|\,X-Y\,|\leqslant\frac{1}{12}\right\}=\frac{1}{48},$$

即负责人和他的秘书到达办公室的时间相差不超过 5 min 的概率为$\frac{1}{48}$.

以上所述关于二维随机变量的一些概念,容易推广到 n 维随机变量的情况.前面说过,n 维随机变量$(X_1,X_2,\cdots,X_n)$的分布函数定义为

$$F(x_1,x_2,\cdots,x_n)=P\{X_1\leqslant x_1,X_2\leqslant x_2,\cdots,X_n\leqslant x_n\},$$

其中 $x_1,x_2,\cdots,x_n$ 为任意实数.

由于 n 维离散型随机变量的分布函数形式较复杂,下面仅以 n 维连续型随机变量为例,对二维随机变量的相关概念和性质进行推广.

若存在非负函数 $f(x_1,x_2,\cdots,x_n)$,使对于任意实数 $x_1,x_2,\cdots,x_n$ 有

$$F(x_1,x_2,\cdots,x_n)=\int_{-\infty}^{x_n}\cdots\int_{-\infty}^{x_2}\int_{-\infty}^{x_1}f(x_1,x_2,\cdots,x_n)\,\mathrm{d}x_1\,\mathrm{d}x_2\cdots\mathrm{d}x_n,$$

则称 $f(x_1,x_2,\cdots,x_n)$ 为$(X_1,X_2,\cdots,X_n)$的概率密度.

设$(X_1,X_2,\cdots,X_n)$的分布函数 $F(x_1,x_2,\cdots,x_n)$ 为已知,则$(X_1,X_2,\cdots,X_n)$的 $k(1\leqslant k<n)$ 维边缘分布函数就随之确定.例如,$(X_1,X_2,\cdots,X_n)$关于 X_1 和关于(X_1,X_2)的边缘分布函数分别为

$$F_{X_1}(x_1)=F(x_1,+\infty,+\infty,\cdots,+\infty),$$

$$F_{X_1,X_2}(x_1,x_2)=F(x_1,x_2,+\infty,+\infty,\cdots,+\infty).$$

又若 $f(x_1,x_2,\cdots,x_n)$ 是$(X_1,X_2,\cdots,X_n)$的概率密度,则$(X_1,X_2,\cdots,X_n)$关于 X_1 和关于(X_1,X_2)的边缘概率密度分别为

$$f_{X_1}(x_1)=\int_{-\infty}^{+\infty}\cdots\int_{-\infty}^{+\infty}\int_{-\infty}^{+\infty}f(x_1,x_2,\cdots,x_n)\,\mathrm{d}x_2\,\mathrm{d}x_3\cdots\mathrm{d}x_n,$$

$$f_{X_1,X_2}(x_1,x_2)=\int_{-\infty}^{+\infty}\cdots\int_{-\infty}^{+\infty}\int_{-\infty}^{+\infty}f(x_1,x_2,\cdots,x_n)\,\mathrm{d}x_3\,\mathrm{d}x_4\cdots\mathrm{d}x_n.$$

若对于所有的 $x_1,x_2,\cdots,x_n$ 有

$$F(x_1,x_2,\cdots,x_n)=F_{X_1}(x_1)F_{X_2}(x_2)\cdots F_{X_n}(x_n),$$

则称 $X_1,X_2,\cdots,X_n$ 是相互独立的.

若对于所有的 $x_1,x_2,\cdots,x_m$ 和 $y_1,y_2,\cdots,y_n$ 有

$$F(x_1,x_2,\cdots,x_m,y_1,y_2,\cdots,y_n)=F_1(x_1,x_2,\cdots,x_m)F_2(y_1,y_2,\cdots,y_n)$$

其中 F_1,F_2,F 依次为随机变量$(X_1,X_2,\cdots,X_m)$,$(Y_1,Y_2,\cdots,Y_n)$和$(X_1,X_2,\cdots,X_m,Y_1,Y_2,\cdots,Y_n)$的分布函数,则称随机变量$(X_1,X_2,\cdots,X_m)$与$(Y_1,Y_2,\cdots,Y_n)$是相互独立的.

我们有以下的定理(证明略),它在数理统计中是很有用的.

定理 3.1 设$(X_1,X_2,\cdots,X_m)$与$(Y_1,Y_2,\cdots,Y_n)$相互独立,则 $X_i(i=1,2,\cdots,m)$ 与 $Y_j(j=1,2,\cdots,n)$ 相互独立.又若 h,g 是连续函数,则 $h(X_1,X_2,\cdots,X_m)$ 与 $g(Y_1,Y_2,\cdots,Y_n)$ 相互独立.

习题 3-4

1. 在习题 3-2 的第 4 题中,判断 X 与 Y 是否相互独立.

2. 在习题 3-2 的第 5 题中,判断 X 与 Y 是否相互独立.

3. 设 X 和 Y 是两个相互独立的随机变量, X 在区间 $(0,1)$ 上服从均匀分布, Y 的概率密度为

$$f_Y(y) = \begin{cases} \dfrac{1}{2}e^{-\frac{y}{2}}, & y>0, \\ 0, & 其他. \end{cases}$$

(1) 求 X 和 Y 的联合概率密度;

(2) 对关于 a 的二次方程 $a^2+2Xa+Y=0$, 试求该方程有实根的概率.

4. 设随机变量 X 和 Y 相互独立, 下表列出了二维随机变量 (X,Y) 联合分布律及关于 X 和 Y 的边缘分布律中的部分数值. 试将其余数值填入表中的空白处.

X	Y			$P\{X=x_i\}=p_i$
	y_1	y_2	y_3	
x_1	$\dfrac{1}{24}$			
x_2	$\dfrac{1}{8}$			
$P\{Y=y_j\}=p_j$	$\dfrac{1}{6}$			1

5. 设某班车起点站上客人数 X 服从参数为 $\lambda(\lambda>0)$ 的泊松分布, 每位乘客在中途下车的概率为 $p(0<p<1)$, 且中途下车与否相互独立, 以 Y 表示在中途下车的人数, 求: (1) 在发车时有 n 个乘客的条件下, 中途有 m 人下车的概率; (2) 二维随机变量 (X,Y) 的概率分布.

3.5 二维随机变量函数的分布

2.4 节中已经讨论过一个随机变量的函数的分布, 本节讨论两个随机变量的函数的分布. 我们只就下面几个具体的函数来讨论.

3.5.1 $Z=X+Y$ 的分布

设 (X,Y) 是二维连续型随机变量, 它具有概率密度 $f(x,y)$, 则 $Z=X+Y$ 仍为连续型随机变量, 其概率密度为

$$f_Z(z) = \int_{-\infty}^{+\infty} f(z-y,y)\,\mathrm{d}y,$$

$$f_Z(z) = \int_{-\infty}^{+\infty} f(x,z-x)\,\mathrm{d}x.$$

又若 X 与 Y 相互独立, 设 (X,Y) 关于 X,Y 的边缘概率密度分别为 $f_X(x)$, $f_Y(y)$, 则上面两个式子可以化为

$$f_Z(z) = \int_{-\infty}^{+\infty} f_X(z-y) f_Y(y) \, \mathrm{d}y$$

和

$$f_Z(z) = \int_{-\infty}^{+\infty} f_X(x) f_Y(z-x) \, \mathrm{d}x.$$

这两个公式称为 f_X 和 f_Y 的卷积公式,记为 $f_X * f_Y$,即

$$f_X * f_Y = \int_{-\infty}^{+\infty} f_X(z-y) f_Y(y) \, \mathrm{d}y = \int_{-\infty}^{+\infty} f_X(x) f_Y(z-x) \, \mathrm{d}x.$$

证　先来求 $Z = X+Y$ 的分布函数 $F_Z(z)$,即有

$$F_Z(z) = P\{Z \le z\} = \iint_{x+y \le z} f(x,y) \, \mathrm{d}x \mathrm{d}y.$$

这里积分区域 $G:\{(x,y) \mid x+y \le z\}$ 是直线 $x+y=z$ 及其左下方的半平面(图 3-9).将二重积分化成累次积分,得

$$F_Z(z) = \int_{-\infty}^{+\infty} \left[\int_{-\infty}^{z-y} f(x,y) \, \mathrm{d}x \right] \mathrm{d}y.$$

固定 z 和 y 对积分 $\int_{-\infty}^{z-y} f(x,y) \, \mathrm{d}x$ 作变量变换,令 $x = u-y$,得

$$\int_{-\infty}^{z-y} f(x,y) \, \mathrm{d}x = \int_{-\infty}^{z} f(u-y,y) \, \mathrm{d}u,$$

于是

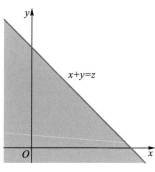

图 3-9

$$F_Z(z) = \int_{-\infty}^{+\infty} \left[\int_{-\infty}^{z} f(u-y,y) \, \mathrm{d}u \right] \mathrm{d}y = \int_{-\infty}^{z} \left[\int_{-\infty}^{+\infty} f(u-y,y) \, \mathrm{d}y \right] \mathrm{d}u.$$

由概率密度的定义即得

$$f_Z(z) = \int_{-\infty}^{+\infty} f(z-y,y) \, \mathrm{d}y.$$

类似可证得

$$f_Z(z) = \int_{-\infty}^{+\infty} f(x,z-x) \, \mathrm{d}x.$$

例 3.11　设 X 与 Y 是两个相互独立的随机变量,它们都服从标准正态分布即 $N(0,1)$ 分布,其概率密度为

$$f_X(x) = \frac{1}{\sqrt{2\pi}} \mathrm{e}^{-\frac{x^2}{2}}, \quad -\infty < x < +\infty,$$

$$f_Y(y) = \frac{1}{\sqrt{2\pi}} \mathrm{e}^{-\frac{y^2}{2}}, \quad -\infty < y < +\infty,$$

求 $Z = X+Y$ 的概率密度.

解　由

$$f_Z(z) = \int_{-\infty}^{+\infty} f_X(x) f_Y(z-x) \, \mathrm{d}x,$$

对 $-\infty < z < +\infty$,可得

$$f_Z(z) = \frac{1}{2\pi} \int_{-\infty}^{+\infty} \mathrm{e}^{-\frac{x^2}{2}} \cdot \mathrm{e}^{-\frac{(z-x)^2}{2}} \, \mathrm{d}x = \frac{1}{2\pi} \mathrm{e}^{-\frac{z^2}{4}} \int_{-\infty}^{+\infty} \mathrm{e}^{-\left(x-\frac{z}{2}\right)^2} \, \mathrm{d}x,$$

令 $t = x - \dfrac{z}{2}$，得

$$f_Z(z) = \frac{1}{2\pi} e^{-\frac{z^2}{4}} \int_{-\infty}^{+\infty} e^{-t^2} \,\mathrm{d}t = \frac{1}{2\pi} e^{-\frac{z^2}{4}} \sqrt{\pi} = \frac{1}{2\sqrt{\pi}} e^{-\frac{z^2}{4}},$$

即 Z 服从 $N(0,2)$ 分布.

一般地，设 X 与 Y 相互独立，且 $X \sim N(\mu_1, \sigma_1^2)$，$Y \sim N(\mu_2, \sigma_2^2)$. 由

$$f_Z(z) = \int_{-\infty}^{+\infty} f_X(x) f_Y(z-x) \,\mathrm{d}x$$

经过计算知 $Z = X + Y$ 仍然服从正态分布，且有 $Z \sim N(\mu_1 + \mu_2, \sigma_1^2 + \sigma_2^2)$. 这个结论还能推广到 n 个独立正态随机变量之和的情况，即若 $X_i \sim N(\mu_i, \sigma_i^2)(i = 1, 2, \cdots, n)$，且它们相互独立，则它们的和 $Z = X_1 + X_2 + \cdots + X_n$ 仍然服从正态分布，且有

$$Z \sim N(\mu_1 + \mu_2 + \cdots + \mu_n, \sigma_1^2 + \sigma_2^2 + \cdots + \sigma_n^2).$$

更一般地，可以证明有限个相互独立的正态随机变量的线性组合仍然服从正态分布.

例 3.12 在一个简单电路中，两个电阻 R_1 和 R_2 串联连接，设 R_1, R_2 相互独立，它们的概率密度均为

$$f(x) = \begin{cases} \dfrac{10-x}{50}, & 0 \leqslant x \leqslant 10, \\ 0, & \text{其他}. \end{cases}$$

求总电阻 $R = R_1 + R_2$ 的概率密度.

解 由

$$f_Z(z) = \int_{-\infty}^{+\infty} f_X(x) f_Y(z-x) \,\mathrm{d}x,$$

可得 R 的概率密度为

$$f_R(z) = \int_{-\infty}^{+\infty} f(x) f(z-x) \,\mathrm{d}x.$$

当 $\begin{cases} 0 < x < 10, \\ 0 < z-x < 10, \end{cases}$ 即 $\begin{cases} 0 < x < 10, \\ z-10 < x < z, \end{cases}$ 时，上述积分的被积函数不

等于零. 参考图 3-10，将 $f(x)$ 的表达式代入上式得

$$f_R(z) = \begin{cases} \dfrac{1}{15\,000}(600z - 60z^2 + z^3), & 0 \leqslant z < 10, \\ \dfrac{1}{15\,000}(20-z)^3, & 10 \leqslant z < 20, \\ 0, & \text{其他}. \end{cases}$$

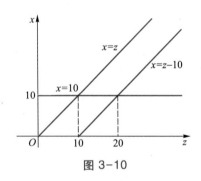

图 3-10

例 3.13 设随机变量 X, Y 相互独立，且分别服从参数为 $\alpha, \theta; \beta, \theta$ 的 Γ 分布（分别记成 $X \sim \Gamma(\alpha, \theta)$，$Y \sim \Gamma(\beta, \theta)$），即 X, Y 的概率密度分别为

$$f_X(x) = \begin{cases} \dfrac{1}{\theta^\alpha \Gamma(\alpha)} x^{\alpha-1} e^{-\frac{x}{\theta}}, & x > 0, \\ 0, & \text{其他}, \end{cases} \qquad \alpha > 0, \theta > 0,$$

$$f_Y(y) = \begin{cases} \dfrac{1}{\theta^\beta \Gamma(\beta)} y^{\beta-1} e^{-\frac{y}{\theta}}, & y>0, \\ 0, & \text{其他}, \end{cases} \qquad \beta>0, \theta>0,$$

其中 $\Gamma(x) = \displaystyle\int_0^{+\infty} t^{x-1} e^{-t} \mathrm{d}t, x>0$. 试证明 $Z=X+Y$ 服从参数为 $\alpha+\beta, \theta$ 的 Γ 分布, 即 $X+Y\sim$ $\Gamma(\alpha+\beta, \theta)$.

证 由

$$f_Z(z) = \int_{-\infty}^{+\infty} f_X(x) f_Y(z-x) \mathrm{d}x,$$

可得 $Z=X+Y$ 的概率密度为

$$f_Z(z) = \int_{-\infty}^{+\infty} f_X(x) f_Y(z-x) \mathrm{d}x.$$

易知仅当 $\begin{cases} x>0, \\ z-x>0, \end{cases}$ 即 $\begin{cases} x>0, \\ x<z, \end{cases}$ 时上述积分的被积函数不等于零, 于是(参见图 3-11)知当 $z<0$ 时, $f_Z(z)=0$, 而当 $z>0$ 时,

$$
\begin{aligned}
f_Z(z) &= \int_0^z \frac{1}{\theta^\alpha \Gamma(\alpha)} x^{\alpha-1} e^{-\frac{x}{\theta}} \frac{1}{\theta^\beta \Gamma(\beta)} (z-x)^{\beta-1} e^{-\frac{z-x}{\theta}} \mathrm{d}x \\
&= \frac{e^{-\frac{z}{\theta}}}{\theta^{\alpha+\beta} \Gamma(\alpha) \Gamma(\beta)} \int_0^z x^{\alpha-1} (z-x)^{\beta-1} \mathrm{d}x \quad (\text{令 } x=zt) \\
&= \frac{z^{\alpha+\beta-1} e^{-\frac{z}{\theta}}}{\theta^{\alpha+\beta} \Gamma(\alpha) \Gamma(\beta)} \int_0^1 t^{\alpha-1} (1-t)^{\beta-1} \mathrm{d}t \xlongequal{\text{def}} A z^{\alpha+\beta-1} e^{-\frac{z}{\theta}},
\end{aligned}
$$

其中

$$A = \frac{1}{\theta^{\alpha+\beta} \Gamma(\alpha) \Gamma(\beta)} \int_0^1 t^{\alpha-1} (1-t)^{\beta-1} \mathrm{d}t.$$

现在来计算 A. 由概率密度的性质得到

$$
\begin{aligned}
1 &= \int_{-\infty}^{+\infty} f_Z(z) \mathrm{d}z = \int_0^{+\infty} A z^{\alpha+\beta-1} e^{-\frac{z}{\theta}} \mathrm{d}z \\
&= A \theta^{\alpha+\beta} \int_0^{+\infty} \left(\frac{z}{\theta}\right)^{\alpha+\beta-1} e^{-\frac{z}{\theta}} \mathrm{d}\left(\frac{z}{\theta}\right) \\
&= A \theta^{\alpha+\beta} \Gamma(\alpha+\beta),
\end{aligned}
$$

即有

$$A = \frac{1}{\theta^{\alpha+\beta} \Gamma(\alpha+\beta)}.$$

于是

$$f_Z(z) = \begin{cases} \dfrac{1}{\theta^{\alpha+\beta} \Gamma(\alpha+\beta)} z^{\alpha+\beta-1} e^{-\frac{z}{\theta}}, & z>0, \\ 0, & \text{其他}, \end{cases}$$

即 $X+Y\sim\Gamma(\alpha+\beta, \theta)$.

上述结论还能推广到 n 个相互独立的服从 Γ 分布的随机变量之和的情况, 即若 $X_1, X_2, \cdots, X_n$ 相互独立,

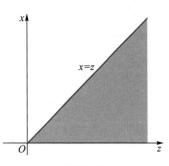

图 3-11

且 X_i 服从参数为 $\alpha_i, \theta(i=1,2,\cdots,n)$ 的 Γ 分布,则 $\sum_{i=1}^{n} X_i$ 服从参数为 $\sum_{i=1}^{n} \alpha_i, \theta$ 的 Γ 分布.这一性质称为 Γ 分布的可加性.

3.5.2 $Z = \dfrac{Y}{X}$ 的分布、$Z = XY$ 的分布

设 (X,Y) 是二维连续型随机变量,它具有概率密度 $f(x,y)$,则 $Z = \dfrac{Y}{X}, Z = XY$ 仍为连续型随机变量,其概率密度分别为

$$f_{Y/X}(z) = \int_{-\infty}^{+\infty} |x| f(x,xz) \,\mathrm{d}x,$$

$$f_{XY}(z) = \int_{-\infty}^{+\infty} \frac{1}{|x|} f\left(x, \frac{z}{x}\right) \mathrm{d}x.$$

又若 X 与 Y 相互独立,设 (X,Y) 关于 X,Y 的边缘密度分别为 $f_X(x), f_Y(y)$,则上面的式子可以化为

$$f_{Y/X}(z) = \int_{-\infty}^{+\infty} |x| f_X(x) f_Y(xz) \,\mathrm{d}x,$$

$$f_{XY}(z) = \int_{-\infty}^{+\infty} \frac{1}{|x|} f_X(x) f_Y\left(\frac{z}{x}\right) \mathrm{d}x.$$

证 $Z = \dfrac{Y}{X}$ 的分布函数为(图 3-12)

$$F_{Y/X}(z) = P\{Y/X \le z\} = \iint_{G_1 \cup G_2} f(x,y) \,\mathrm{d}x\mathrm{d}y$$

$$= \iint_{y/x \le z, x<0} f(x,y) \,\mathrm{d}y\mathrm{d}x + \iint_{y/x \le z, x>0} f(x,y) \,\mathrm{d}y\mathrm{d}x$$

$$= \int_{-\infty}^{0} \left[\int_{zx}^{+\infty} f(x,y) \,\mathrm{d}y \right] \mathrm{d}x + \int_{0}^{+\infty} \left[\int_{-\infty}^{zx} f(x,y) \,\mathrm{d}y \right] \mathrm{d}x,$$

令 $y = xu$,则

$$F_{Y/X}(z) = \int_{-\infty}^{0} \left[\int_{z}^{-\infty} xf(x,xu) \,\mathrm{d}u \right] \mathrm{d}x + \int_{0}^{+\infty} \left[\int_{-\infty}^{z} xf(x,xu) \,\mathrm{d}u \right] \mathrm{d}x$$

$$= \int_{-\infty}^{0} \left[\int_{-\infty}^{z} (-x)f(x,xu) \,\mathrm{d}u \right] \mathrm{d}x + \int_{0}^{+\infty} \left[\int_{-\infty}^{z} xf(x,xu) \,\mathrm{d}u \right] \mathrm{d}x$$

$$= \int_{-\infty}^{+\infty} \left[\int_{-\infty}^{z} |x| f(x,xu) \,\mathrm{d}u \right] \mathrm{d}x$$

$$= \int_{-\infty}^{z} \left[\int_{-\infty}^{+\infty} |x| f(x,xu) \,\mathrm{d}x \right] \mathrm{d}u,$$

由概率密度的定义即得

$$f_{Y/X}(z) = \int_{-\infty}^{+\infty} |x| f(x,xz) \,\mathrm{d}x.$$

类似地,可求出 $f_{XY}(z)$ 的概率密度为

$$f_{XY}(z) = \int_{-\infty}^{+\infty} \frac{1}{|x|} f\left(x, \frac{z}{x}\right) \mathrm{d}x.$$

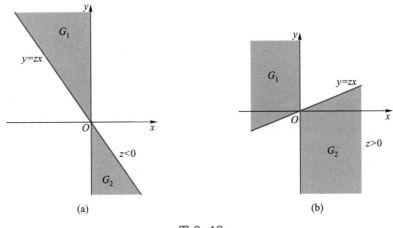

图 3-12

例 3.14 某公司提供一种地震保险,保险费 Y 的概率密度为

$$f_Y(y) = \begin{cases} \dfrac{y}{25}\mathrm{e}^{-\frac{y}{5}}, & y>0, \\ 0, & 其他, \end{cases}$$

保险赔付 X 的概率密度为

$$f_X(x) = \begin{cases} \dfrac{1}{5}\mathrm{e}^{-\frac{x}{5}}, & x>0, \\ 0, & 其他. \end{cases}$$

设 X 与 Y 相互独立,求 $Z=Y/X$ 的概率密度.

解 由

$$f_{Y/X}(z) = \int_{-\infty}^{+\infty} |x| f_X(x) f_Y(xz)\,\mathrm{d}x$$

可知,当 $z<0$ 时,$f_Z(z)=0$. 当 $z>0$ 时,

$$f_Z(z) = \int_0^{+\infty} x\cdot\frac{1}{5}\mathrm{e}^{-\frac{x}{5}}\cdot\frac{xz}{25}\mathrm{e}^{-\frac{xz}{5}}\,\mathrm{d}x = \frac{z}{125}\int_0^{+\infty} x^2\mathrm{e}^{-x\left(\frac{1+z}{5}\right)}\,\mathrm{d}x$$

$$= \frac{z}{125}\cdot\frac{\Gamma(3)}{[(1+z)/5]^3} = \frac{2z}{(1+z)^3}.$$

3.5.3 $M=\max\{X,Y\}$ 及 $N=\min\{X,Y\}$ 的分布

设 X 与 Y 是两个相互独立的随机变量,它们的分布函数分别为 $F_X(x)$ 和 $F_Y(y)$. 现在来求 $M=\max\{X,Y\}$ 及 $N=\min\{X,Y\}$ 的分布函数.

由于"$M=\max\{X,Y\}$ 不大于 z"等价于"X 和 Y 都不大于 z",故有

$$P\{M\leqslant z\} = P\{X\leqslant z, Y\leqslant z\},$$

又由于 X 与 Y 相互独立,得到 $M=\max\{X,Y\}$ 的分布函数为

$$F_{\max}(z) = P\{M\leqslant z\} = P\{X\leqslant z, Y\leqslant z\} = P\{X\leqslant z\}P\{Y\leqslant z\},$$

即有

$$F_{\max}(z) = F_X(z)F_Y(z).$$

类似地,可得 $N = \min\{X, Y\}$ 的分布函数为

$$F_{\min}(z) = P\{N \leqslant z\} = 1 - P\{N > z\}$$
$$= 1 - P\{X > z, Y > z\} = 1 - P\{X > z\}P\{Y > z\},$$

即

$$F_{\min}(z) = 1 - [1 - F_X(z)][1 - F_Y(z)].$$

以上结果容易推广到 n 个相互独立的随机变量的情况.

设 $X_1, X_2, \cdots, X_n$ 是 n 个相互独立的随机变量.它们的分布函数分别为 $F_{X_i}(x_i)$ $(i = 1, 2, \cdots, n)$,则 $M = \max\{X_1, X_2, \cdots, X_n\}$ 及 $N = \min\{X_1, X_2, \cdots, X_n\}$ 的分布函数分别为

$$F_{\max}(z) = F_{X_1}(z)F_{X_2}(z)\cdots F_{X_n}(z),$$
$$F_{\min}(z) = 1 - [1 - F_{X_1}(z)][1 - F_{X_2}(z)]\cdots[1 - F_{X_n}(z)],$$

特别地,当 $X_1, X_2, \cdots, X_n$ 相互独立且具有相同分布函数 $F(x)$ 时,

$$F_{\max}(z) = [F(z)]^n,$$
$$F_{\min}(z) = 1 - [1 - F(z)]^n.$$

例 3.15 系统 L 由两个相互独立的子系统 L_1, L_2 连接而成,连接方式分别为(1)串联,(2)并联,(3)备用(当系统 L_1 损坏时,系统 L_2 开始工作),如图 3-13 所示.设 L_1, L_2 的寿命分别为 X, Y,已知它们的概率密度分别为

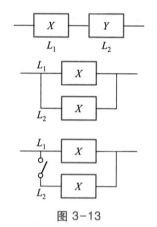

图 3-13

$$f_X(x) = \begin{cases} \alpha e^{-\alpha x}, & x > 0, \\ 0, & x \leqslant 0. \end{cases}$$

$$f_Y(y) = \begin{cases} \beta e^{-\beta y}, & y > 0, \\ 0, & y \leqslant 0, \end{cases}$$

其中 $\alpha > 0, \beta > 0$ 且 $\alpha \neq \beta$.试分别就以上三种连接方式写出 L 的寿命 Z 的概率密度.

解 (1)串联的情况.由于当 L_1, L_2 中有一个损坏时,系统 L 就停止工作,所以这时 L 的寿命为 $Z = \min\{X, Y\}$.由 X, Y 的概率密度可得分布函数分别为

$$F_X(x) = \begin{cases} 1 - e^{-\alpha x}, & x > 0, \\ 0, & x \leqslant 0, \end{cases}$$

$$F_Y(y) = \begin{cases} 1 - e^{-\beta y}, & y > 0, \\ 0, & y \leqslant 0. \end{cases}$$

由

$$F_{\min}(z) = 1 - [1 - F_X(z)][1 - F_Y(z)]$$

可得 $Z = \min\{X, Y\}$ 的分布函数为

$$F_{\min}(z) = \begin{cases} 1 - e^{-(\alpha+\beta)z}, & z > 0, \\ 0, & z \leqslant 0. \end{cases}$$

于是 $Z = \min\{X, Y\}$ 的概率密度为

$$f_{\min}(z) = \begin{cases} (\alpha+\beta)e^{-(\alpha+\beta)z}, & z > 0, \\ 0, & z \leqslant 0. \end{cases}$$

（2）并联的情况.由于当且仅当 L_1,L_2 都损坏时,系统 L 才停止工作,所以这时 L 的寿命为 $Z=\max\{X,Y\}$.由 $F_{\max}(z)=F_X(z)F_Y(z)$ 可得 $Z=\max\{X,Y\}$ 的分布函数为

$$F_{\max}(z)=F_X(z)F_Y(z)=\begin{cases}(1-e^{-\alpha z})(1-e^{-\beta z}), & z>0,\\ 0, & z\leqslant 0.\end{cases}$$

于是 $Z=\max\{X,Y\}$ 的概率密度为

$$f_{\max}(z)=\begin{cases}\alpha e^{-\alpha z}+\beta e^{-\beta z}-(\alpha+\beta)e^{-(\alpha+\beta)z}, & z>0,\\ 0, & z\leqslant 0.\end{cases}$$

（3）备用的情况.由于这时当系统 L_1 损坏时系统 L_2 才开始工作,因此整个系统 L 的寿命 Z 是 L_1,L_2 两者寿命之和,即 $Z=X+Y$.因为

$$f_{X+Y}(z)=\int_{-\infty}^{+\infty}f_X(z-y)f_Y(y)\,\mathrm{d}y,$$

所以当 $z>0$ 时, $Z=X+Y$ 的概率密度为

$$f(z)=\int_{-\infty}^{+\infty}f_X(z-y)f_Y(y)\,\mathrm{d}y=\int_0^z\alpha e^{-\alpha(z-y)}\beta e^{-\beta y}\,\mathrm{d}y$$

$$=\alpha\beta e^{-\alpha z}\int_0^z e^{-(\beta-\alpha)y}\,\mathrm{d}y=\frac{\alpha\beta}{\beta-\alpha}(e^{-\alpha z}-e^{-\beta z});$$

当 $z\leqslant 0$ 时, $f(z)=0$,于是 $Z=X+Y$ 的概率密度为

$$f(z)=\begin{cases}\dfrac{\alpha\beta}{\beta-\alpha}(e^{-\alpha z}-e^{-\beta z}), & z>0,\\ 0, & z\leqslant 0.\end{cases}$$

习题 3-5

1. 已知随机变量 (X,Y) 的联合分布律如下:

X	Y				
	-2	-1	0	1	4
0	0.2	0	0.1	0.2	0
1	0	0.2	0.1	0	0.2

（1）分别求 $U=\max\{X,Y\}$, $V=\min\{X,Y\}$ 的分布律;

（2）求 (U,V) 的联合分布律.

2. 设随机变量 X,Y 相互独立同分布,它们都服从 $(0-1)$ 分布 $B(1,p)$.记随机变量

$$Z=\begin{cases}1, & X+Y \text{ 为偶数},\\ 0, & X+Y \text{ 为奇数}.\end{cases}$$

（1）求 Z 的分布律;

（2）求 (X,Z) 的联合分布律;

（3）当 p 取何值时, X 与 Z 相互独立?

3. 设两个相互独立的随机变量 X 与 Y 分别服从正态分布 $N(0,1)$ 和 $N(1,1)$.

（1）分别计算 $Z = X + Y$ 和 $W = X - Y$ 的概率密度；

（2）计算概率 $P\{X + Y \leqslant 1\}$.

4. 设 $X_1, X_2, \cdots, X_n$ 是相互独立同分布的随机变量,且它们都服从指数分布 $E(\lambda)$,记 $U = \max\limits_{1 \leqslant i \leqslant n} X_i, V = \min\limits_{1 \leqslant i \leqslant n} X_i$.

（1）求 U 的概率密度；（2）证明：$V \sim E(n\lambda)$.

5. 设随机变量 X 与 Y 相互独立,且 $X \sim E(1), Y \sim E(2)$,求 $Z = \dfrac{X}{Y}$ 的概率密度 $f_Z(z)$.

6. 设随机变量 (X, Y) 服从区域 $D = \{(x, y) \mid 1 \leqslant x, y \leqslant 3\}$ 上的二维均匀分布,求 $Z = |X - Y|$ 的概率密度 $f_Z(z)$.

7. 设随机变量 (X, Y) 的联合概率密度为

$$f(x, y) = \begin{cases} \mathrm{e}^{-(x+y)}, & x > 0, y > 0, \\ 0, & \text{其他}. \end{cases}$$

记 $Z = X - Y$,求：（1）概率 $P\{X - Y < 2\}$；（2）Z 的概率密度.

8. 设随机变量 X 与 Y 相互独立,且 $X \sim U(0,2), Y \sim U(0,1)$,试求 $Z = XY$ 的概率密度.

9. 设商店里某种商品一天的需求量是一个随机变量 X,它的概率密度为

$$f(x) = \begin{cases} x\mathrm{e}^{-x}, & x > 0, \\ 0, & \text{其他}. \end{cases}$$

试求该商品两天的需求量 Y 的概率密度,假定每天的需求量相互独立.要求分别用分布函数法和卷积公式法进行计算.

10. 设随机变量 X 与 Y 相互独立,其中 X 的分布律为

X	1	2
p_i	0.3	0.7

而 Y 的概率密度为 $f(y)$,求随机变量 $Z = X + Y$ 的概率密度 $f_Z(z)$.

本 章 小 结

本章的核心内容是二维随机变量.研究二维随机变量涉及联合分布函数、边缘分布、条件分布、独立性以及两个随机变量的函数的分布.对于这些问题的研究又是按照离散型、连续型随机变量分类进行的,不同的类型有不同的处理方法.

学习本章知识,读者应重点掌握以下内容：

1. 理解几个基本概念.

二维随机变量、二维随机变量的分布函数、二维离散型随机变量的分布律、二维连续型随机变量的概率密度、边缘分布律、边缘分布函数、边缘概率密度、两个随机变量的独立性、条件分布律与条件概率密度、两个随机变量的函数.

2. 掌握并能够应用的几个性质.

二维随机变量分布函数的性质、二维离散型随机变量分布律的性质、二维连续型随机变量概率密度的性质.

3. 掌握二维均匀分布和二维正态分布的概念,理解其中参数的概率意义.

4. 掌握几种问题的计算方法.

（1）用二维随机变量(X,Y)可以表达的有关随机事件的概率的计算;

（2）二维离散型随机变量(X,Y)的边缘分布律及其计算;

（3）利用二维连续型随机变量(X,Y)的分布函数和概率密度来计算边缘概率密度;

（4）随机变量X与Y相互独立性的判别;

（5）二维离散型随机变量(X,Y)的条件分布律的计算;

（6）二维连续型随机变量(X,Y)的条件概率密度的计算;

（7）二维离散型随机变量(X,Y)的函数的分布律的计算;

（8）理解求二维连续型随机变量X和Y的函数的分布的一般思路,重点掌握$Z=X+Y$的概率密度的计算,$Z=\max\{X,Y\}$与$Z=\min\{X,Y\}$的分布函数的求法.

本章在进行各种问题的计算,如求边缘概率密度、条件概率密度或$Z=X+Y$的概率密度,或计算概率$P\{(X,Y)\in G\}=\iint\limits_{G}f(x,y)\mathrm{d}x\mathrm{d}y$时,常常用到二重积分或对二元函数固定一个变量时关于另一个变量求积分,此时一定要注意确定积分变量的变化范围.在做题时,画出积分区域的图形对于确定定积分的上下限是有帮助的.另外,最终求得的边缘概率密度、条件概率密度或$Z=X+Y$的概率密度,经常是分段函数,须注意正确写出分段函数的表达式.

第三章知识结构梳理

第三章总复习题

一、选择题

1. 下列函数可以作为二维分布函数的是（　　　）.

A. $F(x,y)=\begin{cases}1, & x+y>0.8, \\ 0, & 其他\end{cases}$

B. $F(x,y)=\begin{cases}\int_{0}^{y}\int_{0}^{x}\mathrm{e}^{-s-t}\mathrm{d}s\mathrm{d}t, & x>0,y>0, \\ 0, & 其他\end{cases}$

C. $F(x,y)=\int_{-\infty}^{y}\int_{-\infty}^{x}\mathrm{e}^{-s-t}\mathrm{d}s\mathrm{d}t$

D. $F(x,y)=\begin{cases}\mathrm{e}^{-x-y}, & x>0,y>0, \\ 0, & 其他\end{cases}$

2. 设平面区域 D 由曲线 $y = \dfrac{1}{x}$ 及直线 $x = 0$，$y = 1$，$y = e^2$ 围成，二维随机变量 (X, Y) 在区域 D 上服从均匀分布，则 (X, Y) 关于 Y 的边缘密度函数在 $y = 2$ 处的值为（　　）.

A. $\dfrac{1}{2}$ 　　　　　B. $\dfrac{1}{3}$ 　　　　　C. $\dfrac{1}{4}$ 　　　　　D. $-\dfrac{1}{2}$

3. 若随机变量 (X, Y) 服从二维均匀分布，则（　　）.

A. 随机变量 X，Y 都服从一维均匀分布

B. 随机变量 X，Y 不一定服从一维均匀分布

C. 随机变量 X，Y 一定不服从一维均匀分布

D. 随机变量 $X+Y$ 服从一维均匀分布

4. 设 X 与 Y 为相互独立的两个随机变量，它们的分布函数分别为 $F_X(x)$，$F_Y(y)$，则 $Z = \min\{X, Y\}$ 的分布函数 $F_Z(z) = (\quad)$.

A. $[1 - F_X(z)][1 - F_Y(z)]$ 　　　　　　　B. $1 + [1 - F_X(z)][1 - F_Y(z)]$

C. $1 - [1 - F_X(z)][1 - F_Y(z)]$ 　　　　　D. $[1 - F_X(z)][1 - F_Y(z)] - 1$

5. 在区间 $[0, \pi]$ 上等可能地任取两数 X 和 Y，则 $P\{\cos(X + Y) < 0\} = (\quad)$.

A. 1 　　　　　　　B. $\dfrac{1}{2}$ 　　　　　　　C. $\dfrac{2}{3}$ 　　　　　　　D. $\dfrac{3}{4}$

二、填空题

1. 设二维随机变量 (X, Y) 的分布函数为

$$F(x, y) = A\left(\dfrac{\pi}{2} + \arctan x\right)\left(\dfrac{\pi}{2} + \arctan y\right), \quad -\infty < x, y < +\infty,$$

则 $A =$ _____ .

2. 若二维随机变量 (X, Y) 的分布函数为 $F(x, y)$，则随机点落在矩形区域 $\{(x, y) \mid 1 < x < 3, 2 < y < 4\}$ 内的概率为 _____ .

3. 随机变量 (X, Y) 的分布律由下表给出，则 α，β 应满足的条件是 _____ ；当 $\alpha =$ _____ ，$\beta =$ _____ 时，X 与 Y 相互独立.

X	Y		
	1	2	3
1	$\dfrac{1}{6}$	$\dfrac{1}{9}$	$\dfrac{1}{18}$
2	$\dfrac{1}{3}$	α	β

4. 设二维随机变量 (X, Y) 的密度函数

$$f(x, y) = \begin{cases} x^2 + \dfrac{xy}{3}, & 0 \leqslant x \leqslant 1, 0 \leqslant y \leqslant 2, \\ 0, & \text{其他}, \end{cases}$$

则 $P\{X + Y \geqslant 1\} =$ _____ .

5. 设随机变量 X,Y 同分布, X 的概率密度为

$$f_X(x) = \begin{cases} \dfrac{3}{8}x^2, & 0 \leqslant x \leqslant 2, \\ 0, & \text{其他}, \end{cases}$$

设事件 $A = \{X > b\}$ 与 $B = \{Y > b\}$ 相互独立,且 $P(A \cup B) = \dfrac{3}{4}$,则 $b =$ _____.

三、综合题

1. 设随机变量 X 与 Y 相互独立,且都服从区间 $[0,3]$ 上的均匀分布.计算概率 $P\{\max\{X,Y\} \leqslant 1\}$.

2. 设随机变量 (X,Y) 的概率密度为

$$f(x,y) = \begin{cases} k, & 0 \leqslant x^2 < y < x \leqslant 1, \\ 0, & \text{其他}. \end{cases}$$

(1) 求 k 的值;

(2) 求 X,Y 的边缘概率密度;

(3) 计算概率 $P\{X \geqslant 0.5\}$, $P\{Y < 0.5\}$.

3. 设随机变量 X 与 Y 相互独立,且 $X \sim U(0,1)$, $Y \sim E(1)$,求随机变量 $Z = 2X + Y$ 的概率密度.

4. 设随机变量 (X,Y) 的分布函数为

$$F(x,y) = \begin{cases} 1 - e^{-2x} - e^{-y} + e^{-(2x+y)}, & x \geqslant 0, y \geqslant 0 \\ 0, & \text{其他}. \end{cases}$$

(1) 求 X 与 Y 的边缘分布函数 $F_X(x)$, $F_Y(y)$ 和边缘概率密度 $f_X(x)$, $f_Y(y)$;

(2) 计算 $P\{X + Y < 1\}$.

5. 设二维随机变量 (X,Y) 在 D 上服从均匀分布, D 是由直线 $y = x$ 与曲线 $y = x^3$ 所围成的区域.

(1) 分别求 X,Y 的边缘概率密度;

(2) 求条件概率密度 $f_{Y|X}(y \mid x)$;

(3) X 与 Y 是否相互独立?为什么?

6. 设二维随机变量 (X,Y) 的概率密度为

$$f(x,y) = \begin{cases} e^{-x}, & 0 < y < x, \\ 0, & \text{其他}. \end{cases}$$

(1) 求条件密度函数 $f_{Y|X}(y \mid x)$;

(2) 求条件概率 $P\{X \leqslant 1 \mid Y \leqslant 1\}$.

7. 设平面区域 D 是正方形,四个顶点坐标为 $(0,0)$, $(0,1)$, $(1,0)$, $(1,1)$.今向 D 内随机地投入 10 个点,求这 10 个点中至少有 2 个点落在由曲线 $y = x$, $y = x^2$ 所围成的区域 D_1 中的概率.

8. 随机变量 X,Y 相互独立且同分布于 $U(0,1)$,求 $Z = \max\{X,Y\}$ 的分布函数.

9. 设随机变量 X 与 Y 相互独立,且 X 服从标准正态分布 $N(0,1)$, Y 的概率分布为 $P\{Y = 0\} = P\{Y = 1\} = \dfrac{1}{2}$.记 $F_Z(z)$ 为随机变量 $Z = XY$ 的分布函数.

（1）求 $F_Z(z)$；

（2）问 $F_Z(z)$ 有几个间断点？

10. 设随机变量 X 与 Y 相互独立，X 服从正态分布 $N(\mu,\sigma^2)$，Y 服从区间 $[-\pi,\pi]$ 上的均匀分布，求 $Z=X+Y$ 的概率密度（计算结果用标准正态分布函数 $\varPhi(x)$ 表示）.

11. 设二维随机变量 (X,Y) 的概率密度为

$$f(x,y)=\begin{cases}1, & 0<x<1,0<y<2x,\\ 0, & \text{其他}.\end{cases}$$

（1）分别求 X 和 Y 的边缘概率密度 $f_X(x)$，$f_Y(y)$；

（2）求 $Z=2X-Y$ 的概率密度 $f_Z(z)$.

12. 设随机变量 X 的概率密度为

$$f_X(x)=\begin{cases}\dfrac{1}{2}, & -1<x<0,\\[2mm] \dfrac{1}{4}, & 0<x<2,\\[2mm] 0, & \text{其他},\end{cases}$$

$Y=X^2$，$F(x,y)$ 为二维随机变量 (X,Y) 的分布函数. 求：

（1）Y 的概率密度 $f_Y(y)$；

（2）$F\left(-\dfrac{1}{2},4\right)$.

13. 设随机变量 X 与 Y 相互独立，X 的分布律为 $P(X=i)=\dfrac{1}{3}(i=-1,0,1)$，$Y$ 的概率密度为 $f_Y(y)=\begin{cases}1, & 0\leqslant y<1,\\ 0, & \text{其他},\end{cases}$ 记 $Z=X+Y$.

（1）求 $P\left\{Z\leqslant\dfrac{1}{2}\,\Big|\,X=0\right\}$；

（2）求 Z 的概率密度 $f_Z(z)$.

14. 设二维随机变量 (X,Y) 的概率密度为

$$f(x,y)=A\mathrm{e}^{-2x^2+2xy-y^2}, \quad -\infty<x<+\infty,\ -\infty<y<+\infty,$$

求常数 A 及条件概率密度 $f_{Y|X}(y\,|\,x)$.

历年考研真题精选

一、选择题

1.（2012，Ⅰ）设随机变量 X 与 Y 相互独立，且分别服从参数为 1 和参数为 4 的指数分布，则 $P\{X<Y\}=$（　　）.

  A. $\dfrac{1}{5}$ B. $\dfrac{1}{3}$ C. $\dfrac{2}{3}$ D. $\dfrac{4}{5}$

2.（2012，Ⅲ）设随机变量 X 与 Y 相互独立，且都服从区间 $(0,1)$ 内的均匀分布，则 $P\{X^2+Y^2\le 1\}=($　　）．

A. $\dfrac{1}{4}$　　　　　　B. $\dfrac{1}{2}$　　　　　　C. $\dfrac{\pi}{8}$　　　　　　D. $\dfrac{\pi}{4}$

3.（2013，Ⅲ）设随机变量 X 和 Y 相互独立，且 X 和 Y 的分布律分别为

X	0	1	2	3
p_i	$\dfrac{1}{2}$	$\dfrac{1}{4}$	$\dfrac{1}{8}$	$\dfrac{1}{8}$

Y	-1	0	1
p_i	$\dfrac{1}{3}$	$\dfrac{1}{3}$	$\dfrac{1}{3}$

则 $P\{X+Y=2\}=($　　）．

A. $\dfrac{1}{12}$　　　　　　B. $\dfrac{1}{8}$　　　　　　C. $\dfrac{1}{6}$　　　　　　D. $\dfrac{1}{2}$

4.（2020，Ⅲ）设随机变量 (X,Y) 服从二维正态分布 $N\left(0,0,1,4,-\dfrac{1}{2}\right)$，则下列随机变量中服从标准正态分布且与 X 独立的是（　　）．

A. $\dfrac{\sqrt{5}}{5}(X+Y)$　　　　　　　　　　B. $\dfrac{\sqrt{5}}{5}(X-Y)$

C. $\dfrac{\sqrt{3}}{3}(X+Y)$　　　　　　　　　　D. $\dfrac{\sqrt{3}}{3}(X-Y)$

二、填空题

1.（2013，Ⅰ）设随机变量 Y 服从参数为 1 的指数分布，a 为常数且大于零，则 $P\{Y\le a+1\mid Y>a\}=$ _____．

2.（2015，Ⅰ，Ⅲ）设二维随机变量 (X,Y) 服从正态分布 $N(1,0,1,1,0)$，则 $P\{XY-Y<0\}=$ _____．

三、综合题

1.（2011，Ⅰ，Ⅲ）设随机变量 X 与 Y 的分布律分别为

X	0	1
p_i	$\dfrac{1}{3}$	$\dfrac{2}{3}$

Y	-1	0	1
p_i	$\dfrac{1}{3}$	$\dfrac{1}{3}$	$\dfrac{1}{3}$

且 $P\{X^2=Y^2\}=1$．求：

（1）二维随机变量 (X,Y) 的分布律；

（2）$Z=XY$ 的分布律；

2.（2011，Ⅲ）设二维随机变量 (X,Y) 在 G 上服从均匀分布，其中 G 是由 $x-y=0,x+y=2$ 与 $y=0$ 所围成的三角形区域．

（1）求 X 的概率密度 $f_X(x)$；

（2）求条件概率密度 $f_{X\mid Y}(x\mid y)$．

3. (2012，Ⅰ，Ⅲ)设二维离散型随机变量 X,Y 的分布律为

X	Y		
	0	1	2
0	$\dfrac{1}{4}$	0	$\dfrac{1}{4}$
1	0	$\dfrac{1}{3}$	0
2	$\dfrac{1}{12}$	0	$\dfrac{1}{12}$

求 $P\{X=2Y\}$.

4. (2013，Ⅰ)设随机变量 X 的概率密度为

$$f(x)=\begin{cases}\dfrac{1}{9}x^2, & 0<x<3,\\ 0, & \text{其他}.\end{cases}$$

令随机变量

$$Y=\begin{cases}2, & X\leqslant 1,\\ X, & 1<X<2,\\ 1, & X\geqslant 2.\end{cases}$$

(1) 求 Y 的分布函数；

(2) 求概率 $P\{X\leqslant Y\}$.

5. (2013，Ⅲ)设 (X,Y) 是二维随机变量，X 的边缘概率密度为

$$f_X(x)=\begin{cases}3x^2, & 0<x<1,\\ 0, & \text{其他}.\end{cases}$$

在给定 $X=x(0<x<1)$ 的条件下 Y 的条件概率密度为

$$f_{Y|X}(y\mid x)=\begin{cases}\dfrac{3y^2}{x^3}, & 0<y<x,\\ 0, & \text{其他}.\end{cases}$$

(1) 求 (X,Y) 的概率密度 $f(x,y)$；

(2) 求 Y 的边缘概率密度 $f_Y(y)$；

(3) 求 $P\{X>2Y\}$.

6. (2014，Ⅰ，Ⅲ)设随机变量 X 的分布律为 $P\{X=1\}=P\{X=2\}=\dfrac{1}{2}$，在给定 $X=i$ 的条件下，随机变量 Y 服从均匀分布 $U(0,i)(i=1,2)$.求 Y 的分布函数 $F_Y(y)$.

7. (2015，Ⅰ，Ⅲ)设随机变量 X 的概率密度为

$$f(x)=\begin{cases}2^{-x}\ln 2, & x>0,\\ 0, & x\leqslant 0.\end{cases}$$

对 X 进行独立重复的观测，直到第 2 个大于 3 的观测值出现时停止，记 Y 为观测次数.求 Y

的分布律.

8. (2016, Ⅰ, Ⅲ) 设二维随机变量 (X, Y) 在区域

$$D = \{ (x, y) \mid 0 < x < 1, x^2 < y < \sqrt{x} \}$$

上服从均匀分布, 令 $U = \begin{cases} 1, & X \leqslant Y, \\ 0, & X > Y. \end{cases}$

(1) 写出 (X, Y) 的概率密度;

(2) 问 U 与 X 是否相互独立? 并说明理由;

(3) 求 $Z = U + X$ 的分布函数 $F(z)$.

9. (2018, Ⅰ, Ⅲ) 设随机变量 X 与 Y 相互独立, X 的分布律为

$$P\{X = 1\} = P\{X = -1\} = \frac{1}{2},$$

Y 服从参数为 λ 的泊松分布, 令 $Z = XY$, 求 Z 的概率密度.

10. (2020, Ⅰ) 设随机变量 X_1, X_2, X_3 相互独立, 其中 X_1 与 X_2 均服从标准正态分布, X_3 的分布律为 $P\{X_3 = 0\} = P\{X_3 = 1\} = \frac{1}{2}$, $Y = X_3 X_1 + (1 - X_3) X_2$.

(1) 求二维随机变量 (X_1, Y) 的分布函数, 结果用标准正态分布函数 $\Phi(x)$ 表示;

(2) 证明随机变量 Y 服从标准正态分布.

11. (2021, Ⅰ, Ⅲ) 在区间 $(0, 2)$ 内随机取一点, 将该区间分成两段, 较短的一段长度记为 X, 较长的一段长度记为 Y, 令 $Z = \dfrac{Y}{X}$.

(1) 求 X 的概率密度;

(2) 求 Z 的概率密度.

第三章部分习题
参考答案

第四章　随机变量的数字特征

　　第二章和第三章讨论了随机变量及其分布,通过随机变量分布函数我们可以得到随机变量的各种性质.但在实际应用中,一方面,大多数随机变量的分布函数不容易求出;另一方面,在考察随机变量变化情况时只需要知道其一些特征就可以了.比如,在考察一个运动员的射击成绩时,只需要知道该运动员的平均射击环数及射击环数的分散程度就可以对运动员的射击水平给出比较客观的判断.这样的平均值及表示分散程度的数字虽不能完整地描述随机变量,但能更突出地描述随机变量在某些方面的重要特征,我们称它们为随机变量的数字特征,也称为随机变量所服从的分布的数字特征.本章将介绍随机变量的常用数字特征:数学期望、方差、相关系数和矩.

4.1　数学期望

4.1.1　数学期望的定义

　　在概率论与数理统计中,数学期望(或均值,亦简称期望)是最基本的数字特征之一,它反映随机变量平均取值的大小.在引入数学期望之前,我们先看一个例子.

　　引例 4.1　要评价一个射箭运动员的射箭水平,需要知道射箭运动员的平均射中环数.设某射箭运动员过去 100 次射击成绩如下所示,其中命中的环数 X 是一个随机变量,p_k 为统计频率.

X	4	5	6	7	8	9	10
p_k	0.02	0.04	0.06	0.09	0.28	0.29	0.22

　　解　因为平均环数=总环数÷100,所以由概率可知,在 100 次射击之前,估计得命中 k 环的次数为 $100P(X=k)$.所以,总环数约等于

$$(4\times0.02+5\times0.04+\cdots+10\times0.22)\times100=832.$$

故 100 次射击的平均环数约等于

$$4×0.02+5×0.04+\cdots+10×0.22 = 8.32.$$

由这引例启发及频率的稳定性,得到任意一个随机变量的可能取值的"平均数":上式表明计算平均环数也可以用各个环数乘以相应频率求和表示,即求环数的加权平均,权重为相应的频率.这就是数学期望的概念,下面我们给出数学期望的确切定义:

定义 4.1 设离散型的随机变量 X 的分布律为

$$P(X=x_k)=p_k, \quad k=1,2,\cdots.$$

如果级数 $\sum\limits_{k=1}^{\infty} x_k p_k$ 绝对收敛,即 $\sum\limits_{k=1}^{\infty} |x_k| p_k$ 收敛,则称

$$E(X) = \sum_{k=1}^{\infty} x_k p_k$$

为离散型随机变量 X 的数学期望,也称为期望或均值.

设连续型随机变量 X 的概率密度为 $f(x)$.如果反常积分

$$\int_{-\infty}^{+\infty} |x| f(x)\,\mathrm{d}x$$

收敛,则称

$$E(X) = \int_{-\infty}^{+\infty} xf(x)\,\mathrm{d}x$$

为连续型随机变量 X 的数学期望,也称为期望或均值.

注 数学期望 $E(X)$ 是一个实数,由随机变量 X 的概率分布唯一确定,可视为 X 取值的加权平均数.

例 4.1 随机抛掷一个骰子,求所得点数 X 的数学期望.

解 掷骰子所得点数 X 的分布律为

$$P\{X=k\}=p_k=\frac{1}{6} \quad (k=1,2,\cdots,6),$$

故

$$E(X) = \sum_{k=1}^{6} p_k \cdot k = \frac{1}{6}\sum_{k=1}^{6} k = 3.5.$$

例 4.2 某人有 10 万元现金,想投资某项目,预估成功的机会为 30%,可得利润 8 万元,失败的机会为 70%,将损失 2 万元.若存入银行,同期间的利率为 5%,问是否投资此项目?

解 设 X 为投资利润,则 X 的分布律为

X/万元	8	−2
p_k	0.3	0.7

故

$$E(X) = 8×0.3-2×0.7=1(万元),$$

存入银行的利息为 $10×5\% = 0.5$(万元),因此选择投资此项目.

例 4.3 设随机变量 X 服从柯西分布,它的密度函数为

$$f(x) = \frac{1}{\pi(1+x^2)}, \quad -\infty <x<+\infty,$$

试问 $E(X)$ 是否存在？为什么？

解 因为

$$\int_{-\infty}^{+\infty} |x| f(x) \mathrm{d}x = \int_{-\infty}^{+\infty} |x| \frac{1}{\pi} \cdot \frac{1}{1+x^2} \mathrm{d}x,$$

而

$$\int_0^{+\infty} \frac{|x|}{\pi(1+x^2)} \mathrm{d}x = \frac{1}{2\pi} \int_0^{+\infty} \frac{1}{1+x^2} \mathrm{d}(x^2) = \frac{1}{2\pi} \ln(1+x^2) \Big|_0^{+\infty} = +\infty,$$

同理可得 $\int_{-\infty}^0 \frac{|x|}{\pi(1+x^2)} \mathrm{d}x = +\infty$，所以 $\int_{-\infty}^{+\infty} |x| f(x) \mathrm{d}x$ 发散. 故由连续型随机变量数学期望的定义知 $E(X)$ 不存在.

4.1.2 随机变量函数的数学期望

实际问题中经常会碰到这样的问题,若已知随机变量 X 的分布,随机变量函数 $Y=g(X)$ 的数学期望是否可以求出? 这时,我们可以通过下面定理来判断.

定理 4.1（随机变量一元函数的期望公式） 设 Y 是随机变量 X 的函数,且 $Y=g(X)$（g 是连续函数）.

（1）若 X 是离散型随机变量,它的分布律为

$$P\{X=x_k\} = p_k, \quad k=1,2,\cdots,$$

且级数 $\sum_{k=1}^{\infty} |g(x_k)| p_k$ 收敛,则

$$E(Y) = E[g(X)] = \sum_{k=1}^{\infty} g(x_k) p_k.$$

（2）若 X 是连续型随机变量,它的概率密度为 $f(x)$,且反常积分 $\int_{-\infty}^{+\infty} |g(x)| f(x) \mathrm{d}x$ 收敛,则

$$E(Y) = E[g(X)] = \int_{-\infty}^{+\infty} g(x) f(x) \mathrm{d}x.$$

定理 4.1 的重要意义在于,当我们要求随机变量函数 $Y=g(X)$ 的期望 $E(Y)$ 时,只需要知道随机变量 X 的分布. 此定理的证明超出了目前所学范围,故略去.

定理 4.1 可以推广至二维或更高维情形.

定理 4.2（随机变量二元函数的期望公式） 设 Z 是随机变量 X,Y 的函数,且 $Z=g(X,Y)$（g 是连续函数）.

（1）若 (X,Y) 是二维离散型随机变量,其分布律为

$$P\{X=x_i, Y=y_j\} = p_{ij}, \quad i,j=1,2,\cdots,$$

如果级数 $\sum_{i=1}^{\infty} \sum_{j=1}^{\infty} |g(x_i,y_j)| p_{ij}$ 收敛,则

$$E(Z) = E[g(X,Y)] = \sum_{i=1}^{\infty} \sum_{j=1}^{\infty} g(x_i,y_j) p_{ij}.$$

特别地,

$$E(X) = \sum_{i=1}^{\infty} \sum_{j=1}^{\infty} x_i p_{ij}, \quad E(Y) = \sum_{i=1}^{\infty} \sum_{j=1}^{\infty} y_j p_{ij}.$$

（2）若(X,Y)是二维连续型随机变量，其概率密度为$f(x,y)$，且反常积分

$$\int_{-\infty}^{+\infty} \int_{-\infty}^{+\infty} |g(x,y)| f(x,y) \,\mathrm{d}x\mathrm{d}y$$

收敛,则

$$E(Z) = E[g(X,Y)] = \int_{-\infty}^{+\infty} \int_{-\infty}^{+\infty} g(x,y)f(x,y) \,\mathrm{d}x\mathrm{d}y.$$

特别地,

$$E(X) = \int_{-\infty}^{+\infty} \int_{-\infty}^{+\infty} xf(x,y) \,\mathrm{d}x\mathrm{d}y,$$

$$E(Y) = \int_{-\infty}^{+\infty} \int_{-\infty}^{+\infty} yf(x,y) \,\mathrm{d}x\mathrm{d}y.$$

例 4.4 设随机变量 X 的分布律为

X	-2	0	3
p_k	0.4	0.3	0.3

求 $E(X^2)$.

解 由定理 4.1 可知

$$E(X^2) = (-2)^2 \times 0.4 + 0^2 \times 0.3 + 3^2 \times 0.3 = 4.3.$$

例 4.5 设随机变量 X 在区间 $[0,\pi]$ 上服从均匀分布,求随机变量函数 $Y = \sin X$ 的数学期望.

解 随机变量 X 的概率密度为

$$f(x) = \begin{cases} \dfrac{1}{\pi}, & 0 \leqslant x \leqslant \pi, \\ 0, & \text{其他}, \end{cases}$$

所以

$$E(Y) = \int_{-\infty}^{+\infty} \sin x f(x) \,\mathrm{d}x = \int_0^{\pi} \sin x \cdot \frac{1}{\pi} \mathrm{d}x$$

$$= \frac{1}{\pi} \int_0^{\pi} \sin x \mathrm{d}x = \frac{2}{\pi}.$$

注 也可以先求出 $Y = \sin X$ 的概率密度

$$f_Y(y) = \begin{cases} \dfrac{2}{\pi \sqrt{1-y^2}}, & 0 < y < 1, \\ 0, & \text{其他}, \end{cases}$$

然后再计算数学期望

$$E(Y) = \int_0^1 y \frac{2}{\pi \sqrt{1-y^2}} \mathrm{d}y = \frac{2}{\pi} \int_0^1 \frac{y}{\sqrt{1-y^2}} \mathrm{d}y = \frac{2}{\pi}.$$

通过上面例题可知,由 X 的概率密度计算 Y 的概率密度,再计算 Y 的数学期望,相对比较麻烦.

例 4.6 设二维随机变量 (X,Y) 的联合概率密度为

$$f(x,y)=\begin{cases}\dfrac{8}{\pi(x^2+y^2+1)^3}, & x\geqslant 0,y\geqslant 0,\\ 0, & \text{其他},\end{cases}$$

求随机变量函数 $Z=X^2+Y^2$ 的数学期望.

解 由题意,

$$E(Z)=E(X^2+Y^2)=\int_0^{+\infty}\int_0^{+\infty}(x^2+y^2)f(x,y)\,\mathrm{d}x\mathrm{d}y$$

$$=\int_0^{+\infty}\int_0^{+\infty}\frac{8(x^2+y^2)}{\pi(x^2+y^2+1)^3}\mathrm{d}x\mathrm{d}y=\frac{8}{\pi}\int_0^{+\infty}\int_0^{+\infty}\frac{x^2+y^2}{(x^2+y^2+1)^3}\mathrm{d}x\mathrm{d}y$$

$$=\frac{8}{\pi}\int_0^{\frac{\pi}{2}}\mathrm{d}\theta\int_0^{+\infty}\frac{r^2}{(r^2+1)^3}r\mathrm{d}r=\frac{8}{\pi}\cdot\frac{\pi}{2}\cdot\frac{1}{4}=1.$$

4.1.3 数学期望的性质

由数学期望的定义、定理 4.1 和定理 4.2,可以得到随机变量数学期望的几个常用的性质.

定理 4.3 设随机变量 X,Y 的数学期望 $E(X),E(Y)$ 存在.

(1) 若 c 为常数,则 $E(c)=c$;

(2) 若 c 为常数,则 $E(cX)=cE(X)$;

(3) $E(X+Y)=E(X)+E(Y)$;

(4) 若随机变量 X 与 Y 相互独立,则 $E(XY)=E(X)E(Y)$.

证 下面证明(2)—(4)在连续型随机变量情形下成立,其余情形及性质(1)请读者自行证明.

(2) 设 X 的概率密度为 $f(x)$,由定理 4.1 可得

$$E(cX)=\int_{-\infty}^{+\infty}cxf(x)\,\mathrm{d}x=c\int_{-\infty}^{+\infty}xf(x)\,\mathrm{d}x=cE(X).$$

(3) 设 $g(X,Y)=X+Y$,(X,Y) 的概率密度为 $f(x,y)$,由定理 4.2 可得,

$$E(X+Y)=\int_{-\infty}^{+\infty}\int_{-\infty}^{+\infty}(x+y)f(x,y)\,\mathrm{d}x\mathrm{d}y$$

$$=\int_{-\infty}^{+\infty}\int_{-\infty}^{+\infty}xf(x,y)\,\mathrm{d}x\mathrm{d}y+\int_{-\infty}^{+\infty}\int_{-\infty}^{+\infty}yf(x,y)\,\mathrm{d}x\mathrm{d}y$$

$$=E(X)+E(Y).$$

(4) 设 $g(X,Y)=XY$,(X,Y) 的概率密度为 $f(x,y)$,关于 X,Y 的边缘概率密度分别为 $f_X(x),f_Y(y)$,由于 X 与 Y 相互独立,由定理 4.2 可得,

$$E(XY)=\int_{-\infty}^{+\infty}\int_{-\infty}^{+\infty}xyf(x,y)\,\mathrm{d}x\mathrm{d}y=\int_{-\infty}^{+\infty}xf_X(x)\left[\int_{-\infty}^{+\infty}yf_Y(y)\,\mathrm{d}y\right]\mathrm{d}x$$

$$=E(Y)\int_{-\infty}^{+\infty}xf_X(x)\,\mathrm{d}x=E(X)E(Y).$$

性质(3)和(4)可推广至多维随机变量的情形.

对任意的随机变量 $X_1,X_2,\cdots,X_n$,当 $E(X_i)(i=1,2,\cdots,n)$ 存在时,有

$$E\left[\sum_{i=1}^{n}(k_iX_i)\right]=\sum_{i=1}^{n}k_iE(X_i),$$

其中 $k_1,k_2,\cdots,k_n$ 是常数.

当随机变量 $X_1,X_2,\cdots,X_n$ 相互独立,且 $E(X_i)(i=1,2,\cdots,n)$ 存在时,有

$$E\left(\prod_{i=1}^{n}k_iX_i\right)=\prod_{i=1}^{n}k_iE(X_i),$$

其中 $k_1,k_2,\cdots,k_n$ 是常数.

例 4.7 设随机变量 $X\sim B(n,p)$,求 $E(X)$.

解 引入计数随机变量

$$X_i=\begin{cases}1, & \text{第 }i\text{ 次试验中事件 }A\text{ 发生}, \\ 0, & \text{第 }i\text{ 次试验中事件 }A\text{ 不发生}, \end{cases} \quad i=1,2,\cdots,n,$$

其中 $P(A)=p$,则 X_i 服从 $(0-1)$ 分布,$E(X_i)=p$ 且 $X=\sum\limits_{i=1}^{n}X_i$. 故

$$E(X)=E(X_1+X_2+\cdots+X_n)$$
$$=E(X_1)+E(X_2)+\cdots+E(X_n)=np.$$

例 4.8 设随机变量 X 的概率密度为

$$f(x)=\begin{cases}1+x, & -1\leqslant x<0, \\ 1-x, & 0\leqslant x\leqslant 1, \\ 0, & \text{其他}, \end{cases}$$

求 $E(X),E(2X-1)$.

解 由连续型随机变量的数学期望的定义可知,

$$E(X)=\int_{-\infty}^{+\infty}xf(x)\mathrm{d}x=\int_{-1}^{0}x(1+x)\mathrm{d}x+\int_{0}^{1}x(1-x)\mathrm{d}x$$
$$=-\frac{1}{6}+\frac{1}{6}=0,$$

所以

$$E(2X-1)=2E(X)-1=-1.$$

4.1.4 常见分布的数学期望

1. 常见的离散型随机变量分布的数学期望

(1) $(0-1)$ 分布:设随机变量 X 的分布律为 $P\{X=1\}=p,P\{X=0\}=1-p$,则 X 的数学期望为

$$E(X)=0\cdot(1-p)+1\cdot p=p.$$

(2) 二项分布 $B(n,p)$:设随机变量 $X\sim B(n,p)$,由例 4.7 知

$$E(X)=np.$$

(3) 泊松分布 $P(\lambda)$:设随机变量 $X\sim P(\lambda)$,则 X 的数学期望为

$$E(X) = \sum_{k=0}^{\infty} k \frac{\lambda^k}{k!} e^{-\lambda} = \lambda e^{-\lambda} \sum_{k=1}^{\infty} \frac{\lambda^{k-1}}{(k-1)!}$$

$$= \lambda e^{-\lambda} \sum_{j=0}^{\infty} \frac{\lambda^j}{j!} = \lambda e^{-\lambda} e^{\lambda} = \lambda.$$

2. 常见的连续型随机变量分布的数学期望

（1）均匀分布 $U(a,b)$：设随机变量 $X \sim U(a,b)$，则 X 的概率密度为

$$f(x) = \begin{cases} \dfrac{1}{b-a}, & a < x < b, \\ 0, & \text{其他}, \end{cases}$$

故 X 的数学期望为

$$E(X) = \int_{-\infty}^{+\infty} x f(x) \, dx = \int_a^b \frac{x}{b-a} \, dx = \frac{a+b}{2}.$$

（2）指数分布 $E(\lambda)$：设随机变量 $X \sim E(\lambda)$，则 X 的概率密度为

$$f(x) = \begin{cases} \lambda e^{-\lambda x}, & x \geqslant 0, \\ 0, & x < 0, \end{cases} \quad (\lambda > 0),$$

故 X 的数学期望为

$$E(X) = \int_{-\infty}^{+\infty} x f(x) \, dx = \int_0^{+\infty} \lambda x e^{-\lambda x} \, dx = \frac{1}{\lambda}.$$

（3）正态分布 $N(\mu, \sigma^2)$：设随机变量 $X \sim N(\mu, \sigma^2)$，则 X 的概率密度为

$$f(x) = \frac{1}{\sqrt{2\pi}\,\sigma} e^{-\frac{(x-\mu)^2}{2\sigma^2}}, \quad -\infty < x < +\infty,$$

故 X 的数学期望为

$$E(X) = \int_{-\infty}^{+\infty} x \frac{1}{\sqrt{2\pi}\,\sigma} e^{-\frac{(x-\mu)^2}{2\sigma^2}} \, dx \quad \left(\text{令 } t = \frac{x-\mu}{\sigma}\right)$$

$$= \int_{-\infty}^{+\infty} (\sigma t + \mu) \frac{1}{\sqrt{2\pi}\,\sigma} e^{-\frac{t^2}{2}} \cdot \sigma \, dt = \mu.$$

习题 4-1

1. 设随机变量 X 的分布律为

X	0	1	2
p_i	0.6	0.3	0.1

求 $E(X)$.

2. 设随机变量 X 的分布律为

X	-2	-1	0	1	2
p_i	$\dfrac{1}{5}$	$\dfrac{1}{6}$	$\dfrac{1}{5}$	$\dfrac{1}{6}$	$\dfrac{4}{15}$

求 $E(X+3X^2)$.

3. 设 X 为服从正态分布的随机变量,概率密度为 $f(x) = \dfrac{1}{2\sqrt{2\pi}} e^{\frac{-(x+1)^2}{8}}$,求 $E(2X^2-1)$.

4. 袋中有 5 个乒乓球,编号为 $1,2,3,4,5$,从中任取 3 个,以 X 表示取出的 3 个球中最大编号,求:

(1) X 的分布律;

(2) X 的数学期望 $E(X)$.

5. 设随机变量 X 的概率密度为 $f(x) = \begin{cases} 2e^{-2x}, & x \geq 0, \\ 0, & x < 0, \end{cases}$ 试求下列随机变量的数学期望:

(1) $Y_1 = e^{-2X}$;

(2) $Y_2 = \max\{X,2\}$;

(3) $Y_3 = \min\{X,2\}$.

6. 设随机变量 X 的概率密度为 $f(x) = \begin{cases} 2(1-x), & 0 \leq x \leq 1, \\ 0, & 其他, \end{cases}$ 求 $E(X), D(X)$.

4.2　方差

数学期望刻画了随机变量取值的"平均"情况,但是对于数学期望相同的随机变量则无法区分,本节引入一个重要的概念——**方差**.方差刻画了随机变量取值的"离散"程度,是描述随机变量统计特征的又一个重要的量.

4.2.1　方差的定义

引例 4.2　设有两种球形产品,其直径 X_1, X_2(单位:cm)的分布律如下:

X_1	4	5	6
p_k	$\dfrac{1}{4}$	$\dfrac{1}{2}$	$\dfrac{1}{4}$

X_2	2	3	5	7	8
p_k	$\dfrac{1}{8}$	$\dfrac{1}{8}$	$\dfrac{1}{2}$	$\dfrac{1}{8}$	$\dfrac{1}{8}$

由于 $E(X_1) = E(X_2) = 5$,此时无法运用均值来分辨两种球的差异.为了刻画球的直径的稳定程度或者波动程度,我们考虑数据偏离中心的程度,即考虑随机变量 X 关于其均值 $E(X)$ 的离差 $X-E(X)$.因为 $X-E(X)$ 是一个随机变量,而 $E(X-E(X)) = 0$,所以再考虑 $|X-E(X)|$ 的数学期望.但是 $E(|X-E(X)|)$ 带绝对值,不便于计算.通常采用 X 关于其均值 $E(X)$ 的偏离的平方 $(X-E(X))^2$ 的数学期望来度量 X 的离散程度.引例 4.2 中,由于

$$E\{[X_1-E(X_1)]^2\} = \frac{(4-5)^2}{4} + \frac{(5-5)^2}{2} + \frac{(6-5)^2}{4} = 0.5,$$

$$E\{[X_2-E(X_2)]^2\} = \frac{(2-5)^2}{8} + \frac{(3-5)^2}{8} + \frac{(5-5)^2}{2} + \frac{(7-5)^2}{8} + \frac{(8-5)^2}{8} = 3.25.$$

由此可见X_1更稳定一些.

定义 4.2 设 X 是一个随机变量,如果 $E\{[X-E(X)]^2\}$ 存在,则称 $E\{[X-E(X)]^2\}$ 为随机变量 X 的方差,记为 $D(X)$,即

$$D(X) = E\{[X-E(X)]^2\};$$

称 $\sqrt{D(X)}$ 为随机变量 X 的标准差或者均方差,记为 $\sigma(X)$.

X 的方差也称为 X 所服从分布的方差.

由方差的定义知,方差反映了随机变量的取值和它的数学期望的偏离程度.如果随机变量 X 取值比较集中,则方差 $D(X)$ 较小;反之,如果随机变量 X 取值比较分散,则方差 $D(X)$ 较大.

方差也可以看成随机变量 X 的函数 $g(X) = [X-E(X)]^2$ 的数学期望.若离散型随机变量 X 的分布律为 $P\{X=x_k\} = p_k, k=1,2,\cdots,$则

$$D(X) = \sum_{k=1}^{\infty} [x_k-E(X)]^2 p_k.$$

若连续型随机变量 X 的概率密度为 $f(x)$,则

$$D(X) = \int_{-\infty}^{+\infty} [x-E(X)]^2 f(x) \, \mathrm{d}x.$$

因此,方差 $D(X)$ 是一个常数,它是由随机变量 X 的分布唯一确定的.

由方差的定义和数学期望的性质可知,

$$\begin{aligned}
D(X) &= E\{[X-E(X)]^2\} = E\{X^2 - 2XE(X) + [E(X)]^2\} \\
&= E(X^2) - 2E[XE(X)] + E[E(X)]^2 \\
&= E(X^2) - 2E(X)E(X) + [E(X)]^2 \\
&= E(X^2) - [E(X)]^2.
\end{aligned}$$

因此在实际计算中我们经常用

$$D(X) = E(X^2) - [E(X)]^2$$

来计算方差.

引例 4.2 运用上面的公式计算如下:

因为

$$E(X_1^2) = 4^2 \times 0.25 + 5^2 \times 0.5 + 6^2 \times 0.25 = 25.5,$$

$$[E(X_1)]^2 = 5^2 = 25,$$

所以

$$D(X_1) = E(X_1^2) - [E(X_1)]^2 = 25.5 - 25 = 0.5.$$

同理

$$D(X_2) = E(X_2^2) - [E(X_2)]^2 = 3.25.$$

例 4.9 设随机变量 X 的概率密度为

$$f(x) = \begin{cases} 1+x, & -1 \leqslant x < 0, \\ 1-x, & 0 \leqslant x \leqslant 1, \\ 0, & \text{其他}, \end{cases}$$

求 $D(X)$.

解 由例 4.8 可知 $E(X) = 0$.因为

$$E(X^2) = \int_{-\infty}^{+\infty} x^2 f(x) \, dx = \int_{-1}^{0} x^2(1+x) \, dx + \int_{0}^{1} x^2(1-x) \, dx = \frac{1}{6},$$

所以

$$D(X) = E(X^2) - [E(X)]^2 = \frac{1}{6}.$$

4.2.2 方差的性质

定理 4.4 设随机变量 X 和 Y 的方差都存在,则

(1) $D(X) = 0$ 的充要条件是 $P\{X = c\} = 1$,其中常数 $c = E(X)$,称 X 服从参数为 c 的退化分布;特别地,$D(c) = 0$;

(2) 设 c 为常数,则 $D(cX) = c^2 D(X)$;

(3) $D(X \pm Y) = D(X) + D(Y) \pm 2E\{[X - E(X)][Y - E(Y)]\}$;

(4) 若 X 与 Y 相互独立,则 $D(X \pm Y) = D(X) + D(Y)$;

(5) 设 c 为常数,则 $D(X + c) = D(X)$;

(6) 对任意的常数 $c \neq E(X)$,有

$$D(X) < E[(X - c)^2].$$

证 仅证明 (2)(3)(4)(6).

(2) $D(cX) = E\{[cX - E(cX)]^2\} = c^2 E\{[X - E(X)]^2\} = c^2 D(X)$;

(3) 由定义,

$$\begin{aligned} D(X \pm Y) &= E\{[X \pm Y - E(X \pm Y)]^2\} \\ &= E(\{X \pm Y - [E(X) \pm E(Y)]\}^2) \\ &= E(\{[X - E(X)] \pm [Y - E(Y)]\}^2) \\ &= E\{[X - E(X)]^2 + [Y - E(Y)]^2 \pm 2[X - E(X)][Y - E(Y)]\} \\ &= D(X) + D(Y) \pm 2E\{[X - E(X)][Y - E(Y)]\}; \end{aligned}$$

(4) 当 X 与 Y 相互独立时,$X - E(X)$ 与 $Y - E(Y)$ 也相互独立,由期望的性质可得

$$E\{[X - E(X)][Y - E(Y)]\} = E[X - E(X)]E[Y - E(Y)] = 0,$$

所以 $D(X \pm Y) = D(X) + D(Y)$;

(6) 对任意的常数 c,可得

$$\begin{aligned} E[(X - c)^2] &= E\{[X - E(X) + E(X) - c]^2\} \\ &= E\{[X - E(X)]^2\} + 2[E(X) - c]E[X - E(X)] + [E(X) - c]^2 \\ &= D(X) + [E(X) - c]^2, \end{aligned}$$

所以对任意的常数 $c \neq E(X)$,有

$$D(X) < E[(X - c)^2].$$

例 4.10 设随机变量 X 的分布律为

X	-2	0	1	3
p_k	$\dfrac{1}{3}$	$\dfrac{1}{2}$	$\dfrac{1}{12}$	$\dfrac{1}{12}$

求 $D(2X^3+5)$.

解 由方差的性质可得

$$D(2X^3+5)=D(2X^3)+D(5)=4D(X^3)$$
$$=4\{E(X^6)-[E(X^3)]^2\}.$$

因为

$$E(X^6)=(-2)^6\times\frac{1}{3}+0^6\times\frac{1}{2}+1^6\times\frac{1}{12}+3^6\times\frac{1}{12}=\frac{493}{6},$$

$$[E(X^3)]^2=\left[(-2)^3\times\frac{1}{3}+0^3\times\frac{1}{2}+1^3\times\frac{1}{12}+3^3\times\frac{1}{12}\right]^2=\frac{1}{9},$$

所以

$$D(2X^3+5)=4\{E(X^6)-[E(X^3)]^2\}=\frac{2\,954}{9}.$$

例 4.11 设 X_1,X_2 是两个相互独立的随机变量,其概率密度分别为

$$f_1(x)=\begin{cases}2x, & 0\leqslant x\leqslant 1,\\ 0, & 其他,\end{cases}\qquad f_2(x)=\begin{cases}e^{-(x-5)}, & x\geqslant 5,\\ 0, & 其他,\end{cases}$$

求 $D(X_1+X_2)$.

解 因为 X_1 与 X_2 相互独立,所以

$$D(X_1+X_2)=D(X_1)+D(X_2).$$

又因为

$$E(X_1)=\int_{-\infty}^{+\infty}xf_1(x)\,\mathrm{d}x=\int_0^1 x\cdot 2x\,\mathrm{d}x=\frac{2}{3},$$

$$E(X_2)=\int_{-\infty}^{+\infty}xf_2(x)\,\mathrm{d}x=\int_5^{+\infty}x\cdot e^{-(x-5)}\,\mathrm{d}x=6,$$

并且

$$E(X_1^2)=\int_{-\infty}^{+\infty}x^2f_1(x)\,\mathrm{d}x=\int_0^1 x^2\cdot 2x\,\mathrm{d}x=\frac{1}{2},$$

$$E(X_2^2)=\int_{-\infty}^{+\infty}x^2f_2(x)\,\mathrm{d}x=\int_5^{+\infty}x^2\cdot e^{-(x-5)}\,\mathrm{d}x$$

$$=-x^2\cdot e^{-(x-5)}\,\Big|_5^{+\infty}+\int_5^{+\infty}2x\cdot e^{-(x-5)}\,\mathrm{d}x$$

$$=25-2x\cdot e^{-(x-5)}\,\Big|_5^{+\infty}+\int_5^{+\infty}2e^{-(x-5)}\,\mathrm{d}x$$

$$=35-2\cdot e^{-(x-5)}\,\Big|_5^{+\infty}=37,$$

故

$$D(X_1) = \frac{1}{2} - \left(\frac{2}{3}\right)^2 = \frac{1}{18}, \quad D(X_2) = 37 - 6^2 = 1.$$

所以

$$D(X_1 + X_2) = \frac{1}{18} + 1 = \frac{19}{18}.$$

4.2.3 常见分布的方差

1. 常见的离散型随机变量分布的方差

（1）（0-1）分布：设随机变量 X 的分布律为 $P(X=1)=p, P(X=0)=1-p$，由 4.1 节知 $E(X)=p$，则 X 的方差为

$$D(X) = E(X^2) - [E(X)]^2 = p - p^2 = p(1-p).$$

（2）二项分布 $B(n,p)$：设随机变量 $X \sim B(n,p)$，则 $E(X)=np$. 由例 4.7 可知 $X = \sum\limits_{i=1}^{\infty} X_i$，其中 $X_1, X_2, \cdots, X_n$ 相互独立，每个都服从参数为 p 的（0-1）分布，所以

$$D(X) = D\left(\sum_{i=1}^{n} X_i\right) = \sum_{i=1}^{n} D(X_i) = np(1-p).$$

（3）泊松分布 $P(\lambda)$：设随机变量 $X \sim P(\lambda)$，由 4.1 节知 $E(X)=\lambda$，因为 $E(X^2)=\lambda^2+\lambda$，所以

$$D(X) = E(X^2) - [E(X)]^2 = \lambda.$$

2. 常见的连续型随机变量分布的方差

（1）均匀分布 $U(a,b)$：设随机变量 $X \sim U(a,b)$，由 4.1 节知 $E(X) = \frac{a+b}{2}$，由于

$$E(X^2) = \int_{-\infty}^{+\infty} x^2 f(x) \mathrm{d}x = \int_a^b x^2 \cdot \frac{1}{b-a} \mathrm{d}x$$

$$= \frac{1}{b-a} \cdot \frac{x^3}{3}\bigg|_a^b = \frac{b^2 + ab + a^2}{3},$$

所以

$$D(X) = E(X^2) - [E(X)]^2 = \frac{(b-a)^2}{12}.$$

（2）指数分布 $E(\lambda)$：设随机变量 $X \sim E(\lambda)$，由 4.1 节知 $E(X) = \frac{1}{\lambda}$，由于

$$E(X^2) = \int_{-\infty}^{+\infty} x^2 f(x) \mathrm{d}x = \int_0^{+\infty} \lambda x^2 \mathrm{e}^{-\lambda x} \mathrm{d}x$$

$$= -x^2 \mathrm{e}^{-\lambda x}\bigg|_0^{+\infty} + 2\int_0^{+\infty} x \mathrm{e}^{-\lambda x} \mathrm{d}x = \frac{2}{\lambda^2},$$

所以

$$D(X) = E(X^2) - [E(X)]^2 = \frac{1}{\lambda^2}.$$

（3）正态分布 $N(\mu,\sigma^2)$：设随机变量 $X \sim N(\mu,\sigma^2)$，则 X 的概率密度为

$$f(x)=\frac{1}{\sqrt{2\pi}\,\sigma}e^{-\frac{(x-\mu)^2}{2\sigma^2}},\quad -\infty<x<+\infty$$

由方差的定义并且令 $t=\dfrac{x-\mu}{\sigma}$ 得

$$D(X)=\int_{-\infty}^{+\infty}(x-\mu)^2\frac{1}{\sqrt{2\pi}\,\sigma}e^{-\frac{(x-\mu)^2}{2\sigma^2}}\mathrm{d}x=\frac{-2}{\sqrt{2\pi}}\sigma^2\int_0^{+\infty}t\mathrm{d}(e^{-\frac{t^2}{2}})$$

$$=\frac{-2}{\sqrt{2\pi}}\sigma^2\left(t\,e^{-\frac{t^2}{2}}\,\Big|_0^{+\infty}-\int_0^{+\infty}e^{-\frac{t^2}{2}}\mathrm{d}t\right)$$

$$=\frac{-2}{\sqrt{2\pi}}\sigma^2\left(0-\frac{\sqrt{2\pi}}{2}\right)=\sigma^2,$$

即正态分布的方差为参数 σ^2.

例 4.12　已知随机变量 X 与 Y 相互独立，且 $X \sim N(1,2)$，$Y \sim N(3,9)$，$Z=2X-Y-2$. 求 Z 的概率密度 $f(z)$.

解　由 X 与 Y 相互独立及正态分布的可加性可知，Z 服从正态分布，又由数学期望和方差的性质知

$$E(Z)=2E(X)-E(Y)-2=2\times1-3-2=-3,$$
$$D(Z)=4D(X)+D(Y)=4\cdot2+9=17,$$

所以 $Z \sim N(-3,17)$，

$$f(z)=\frac{1}{\sqrt{2\pi}\cdot\sqrt{17}}e^{-\frac{(z+3)^2}{2\cdot17}}=\frac{1}{\sqrt{34\pi}}e^{-\frac{(z+3)^2}{34}},\quad -\infty<z<+\infty.$$

 习题 4-2

1. 设随机变量 X 的分布律为

X	0	1	2
p_i	0.6	0.3	0.1

求 $D(X)$.

2. 设随机变量 X 的概率密度为 $f(x)=\dfrac{1}{2}e^{-|x|}(-\infty<x<+\infty)$，求 $D(X)$.

3. 设随机变量 X 的分布律为

X	1	2	3
p_v	0.3	0.5	0.2

求 $Y=2X-1$ 的期望与方差.

4. 设随机变量 $X \sim N(0,1)$，试求 $E(|X|)$，$D(|X|)$，$E(X^3)$.

5. 设随机变量 X 的密度为

$$f(x) = \begin{cases} ax, & 0 < x < 1, \\ b-x, & 1 \leqslant x < 2, \\ 0, & \text{其他}. \end{cases}$$

已知 $E(X) = 1, P\{0 < X < 1\} = \dfrac{1}{2}$,求:

(1) 常数 a, b 的值;

(2) 方差 $D(X)$.

4.3 协方差和相关系数

对于两个随机变量,不仅可以描述其各自的数学期望和方差,还存在描述两者之间相互关系的数字特征——协方差和相关系数.

4.3.1 协方差

定义 4.3 称二维随机变量 (X, Y) 的函数 $[X - E(X)][Y - E(Y)]$ 的数学期望为随机变量 X 与 Y 的协方差,记作 $\mathrm{Cov}\,(X, Y)$,即

$$\mathrm{Cov}\,(X, Y) = E\{[X - E(X)][Y - E(Y)]\}.$$

特别地,$\mathrm{Cov}(X, X) = D(X), \mathrm{Cov}(Y, Y) = D(Y)$.

由于

$$\begin{aligned}
\mathrm{Cov}(X, Y) &= E\{[X - E(X)][Y - E(Y)]\} \\
&= E[XY - XE(Y) - YE(X) + E(X)E(Y)] \\
&= E(XY) - E[XE(Y)] - E[YE(X)] + E[E(X)E(Y)] \\
&= E(XY) - E(X)E(Y) - E(Y)E(X) + E(X)E(Y) \\
&= E(XY) - E(X)E(Y),
\end{aligned}$$

因此

$$\mathrm{Cov}(X, Y) = E(XY) - E(X)E(Y).$$

我们常利用此公式计算协方差.

定理 4.5 对随机变量 X, Y, X_1, X_2,设以下协方差均存在.

(1) $\mathrm{Cov}(X, c) = 0, c$ 为常数;

(2) $\mathrm{Cov}(X, Y) = \mathrm{Cov}(Y, X)$;

(3) $\mathrm{Cov}(aX, bY) = ab\mathrm{Cov}(X, Y), a, b$ 为常数;

(4) $\mathrm{Cov}(X_1 + X_2, Y) = \mathrm{Cov}(X_1, Y) + \mathrm{Cov}(X_2, Y)$.

证明由读者自己完成.

例 4.13 设二维随机变量 (X, Y) 服从单位圆域 $G = \{(x, y) \mid x^2 + y^2 \leqslant 1\}$ 上的均匀分布,计算:

（1）$E(X),E(Y),D(X),D(Y)$；　　（2）$\mathrm{Cov}(X,Y)$；　　（3）$\mathrm{Cov}(-3X+Y,5Y)$.

解　（1）方法一　由已知得，(X,Y) 的概率密度为

$$f(x,y)=\begin{cases}\dfrac{1}{\pi}, & x^2+y^2\leqslant 1,\\[2mm] 0, & \text{其他},\end{cases}$$

则关于 X 的边缘概率密度为

$$f_X(x)=\begin{cases}\displaystyle\int_{-\sqrt{1-x^2}}^{\sqrt{1-x^2}}\frac{1}{\pi}\mathrm{d}y, & -1\leqslant x\leqslant 1,\\[2mm] 0, & \text{其他}\end{cases}=\begin{cases}\dfrac{2}{\pi}\sqrt{1-x^2}, & -1\leqslant x\leqslant 1,\\[2mm] 0, & \text{其他},\end{cases}$$

所以

$$E(X)=\int_{-1}^{1}x\cdot\frac{2}{\pi}\sqrt{1-x^2}\,\mathrm{d}x=0,$$

$$E(X^2)=\int_{-1}^{1}x^2\cdot\frac{2}{\pi}\sqrt{1-x^2}\,\mathrm{d}x=\frac{4}{\pi}\int_{0}^{1}x^2\cdot\sqrt{1-x^2}\,\mathrm{d}x=\frac{4}{\pi}\cdot\frac{\pi}{16}=\frac{1}{4},$$

$$D(X)=E(X^2)-[E(X)]^2=\frac{1}{4}.$$

同理，关于 Y 的边缘概率密度为

$$f_Y(y)=\begin{cases}\dfrac{2}{\pi}\sqrt{1-y^2}, & -1\leqslant y\leqslant 1,\\[2mm] 0, & \text{其他},\end{cases}$$

则

$$E(Y)=0,\quad D(Y)=\frac{1}{4}.$$

方法二　直接用 $f(x,y)$ 计算可得

$$E(X)=\int_{-\infty}^{+\infty}\int_{-\infty}^{+\infty}xf(x,y)\,\mathrm{d}x\mathrm{d}y=\int_{-1}^{1}\mathrm{d}x\int_{-\sqrt{1-x^2}}^{\sqrt{1-x^2}}x\cdot\frac{1}{\pi}\mathrm{d}y$$

$$=\int_{-1}^{1}x\cdot\frac{2}{\pi}\sqrt{1-x^2}\,\mathrm{d}x=0,$$

$$E(X^2)=\int_{-\infty}^{+\infty}\int_{-\infty}^{+\infty}x^2f(x,y)\,\mathrm{d}x\mathrm{d}y=\int_{-1}^{1}\mathrm{d}x\int_{-\sqrt{1-x^2}}^{\sqrt{1-x^2}}x^2\cdot\frac{1}{\pi}\mathrm{d}y$$

$$=\int_{-1}^{1}x^2\cdot\frac{2}{\pi}\sqrt{1-x^2}\,\mathrm{d}x=\frac{1}{4},$$

所以

$$D(X)=E(X^2)-[E(X)]^2=\frac{1}{4}.$$

同理

$$E(Y)=0,\quad D(Y)=\frac{1}{4}.$$

（2）由（1），

$$\text{Cov}(X,Y) = E(XY) - E(X)E(Y) = E(XY)$$

$$= \iint_{x^2+y^2 \leq 1} xy \cdot \frac{1}{\pi} \mathrm{d}x\mathrm{d}y$$

$$= \frac{1}{\pi} \int_{-1}^{1} y\mathrm{d}y \int_{-\sqrt{1-x^2}}^{\sqrt{1-x^2}} x\mathrm{d}x = 0.$$

（3）由（1）（2），

$$\text{Cov}(-3X+Y, 5Y) = \text{Cov}(-3X, 5Y) + \text{Cov}(Y, 5Y)$$

$$= -3 \times 5\text{Cov}(X,Y) + 5\text{Cov}(Y,Y)$$

$$= 5D(Y) = \frac{5}{4}.$$

4.3.2 相关系数

定义 4.4 若二维随机变量 (X,Y) 的协方差 $\text{Cov}(X,Y)$ 存在，且 $D(X)>0, D(Y)>0$，则称

$$\rho(X,Y) \overset{\text{def}}{=} \frac{\text{Cov}(X,Y)}{\sqrt{D(X)}\sqrt{D(Y)}}$$

为随机变量 X 与 Y 的相关系数或标准化协方差，也记作 ρ_{XY}.

例 4.14 设二维随机变量 $(X,Y) \sim N(\mu_1, \mu_2, \sigma_1^2, \sigma_2^2, \rho)$，计算 $\text{Cov}(X,Y), \rho_{XY}$.

解 由协方差的定义得，

$$\text{Cov}(X,Y) = E\{[X-E(X)][Y-E(Y)]\}$$

$$= \int_{-\infty}^{+\infty} \int_{-\infty}^{+\infty} \frac{(x-\mu_1)(y-\mu_2)}{2\pi\sigma_1\sigma_2\sqrt{1-\rho^2}} \cdot \exp\left\{-\frac{1}{2(1-\rho^2)}\left[\frac{(x-\mu_1)^2}{\sigma_1^2} - \right.\right.$$

$$\left.\left. 2\rho\frac{(x-\mu_1)(y-\mu_2)}{\sigma_1\sigma_2} + \frac{(y-\mu_2)^2}{\sigma_2^2}\right]\right\}\mathrm{d}x\mathrm{d}y,$$

令 $u = \dfrac{x-\mu_1}{\sigma_1}, v = \dfrac{y-\mu_2}{\sigma_2}$，则

$$\text{Cov}(X,Y) = \sigma_1\sigma_2 \int_{-\infty}^{+\infty} \frac{v}{\sqrt{2\pi}} e^{-\frac{v^2}{2}} \mathrm{d}v \int_{-\infty}^{+\infty} \frac{u}{\sqrt{2\pi}\sqrt{1-\rho^2}} \cdot \exp\left\{-\frac{(u-\rho v)^2}{2(1-\rho^2)}\right\}\mathrm{d}u$$

$$= \sigma_1\sigma_2 \int_{-\infty}^{+\infty} \frac{v}{\sqrt{2\pi}} e^{-\frac{v^2}{2}} \cdot \rho v\mathrm{d}v = \rho\sigma_1\sigma_2 \int_{-\infty}^{+\infty} \frac{v^2}{\sqrt{2\pi}} e^{-\frac{v^2}{2}} \cdot \mathrm{d}v$$

$$= \rho\sigma_1\sigma_2,$$

所以

$$\rho_{XY} = \frac{\text{Cov}(X,Y)}{\sqrt{D(X)D(Y)}} = \rho.$$

这说明二维正态分布 $N(\mu_1, \mu_2, \sigma_1^2, \sigma_2^2, \rho)$ 中的参数 ρ 正好是 X 与 Y 的相关系数.从而二维正态分布可由 X 和 Y 的数学期望、方差和它们之间的相关系数所确定.

定义 4.5 当随机变量 X 与 Y 的相关系数 $\rho_{XY}=0$ 时，称 X 与 Y（线性）无关或（线性）不

相关.

定理 4.6 随机变量 X 与 Y 不相关与下列命题是等价的:

(1) $\mathrm{Cov}(X,Y)=0$;

(2) $E(XY)=E(X)E(Y)$;

(3) $D(X+Y)=D(X)+D(Y)$;

(4) $D(X-Y)=D(X)+D(Y)$.

下面给出相关系数的性质.

定理 4.7 对随机变量 X,Y,设 $\mathrm{Cov}(X,Y)$ 存在且 $D(X)>0,D(Y)>0$,则有

(1) $|\rho_{XY}|\leqslant 1$;

(2) $|\rho_{XY}|=1$ 的充要条件是 $P\{Y=aX+b\}=1$,其中当 $\rho_{XY}=1$ 时,

$$a=\sqrt{\frac{D(Y)}{D(X)}},\quad b=E(Y)-\sqrt{\frac{D(Y)}{D(X)}}E(X);$$

当 $\rho_{XY}=-1$ 时,

$$a=-\sqrt{\frac{D(Y)}{D(X)}},\quad b=E(Y)+\sqrt{\frac{D(Y)}{D(X)}}E(X);$$

(3) 若随机变量 X 与 Y 相互独立,则 X 与 Y 不相关,即 $\rho_{XY}=0$.

证 (1) 因为 $\mathrm{Cov}(X,Y)$ 存在且 $D(X)>0,D(Y)>0$,所以 ρ_{XY} 存在.由方差的性质得,

$$D\left(\frac{X-E(X)}{\sqrt{D(X)}}\pm\frac{Y-E(Y)}{\sqrt{D(Y)}}\right)$$

$$=D\left(\frac{X-E(X)}{\sqrt{D(X)}}\right)+D\left(\frac{Y-E(Y)}{\sqrt{D(Y)}}\right)\pm 2\mathrm{Cov}\left(\frac{X-E(X)}{\sqrt{D(X)}},\frac{Y-E(Y)}{\sqrt{D(Y)}}\right)$$

$$=2\pm 2\rho_{XY}.$$

而 $D\left(\dfrac{X-E(X)}{\sqrt{D(X)}}\pm\dfrac{Y-E(Y)}{\sqrt{D(Y)}}\right)\geqslant 0$,因此 $|\rho_{XY}|\leqslant 1$.

(2) 由性质(1)的证明及方差的性质(1)知,

$$\rho_{XY}=1\Leftrightarrow D\left(\frac{X-E(X)}{\sqrt{D(X)}}-\frac{Y-E(Y)}{\sqrt{D(Y)}}\right)=0$$

$$\Leftrightarrow P\left\{\frac{X-E(X)}{\sqrt{D(X)}}-\frac{Y-E(Y)}{\sqrt{D(Y)}}=0\right\}=1,$$

因此,$\rho_{XY}=1$ 的充要条件为

$$P\left\{Y=\sqrt{\frac{D(Y)}{D(X)}}X-\sqrt{\frac{D(Y)}{D(X)}}E(X)+E(Y)\right\}=1.$$

同理,可得 $\rho_{XY}=-1$ 的充要条件为

$$P\left\{Y=-\sqrt{\frac{D(Y)}{D(X)}}X+\sqrt{\frac{D(Y)}{D(X)}}E(X)+E(Y)\right\}=1.$$

(3) 当 X 与 Y 相互独立时,由协方差的计算式及数学期望的性质得,

$$\mathrm{Cov}(X,Y)=E(XY)-E(X)E(Y)=E(X)E(Y)-E(X)E(Y)=0,$$

因此,X 与 Y 不相关.

注 当 $\rho_{XY} = 0$ 时, X 与 Y 不一定相互独立.

定义 4.6 设 (X,Y) 是二维随机变量,则当 $|\rho_{XY}| = 1$ 时,称 X 与 Y 完全(线性)相关;当 $\rho_{XY} = 1$ 时,称 X 与 Y 完全正(线性)相关;当 $\rho_{XY} = -1$ 时,称 X 与 Y 完全负(线性)相关;当 $0 < \rho_{XY} < 1$ 时,称 X 与 Y 正(线性)相关;当 $-1 < \rho_{XY} < 0$ 时,称 X 与 Y 负(线性)相关.

例 4.15 续例 4.13,求(1)ρ_{XY},试问 X 与 Y 是否不相关?(2)X 与 Y 是否相互独立?

解 (1)由 $\mathrm{Cov}(X,Y) = 0$ 得 $\rho_{XY} = 0$,所以 X 与 Y 不相关.

(2)因为 $f(0,0) = \dfrac{1}{\pi} \neq f_X(0)f_Y(0) = \dfrac{2}{\pi} \cdot \dfrac{2}{\pi}$,所以 X 与 Y 不相互独立.

例 4.16 设随机变量 Z 服从区间 $[0,2\pi]$ 上的均匀分布,令 $X = \sin Z, Y = \cos Z$,求 ρ_{XY}.

解 由已知得,

$$E(X) = \int_0^{2\pi} \sin z \cdot \frac{1}{2\pi} \mathrm{d}z = 0,$$

$$E(Y) = \int_0^{2\pi} \cos z \cdot \frac{1}{2\pi} \mathrm{d}z = 0,$$

$$E(X^2) = \int_0^{2\pi} \sin^2 z \cdot \frac{1}{2\pi} \mathrm{d}z = \frac{1}{2},$$

$$D(X) = E(X^2) - [E(X)]^2 = \frac{1}{2}.$$

同理 $D(Y) = \dfrac{1}{2}$,

$$E(XY) = \int_0^{2\pi} \sin z \cos z \cdot \frac{1}{2\pi} \mathrm{d}z = 0.$$

所以

$$\mathrm{Cov}(X,Y) = E(XY) - E(X)E(Y) = 0, \quad \rho_{XY} = 0.$$

上例中的 X 与 Y 不相关,但是 $X^2 + Y^2 = 1$,因此 X 与 Y 不相互独立.图 4-1 给出了两个随机变量相互独立与不相关、(线性)相关之间的关系.

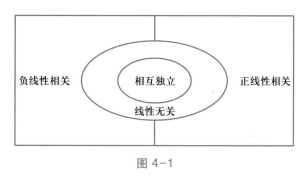

图 4-1

定理 4.8 如果二维随机变量 (X,Y) 服从二维正态分布,那么,X 与 Y 相互独立的充要条件是 X 与 Y 不相关.

相互独立是从整体角度描述随机变量之间的关系,即两个随机变量取值的概率互不影响,而不相关仅是从数字特征角度描述随机变量之间的关系,即两个随机变量之间无线性关系,但这并不意味着两个随机变量之间没有其他关系.因此,不相关不一定相互独立.

习题 4-3

1. 设二维随机变量 (X,Y) 的分布律为

X	Y	
	0	1
0	0.1	0.4
1	0.5	0

求:

(1) $E(XY)$;

(2) $\mathrm{Cov}(X,Y)$;

(3) 求 ρ_{XY} 并判断 X 与 Y 是否相关;

(4) 判断 X 与 Y 是否独立.

2. 设随机变量 X 与 Y 的分布律为

X	Y		
	-1	0	2
0	$\dfrac{1}{6}$	$\dfrac{1}{12}$	0
1	$\dfrac{1}{4}$	0	0
-1	$\dfrac{1}{12}$	$\dfrac{1}{4}$	$\dfrac{1}{6}$

求:

(1) $E(X-Y)$, $E(XY)$;

(2) $\mathrm{Cov}(X,Y)$ 与 $D(X-2Y)$;

(3) $\rho(X,Y)$.

3. 设随机变量 $X \sim N(0,4)$, $Y \sim U(0,4)$, 且 X,Y 相互独立, 求 $E(XY)$, $D(X+Y)$, $D(2X-3Y)$.

4.4　矩、协方差矩阵

4.4.1　随机变量的各种矩

本节先介绍随机变量的另外几个数字特征.

定义 4.7　设 X 和 Y 是随机变量.

若 $E(X^k)$, $k=1,2,\cdots$ 存在, 则称它为 X 的 k 阶原点矩, 简称 k 阶矩;

若 $E\{[X-E(X)]^k\},k=2,3,\cdots$ 存在,则称它为 X 的 k 阶中心矩;

若 $E(X^kY^l),k,l=1,2,\cdots$ 存在,则称它为 X 和 Y 的 $k+l$ 阶混合矩;

若 $E\{[X-E(X)]^k[Y-E(Y)]^l\},k,l=1,2,\cdots$ 存在,称它为 X 和 Y 的 $k+l$ 阶混合中心矩.

显然,X 的数学期望 $E(X)$ 是 X 的一阶原点矩,方差 $D(X)$ 是 X 的二阶中心矩,协方差 $\mathrm{Cov}(X,Y)$ 是 X 和 Y 的二阶混合中心矩.

4.4.2 协方差矩阵及其应用

下面介绍 n 维随机变量的协方差矩阵.先从二维随机变量讲起.

二维随机变量 (X_1,X_2) 有两个二阶中心矩和两个二阶混合中心矩(设它们都存在),分别记为

$$c_{11}=E\{[X_1-E(X_1)]^2\},$$
$$c_{12}=E\{[X_1-E(X_1)][X_2-E(X_2)]\},$$
$$c_{21}=E\{[X_2-E(X_2)][X_1-E(X_1)]\},$$
$$c_{22}=E\{[X_2-E(X_2)]^2\},$$

将它们排成矩阵的形式

$$\begin{pmatrix} c_{11} & c_{12} \\ c_{21} & c_{22} \end{pmatrix},$$

这个矩阵称为随机变量 (X_1,X_2) 的**协方差矩阵**.

设 n 维随机变量 $(X_1,X_2,\cdots,X_n)$ 的二阶中心矩和二阶混合中心矩

$$c_{ij}=\mathrm{Cov}(X_i,X_j)=E\{[X_i-E(X_i)][X_j-E(X_j)]\},\quad i,j=1,2,\cdots,n$$

都存在,则称矩阵

$$C=\begin{pmatrix} c_{11} & c_{12} & \cdots & c_{1n} \\ c_{21} & c_{22} & \cdots & c_{2n} \\ \vdots & \vdots & & \vdots \\ c_{n1} & c_{n2} & \cdots & c_{nn} \end{pmatrix}$$

为 n 维随机变量 $(X_1,X_2,\cdots,X_n)$ 的协方差矩阵.由于 $c_{ij}=c_{ji}(i\ne j;i,j=1,2,\cdots,n)$,因而上述矩阵是一个对称矩阵.

一般地,n 维随机变量的分布是不知道的,或者是太复杂,以致在数学上不易处理,因此在实际应用中协方差矩阵就显得重要了.

本节的最后,介绍 n 维正态随机变量的概率密度.

我们先将二维正态随机变量的概率密度改写成另一种形式,以便将它推广到 n 维随机变量的场合.

二维正态随机变量 (X_1,X_2) 的概率密度为

$$f(x_1,x_2)=\frac{1}{2\pi\,\sigma_1\sigma_2\sqrt{1-\rho^2}}\exp\left\{\frac{-1}{2(1-\rho^2)}\left[\frac{(x_1-\mu_1)^2}{\sigma_1^2}-2\rho\frac{(x_1-\mu_1)(x_2-\mu_2)}{\sigma_1\sigma_2}+\frac{(x_2-\mu_2)^2}{\sigma_2^2}\right]\right\},$$

现在将上式中花括号内的式子写成矩阵形式,为此引入矩阵

$$X = \begin{pmatrix} x_1 \\ x_2 \end{pmatrix}, \quad \boldsymbol{\mu} = \begin{pmatrix} \mu_1 \\ \mu_2 \end{pmatrix}.$$

(X_1, X_2) 的协方差矩阵为

$$C = \begin{pmatrix} c_{11} & c_{12} \\ c_{21} & c_{22} \end{pmatrix} = \begin{pmatrix} \sigma_1^2 & \rho\sigma_1\sigma_2 \\ \rho\sigma_1\sigma_2 & \sigma_2^2 \end{pmatrix},$$

它的行列式 $\det C = \sigma_1^2 \sigma_2^2 (1-\rho^2)$,$C$ 的逆矩阵为

$$C^{-1} = \frac{1}{\det C} \begin{pmatrix} \sigma_2^2 & -\rho\sigma_1\sigma_2 \\ -\rho\sigma_1\sigma_2 & \sigma_1^2 \end{pmatrix}.$$

经过计算可知(这里矩阵 $(X-\boldsymbol{\mu})^{\mathrm{T}}$ 是 $(X-\boldsymbol{\mu})$ 的转置矩阵),

$$(X-\boldsymbol{\mu})^{\mathrm{T}} C^{-1} (X-\boldsymbol{\mu}) = \frac{1}{\det C} \begin{pmatrix} x_1-\mu_1 & x_2-\mu_2 \end{pmatrix} \begin{pmatrix} \sigma_2^2 & -\rho\sigma_1\sigma_2 \\ -\rho\sigma_1\sigma_2 & \sigma_1^2 \end{pmatrix} \begin{pmatrix} x_1-\mu_1 \\ x_2-\mu_2 \end{pmatrix}$$

$$= \frac{1}{1-\rho^2} \left[\frac{(x_1-\mu_1)^2}{\sigma_1^2} - 2\rho \frac{(x_1-\mu_1)(x_2-\mu_2)}{\sigma_1\sigma_2} + \frac{(x_2-\mu_2)^2}{\sigma_2^2} \right],$$

于是 (X_1, X_2) 的概率密度可写成

$$f(x_1, x_2) = \frac{1}{(2\pi)^{2/2}(\det C)^{1/2}} \exp\left\{ -\frac{1}{2}(X-\boldsymbol{\mu})^{\mathrm{T}} C^{-1}(X-\boldsymbol{\mu}) \right\}.$$

上式容易推广到 n 维正态随机变量 $(X_1, X_2, \cdots, X_n)$ 的情况.

引入列矩阵

$$X = \begin{pmatrix} x_1 \\ x_2 \\ \vdots \\ x_n \end{pmatrix}, \quad \boldsymbol{\mu} = \begin{pmatrix} \mu_1 \\ \mu_2 \\ \vdots \\ \mu_n \end{pmatrix} = \begin{pmatrix} E(X_1) \\ E(X_2) \\ \vdots \\ E(X_n) \end{pmatrix},$$

n 维正态随机变量 $(X_1, X_2, \cdots, X_n)$ 的概率密度定义为

$$f(x_1, x_2, \cdots, x_n) = \frac{1}{(2\pi)^{n/2}(\det C)^{1/2}} \exp\left\{ -\frac{1}{2}(X-\boldsymbol{\mu})^{\mathrm{T}} C^{-1}(X-\boldsymbol{\mu}) \right\},$$

其中 C 是 $(X_1, X_2, \cdots, X_n)$ 的协方差矩阵,$-\infty < x_1, x_2, \cdots, x_n < +\infty$. n 维正态分布在随机过程和数理统计中常会遇到.

n 维正态随机变量具有以下四条重要性质(证明略):

(1) n 维正态随机变量 $(X_1, X_2, \cdots, X_n)$ 的每一个分量 $X_i, i=1,2,\cdots,n$ 都是正态随机变量;反之,若 $X_1, X_2, \cdots, X_n$ 都是正态随机变量且相互独立,则 $(X_1, X_2, \cdots, X_n)$ 是 n 维正态随机变量.

(2) n 维随机变量 $(X_1, X_2, \cdots, X_n)$ 服从 n 维正态分布的充要条件是 $X_1, X_2, \cdots, X_n$ 的任意的线性组合 $l_1X_1 + l_2X_2 + \cdots + l_nX_n$ 服从一维正态分布(其中 $l_1, l_2, \cdots, l_n$ 不全为零).

(3) 若 n 维随机变量 $(X_1, X_2, \cdots, X_n)$ 服从 n 维正态分布,设 $Y_1, Y_2, \cdots, Y_k$ 是 $X_j (j=1, 2, \cdots, n)$ 的线性函数,则 $(Y_1, Y_2, \cdots, Y_k)$ 服从多维正态分布(这一性质称为正态变量的线性变换不变性).

（4）设 n 维随机变量 $(X_1,X_2,\cdots,X_n)$ 服从 n 维正态分布,则"$X_1,X_2,\cdots,X_n$ 相互独立"与 "$X_1,X_2,\cdots,X_n$ 两两不相关"是等价的.

本 章 小 结

随机变量的数字特征是由随机变量的分布确定的,是描述随机变量某一个方面的特征的常数.最重要的数字特征是数学期望和方差.数学期望 $E(X)$ 描述随机变量 X 取值的平均大小,方差 $D(X)=E\{[X-E(X)]^2\}$ 描述随机变量 X 与其数学期望 $E(X)$ 的偏离程度.数学期望和方差虽不能像分布函数、分布律、概率密度一样完整地描述随机变量,但它们能描述随机变量的重要方面或人们最关心方面的特征,在应用和理论上都非常重要.

要掌握随机变量 X 的函数 $Y=g(X)$ 的数学期望 $E(Y)=E[g(X)]$ 的计算公式,这两个公式的意义在于当我们求 $E(Y)$ 时,不必先求出 $Y=g(X)$ 的分布律或概率密度,而只需利用 X 的分布律或概率密度,这样做的好处是明显的.

我们常利用公式 $D(X)=E(X^2)-[E(X)]^2$ 来计算方差 $D(X)$,请注意这里 $E(X^2)$ 和 $[E(X)]^2$ 的区别.要掌握数学期望和方差的性质,需要特别注意的是:

（1）当 X 与 Y 相互独立或 X 与 Y 不相关时,才有 $E(XY)=E(X)E(Y)$;

（2）设 c 为常数,则 $D(cX)=c^2D(X)$;

（3）$D(X\pm Y)=D(X)+D(Y)\pm2E\{[X-E(X)][Y-E(Y)]\}$,当 X 与 Y 相互独立或不相关时,才有 $D(X\pm Y)=D(X)+D(Y)$.

例如,若随机变量 X 与 Y 相互独立,则有 $D(2X-3Y)=4D(X)+9D(Y)$.

相关系数 ρ_{XY} 有时也称为线性相关系数,它是一个可以用来描述随机变量 (X,Y) 的两个分量 X,Y 之间的线性关系紧密程度的数字特征:当 $|\rho_{XY}|$ 较小时,X 与 Y 的线性相关的程度较差;当 $\rho_{XY}=0$ 时,X 与 Y 不相关.不相关是指 X 与 Y 之间存在线性关系的可能性为零,但此时它们还可能存在除线性关系之外的关系.不相关只考虑线性关系,而相互独立是就一般关系而言的,因此有以下的结论:若 X 与 Y 相互独立,则 X 与 Y 一定不相关.然而,反之不一定成立,即 X 与 Y 不相关不代表它们一定相互独立.

前面表明在一般情形下,"X 与 Y 相互独立"与"X 与 Y 不相关"是不等价的,但就某些特定的分布而言,也有例外.如对二维正态随机变量 (X,Y),"X 与 Y 不相关"与"X 和 Y 相互独立"是等价的.而正态变量 X 与 Y 的相关系数 ρ_{XY} 就是参数 ρ,于是,可以用"$\rho=0$"是否成立来检验 X 与 Y 是否相互独立.我们列出常见分布及其期望和方差,如书末附表1所示.

第四章知识结构梳理

第四章总复习题

一、选择题

1. 已知随机变量 X 的分布律为

X	-2	1	x
p_i	0.25	p	0.25

且 $E(X)=1$, 则常数 $x=($　　$)$.

A. 2　　　　　　　　B. 4　　　　　　　　C. 6　　　　　　　　D. 8

2. 设随机变量 $X \sim N(1,3^2)$, 则下列选项中, 不成立的是($\quad$).

A. $E(X)=1$　　　　B. $D(X)=3$　　　　C. $P\{X=1\}=0$　　　　D. $P\{X<1\}=0.5$

3. 已知随机变量 X 的分布函数为 $F(x)=\begin{cases}1-e^{-2x}, & x>0, \\ 0, & \text{其他}, \end{cases}$ 则 X 的均值和方差分别为
($\quad$).

A. $E(X)=2, D(X)=4$　　　　　　　　　B. $E(X)=4, D(X)=2$

C. $E(X)=\dfrac{1}{4}, D(X)=\dfrac{1}{2}$　　　　　　　　D. $E(X)=\dfrac{1}{2}, D(X)=\dfrac{1}{4}$

4. 设 X, Y 为随机变量, 若 $E(XY)=E(X)E(Y)$, 则($\quad$).

A. X, Y 相互独立　　B. X, Y 不相互独立　　C. X, Y 相关　　　　D. X, Y 不相关

5. 设随机变量 X, Y 满足 $D(X)=1, D(Y)=9, \rho_{XY}=-0.3$, 则 $\text{Cov}(X,Y)=($　　$)$.

A. 0.8　　　　　　　　B. 0.9　　　　　　　　C. -0.8　　　　　　　D. -0.9

二、填空题

1. 设随机变量 X 服从二项分布 $B\left(3,\dfrac{1}{3}\right)$, 则 $E(X^2)=$ ____.

2. 设随机变量 $X \sim B\left(4,\dfrac{1}{2}\right)$, 则 $D(X)=$ ____.

3. 设随机变量 X, Y 满足 $E(X)=2, E(Y)=3, E(XY)=7$, 则 $\text{Cov}(X,Y)=$ ____.

4. 已知随机变量 X 满足 $E(X)=-1, E(X^2)=2$, 则 $D(X)=$ ____.

5. 设随机变量 X, Y 的联合分布律为

X	Y	
	0	1
0	0.1	0.4
1	0.5	0

则 $\text{Cov}(X,Y)=$ ____.

6. 设随机变量 X 的分布律为

X	-1	0	1	2
p_i	0.1	0.2	0.3	0.4

则 $D(X) =$ ____.

7. 设随机变量 X 服从参数为 3 的指数分布,则 $D(2X+1) =$ ____.

8. 设随机变量 X 具有分布律 $P\{X=k\} = \dfrac{1}{5}, k = 1,2,3,4,5$,则 $E(X) =$ ____.

9. 设随机变量 X 在区间 $(0,1)$ 内服从均匀分布,$Y = 3X - 2$,则 $E(Y) =$ ____.

10. 设 X_1, X_2, Y 均为随机变量,已知 $\mathrm{Cov}(X_1, Y) = -1$,$\mathrm{Cov}(X_2, Y) = 3$,则 $\mathrm{Cov}(X_1 - 2X_2, Y) =$ ____.

三、综合题

1. 已知二维随机变量 (X, Y) 的分布律如下:

X	Y		
	-1	0	1
-1	$\dfrac{1}{8}$	$\dfrac{1}{8}$	$\dfrac{1}{8}$
0	$\dfrac{1}{8}$	0	$\dfrac{1}{8}$
1	$\dfrac{1}{8}$	$\dfrac{1}{8}$	$\dfrac{1}{8}$

求:

(1) 关于 X 和关于 Y 的边缘分布律;

(2) 关于 X 和关于 Y 的分布函数;

(3) 在 $X = -1$ 的条件下 Y 的条件分布律;

(4) $E(X), E(Y), D(X), D(Y)$;

(5) 试验证 X 与 Y 不相关,但 X 与 Y 不相互独立.

2. 袋中有 5 个乒乓球,编号为 1,2,3,4,5,从中任取 3 个,以 X 表示取出的 3 个球中最大编号,求 $E(X)$.

3. 设随机变量 X 的概率密度为 $f(x) = \begin{cases} 2(1-x), & 0 \leqslant x \leqslant 1, \\ 0, & \text{其他}, \end{cases}$ 求 $E(X), D(X)$.

4. 设随机变量 X, Y 满足 $D(X) = 25, D(Y) = 36, \rho_{XY} = 0.4$,求 $D(X+Y), D(X-Y)$.

5. 设随机变量 X, Y 相互独立,其概率密度分别为

$$f_X(x) = \begin{cases} 2x, & 0 \leqslant x \leqslant 1, \\ 0, & \text{其他}, \end{cases} \quad f_Y(y) = \begin{cases} \mathrm{e}^{-(y-5)}, & y > 5, \\ 0, & y \leqslant 5, \end{cases}$$

求 $E(XY)$.

6. 某柜台做顾客调查,设每小时到达柜台的顾客数 X 服从泊松分布,即 $X \sim P(\lambda)$.若已

知 $P\{X=1\}=P\{X=2\}$,且该柜台销售情况 Y(单位:千元)满足 $Y=\dfrac{1}{2}X^2+2$.试求:

(1) 参数 λ 的值;

(2) 1 h 内至少有一个顾客光临的概率;

(3) 该柜台每小时的平均销售情况 $E(Y)$;

(4) 试验证 X 和 Y 是不相关的,但 X 和 Y 不是相互独立的.

历年考研真题精选

一、选择题

1. (2011,Ⅰ)设随机变量 X 与 Y 相互独立,且 $E(X)$ 与 $E(Y)$ 存在,记 $U=\max\{X,Y\}$, $V=\min\{X,Y\}$,则 $E(UV)=($ 　　$)$.

A. $E(U)\cdot E(V)$　　　　B. $E(X)\cdot E(Y)$　　　　C. $E(U)\cdot E(Y)$　　　　D. $E(X)\cdot E(V)$

2. (2012,Ⅰ)将长度为 1 m 的木棒随机地截成两段,则两段长度的相关系数为(　　).

A. 1　　　　　　B. $\dfrac{1}{2}$　　　　　　C. $-\dfrac{1}{2}$　　　　　　D. -1

3. (2014,Ⅰ)设连续型随机变量 X_1 与 X_2 相互独立,且方差均存在,X_1 与 X_2 的概率密度分别为 $f_1(x)$ 与 $f_2(x)$,随机变量 Y_1 的概率密度为 $f_{Y_1}(y)=\dfrac{1}{2}[f_1(y)+f_2(y)]$,随机变量 $Y_2=\dfrac{1}{2}(X_1+X_2)$,则(　　).

A. $E(Y_1)>E(Y_2),D(Y_1)>D(Y_2)$　　　　　　B. $E(Y_1)=E(Y_2),D(Y_1)=D(Y_2)$

C. $E(Y_1)=E(Y_2),D(Y_1)<D(Y_2)$　　　　　　D. $E(Y_1)=E(Y_2),D(Y_1)>D(Y_2)$

4. (2015,Ⅰ)设随机变量 X,Y 不相关,且 $E(X)=2,E(Y)=1,D(X)=3$,则 $E[X(X+Y-2)]=($ 　　).

A. -3　　　　　B. 3　　　　　C. -5　　　　　D. 5

5. (2016,Ⅰ)随机试验 E 有三种两两互不相容的结果 A_1,A_2,A_3,且三种结果发生的概率均为 $\dfrac{1}{3}$.将试验 E 独立重复做 2 次,X 表示 2 次试验中结果 A_1 发生的次数,Y 表示 2 次试验中结果 A_2 发生的次数,则 X 与 Y 的相关系数为(　　).

A. $\dfrac{1}{2}$　　　　　B. $\dfrac{1}{3}$　　　　　C. $-\dfrac{1}{2}$　　　　　D. $-\dfrac{1}{3}$

6. (2016,Ⅲ)设随机变量 X 与 Y 相互独立,且 $X\sim N(1,2),Y\sim N(1,4)$,则 $D(XY)=($ 　　).

A. 6　　　　　B. 8　　　　　C. 14　　　　　D. 15

二、填空题

1. (2011,Ⅰ,Ⅲ)设二维随机变量 (X,Y) 服从正态分布 $N(\mu,\mu,\sigma^2,\sigma^2,0)$,则 $E(XY^2)=$ _____.

2. (2013, Ⅲ) 设随机变量 X 服从标准正态分布 $N(0,1)$, 则 $E(Xe^{2X}) = $ ____.

3. (2017, Ⅰ) 设随机变量 X 的分布函数为 $F(x) = 0.5\Phi(x) + 0.5\Phi\left(\dfrac{x-4}{2}\right)$, 其中 $\Phi(x)$ 为标准正态分布函数, 则 $E(X) = $ ____.

4. (2017, Ⅲ) 设随机变量 X 的分布律为

$$P\{X=-2\} = \frac{1}{2}, \quad P\{X=1\} = a, \quad P\{X=3\} = b.$$

若 $E(X) = 0$, 则 $D(X) = $ ____.

5. (2020, Ⅰ) 设随机变量 X 服从区间 $\left(-\dfrac{\pi}{2}, \dfrac{\pi}{2}\right)$ 上的均匀分布, $Y = \sin X$, 则 $\mathrm{Cov}(X,Y) = $ ____.

6. (2020, Ⅲ) 随机变量 X 的分布律为 $P\{X=k\} = \dfrac{1}{2^k}, k = 1,2,\cdots, Y$ 表示 X 被 3 除的余数, 则 $E(Y) = $ ____.

7. (2021, Ⅰ, Ⅲ) 甲、乙两个盒子中各装有 2 个红球和 2 个白球, 先从甲盒中任取一球, 观察颜色后放入乙盒, 再从乙盒中任取一球. 令 X, Y 分别表示从甲盒和从乙盒中取到的红球个数, 则 X 与 Y 的相关系数为 ____.

三、综合题

1. (2011, Ⅰ, Ⅲ) 设随机变量 X 与 Y 的分布律分别为

X	0	1
p_i	$\dfrac{1}{3}$	$\dfrac{2}{3}$

Y	-1	0	1
p_i	$\dfrac{1}{3}$	$\dfrac{1}{3}$	$\dfrac{1}{3}$

且 $P\{X^2 = Y^2\} = 1$. 求:

(1) 二维随机变量 (X,Y) 的分布律;

(2) $Z = XY$ 的分布律;

(3) X 与 Y 的相关系数 ρ_{XY}.

2. (2012, Ⅰ, Ⅲ) 设二维离散型随机变量 X, Y 的联合分布律为

X	Y		
	0	1	2
0	$\dfrac{1}{4}$	0	$\dfrac{1}{4}$
1	0	$\dfrac{1}{3}$	0
2	$\dfrac{1}{12}$	0	$\dfrac{1}{12}$

求:

(1) $P\{X = 2Y\}$;

(2) $\mathrm{Cov}(X-Y,Y)$.

3.（2012，Ⅲ）设随机变量 X 与 Y 相互独立，且都服从参数为 1 的指数分布，记 $U=\max\{X,Y\}$，$V=\min\{X,Y\}$.

（1）求 V 的概率密度 $f_V(v)$；

（2）求 $E(U+V)$.

4.（2014，Ⅰ，Ⅲ）设随机变量 X 的分布律为 $P\{X=1\}=P\{X=2\}=\dfrac{1}{2}$，在给定 $X=i$ 的条件下，随机变量 Y 服从均匀分布 $U(0,i)(i=1,2)$.

（1）求 Y 的分布函数 $F_Y(y)$；

（2）求 $E(Y)$.

5.（2015，Ⅰ，Ⅲ）设随机变量 X 的概率密度为

$$f(x)=\begin{cases}2^{-x}\ln 2, & x>0, \\ 0, & x\leqslant 0,\end{cases}$$

对 X 进行独立重复观测，直到第 2 个大于 3 的观测值出现时停止，记 Y 为观测次数.

（1）求 Y 的概率分布；

（2）求 $E(Y)$.

6.（2018，Ⅰ，Ⅲ）设随机变量 X 与 Y 相互独立，X 的分布律为 $P\{X=1\}=P\{X=-1\}=\dfrac{1}{2}$，$Y$ 服从参数为 λ 的泊松分布.令 $Z=XY$.

（1）求 $\mathrm{Cov}(X,Z)$；

（2）求 Z 的概率分布.

7.（2020，Ⅲ）设二维随机变量 (X,Y) 在区域 $D=\{(x,y)\mid 0<y<\sqrt{1-x^2}\}$ 上服从均匀分布，

$$Z_1=\begin{cases}1, & X-Y>0, \\ 0, & X-Y\leqslant 0,\end{cases}\qquad Z_2=\begin{cases}1, & X+Y>0, \\ 0, & X+Y\leqslant 0.\end{cases}$$

（1）求二维随机变量 (Z_1,Z_2) 的分布律；

（2）求 Z_1 和 Z_2 相关系数.

8.（2021，Ⅰ，Ⅲ）在区间 $(0,2)$ 内随机取一点，将该区间分成两段，较短的一段长度记为 X，较长的一段长度记为 Y，令 $Z=\dfrac{Y}{X}$.

（1）求 X 的概率密度；

（2）求 Z 的概率密度；

（3）求 $E\left(\dfrac{X}{Y}\right)$.

第四章部分习题
参考答案

在现实世界的大量随机现象中,不仅可以看到随机事件发生频率的稳定性,而且还可以看到一般平均结果的稳定性.这就是说:无论个别随机现象的结果以及它们在进行过程中的个别特征如何,大量随机现象的平均结果实际上与个别随机现象的特征无关,并且几乎不再是随机的了.所有这些事实都要求概率论在理论上做出令人信服的解释,只有这样,概率论才可以作为认识客观世界的有效工具.

概率论中用来阐明大量随机现象平均结果稳定性的一系列定理统称为**大数定律**.大数定律是一种表现必然性与偶然性之间辩证联系的规律.大数定律表明,大量随机因素的总和作用必然产生某种不依赖于个别随机事件的结果.

5.1　大数定律

"概率是频率的稳定值".第一章我们从直观上描述了稳定性,即事件发生的频率在其概率附近摆动,但是如何摆动仍然没有说清楚.其实这里的"稳定"即为收敛.它意味着随着试验次数的增多,在某种收敛意义下,频率的极限是概率.这是为什么呢？本节的大数定律给了我们答案.大数定律有很多形式,为了证明一系列关于大数定律的定理,我们首先证明切比雪夫不等式.

定理 5.1（切比雪夫不等式）　设随机变量 X 有数学期望 $E(X)$ 及方差 $D(X)$,则对于任意的 $\varepsilon>0$,

$$P\{\,|X-E(X)|\geqslant\varepsilon\}\leqslant\frac{D(X)}{\varepsilon^2},\quad \text{或}\quad P\{\,|X-E(X)|<\varepsilon\}\geqslant1-\frac{D(X)}{\varepsilon^2}.$$

证　我们以连续型随机变量的情况来证明,离散型随机变量的情况类似.

设连续随机变量 X 的概率密度为 $f(x)$,事件 $\{\,|X-E(X)|\geqslant\varepsilon\}$ 即表示 X 落在区间 $(E(X)-\varepsilon,E(X)+\varepsilon)$ 外,故

$$P\{\,|X-E(X)|\geqslant\varepsilon\}=\int_{|X-E(X)|\geqslant\varepsilon}f(x)\,\mathrm{d}x,$$

因为在此积分范围内 $\dfrac{(X-E(X))^2}{\varepsilon^2}\geqslant1$,故

$$P\{\,|X-E(X)\,|\geqslant\varepsilon\}\leqslant\int_{|X-E(X)|\geqslant\varepsilon}\frac{(X-E(X))^2}{\varepsilon^2}f(x)\,\mathrm{d}x$$

$$\leqslant\frac{1}{\varepsilon^2}\int_{-\infty}^{+\infty}(X-E(X))^2f(x)\,\mathrm{d}x=\frac{D(X)}{\varepsilon^2}.$$

再利用对立事件的概率公式得

$$P\{\,|X-E(X)\,|<\varepsilon\}=1-P\{\,|X-E(X)\,|\geqslant\varepsilon\}\geqslant1-\frac{D(X)}{\varepsilon^2}.$$

从而得

$$P\{\,|X-E(X)\,|\geqslant\varepsilon\}\leqslant\frac{D(X)}{\varepsilon^2},\quad P\{\,|X-E(X)\,|<\varepsilon\}\geqslant1-\frac{D(X)}{\varepsilon^2}.$$

事件$\{\,|X-E(X)\,|\geqslant\varepsilon\}$的涵义为"随机变量$X$的取值与其数学期望相比发生了一些偏差",切比雪夫不等式给出了此事件的概率上限.该上限与方差成正比:方差越大,此上限就越大;方差越小,X在其数学期望附近取值的密集程度就越高,那么远离数学期望的概率上限就越小.切比雪夫不等式进一步说明了方差的概率意义——方差是随机变量取值与其中心位置的偏离程度的一种度量指标.

注 在实际问题中,当随机变量X的分布未知,仅仅知道随机变量X的数学期望与方差时,可以根据切比雪夫不等式估计X关于$E(X)$的偏离程度,即由它可以近似估计出X的取值在以$E(X)$为中心的某范围内的概率.

例5.1 设随机变量$X\sim N(\mu,\sigma^2)$,用切比雪夫不等式估计$P\{\,|X-\mu\,|\geqslant3\sigma\}$.

解 因为$\varepsilon=3\sigma$,由切比雪夫不等式得

$$P\{\,|X-\mu\,|\geqslant3\sigma\}\leqslant\frac{D(X)}{(3\sigma)^2}=\frac{1}{9}.$$

例5.2 设连续型随机变量X的数学期望$E(X)=5$,方差$D(X)=2$,试估计X的取值落在区间$[1,9]$上的概率.

解 利用切比雪夫不等式可估计出

$$P\{1\leqslant X\leqslant9\}=P\{\,|X-5\,|\leqslant4\}\geqslant1-\frac{2}{4^2}=\frac{7}{8}.$$

例5.3(实际问题) 已知正常男性成人血液,每立方毫米中的白细胞平均数是7 300,均方差是700,估计每立方毫米白细胞数在(5 200,9 400)的概率.

解 记X为正常男性成人血液每立方毫米中白细胞数,由题意,$E(X)=7\ 300$,$\sqrt{D(X)}=700$,所求概率为

$$P\{5\ 200<X<9\ 400\}=P\{\,|X-7\ 300\,|<2\ 100\}\geqslant1-\frac{700^2}{2\ 100^2}=\frac{8}{9},$$

切比雪夫不等式作为一个理论工具,在证明大数定律时,可使证明更加简洁.

随机变量序列是由随机变量构成的一个序列.数列$\{x_n\}$收敛于c,指当n充分大时,x_n和c的距离任意小.对随机变量序列$X_1,X_2,\cdots$不能采用这样的方式定义它的极限,因为序列中的每一个元素X_n是随机变量,它的取值不确定,不可能和一个常数c的距离任意小,除非它退化为常数c.刻画随机变量序列的极限和刻画数列的极限是不同的.那么,能否用合理的方式给出随机变量序列的极限呢?答案是肯定的.

例如,在重复抛掷一枚硬币的试验中,设事件 A 为"正面向上".对固定的 n,抛掷 n 次硬币,设 $f_n(A)$ 为事件 A 发生的频率,它是一个随机变量.当抛掷的次数 n 改变时,得到一个随机变量序列 $f_1(A),f_2(A),\cdots,f_n(A),\cdots$.随着 n 的增大,$f_n(A)$ 越来越接近 0.5,但不能理解为"$f_n(A)$ 和 0.5 的距离任意小",因为 n 次抛掷结果都为正面向上是可能发生的,这时

$$|f_n(A)-0.5| = |1-0.5| = 0.5,$$

即"$f_n(A)$ 和 0.5 的距离不那么小".那么怎样刻画事件 A 发生的频率 $f_n(A)$ 越来越接近 0.5?我们发现,$P\{\text{"}n\text{ 次正面向上"}\} = \dfrac{1}{2^n}$ 随着 n 的增大趋于零,同样地,$f_n(A)$ 和 0.5 出现较大偏差的可能性即 $P\{|f_n(A)-0.5| \geq \varepsilon\}$ 随着 n 的增大越来越小,当 n 充分大时,它趋于零.所以,可以说事件 A 发生的频率 $f_n(A)$ 收敛到 A 发生的概率为 0.5.下面我们引入随机变量序列依概率收敛的概念.

定义 5.1(依概率收敛) 设 $X_1,X_2,\cdots$ 是一个随机变量序列.如果存在一个常数 c,使得对任意 $\varepsilon>0$,总有 $\lim\limits_{n\to\infty} P\{|X_n-c|<\varepsilon\} = 1$,则称随机变量序列 $X_1,X_2,\cdots$ 依概率收敛于 c,记作 $X_n \overset{P}{\longrightarrow} c$,即对任意 $\varepsilon>0$,

$$P\{|X_n-c| \geq \varepsilon\} \to 0, \quad n\to\infty.$$

怎样理解依概率收敛的定义?当 n 充分大时,"X_n 在 $(c-\varepsilon,c+\varepsilon)$ 内"的概率几乎为 1,或"X_n 和 c 出现较大偏差"的可能性几乎为零(几乎不可能发生).用这样的方式定义随机序列依概率收敛是合理的.但是注意,这里的收敛与微积分中函数值收敛是有所区别的,主要在于求极限的主体不是函数,而是随机事件发生的概率.

例 5.4 已知 $X_1,X_2,\cdots$ 是一个随机变量序列,且 $E(X_n)=2$,$D(X_n)=\dfrac{1}{n}$,$n=1,2,\cdots$,问该序列依概率收敛到什么值?

解 由切比雪夫不等式得

$$P\{|X_n-2| \geq \varepsilon\} \leq \frac{D(X_n)}{\varepsilon^2} = \frac{1}{n\varepsilon^2} \to 0, \quad n\to\infty,$$

所以 $X_n \overset{P}{\longrightarrow} 2$.

不加证明地给出如下定理:

定理 5.2 如果 $X_n \overset{P}{\longrightarrow} a$,$Y_n \overset{P}{\longrightarrow} b$,且函数 $g(x,y)$ 在点 (a,b) 处连续,则

$$g(X_n,Y_n) \overset{P}{\longrightarrow} g(a,b).$$

举个简单的例子,若 $X_n \overset{P}{\longrightarrow} 2$,$Y_n \overset{P}{\longrightarrow} 3$,那么就有 $X_n+Y_n \overset{P}{\longrightarrow} 5$.

下面我们就来具体介绍三个大数定律:切比雪夫大数定律、辛钦大数定律和伯努利大数定律.学习中应注意这三个大数定律的条件有什么异同.首先介绍俄国数学家切比雪夫发表的切比雪夫大数定律.

定理 5.3(切比雪夫大数定律) 设相互独立随机变量序列 $X_1,X_2,\cdots$ 分别有数学期望 $E(X_1),E(X_2)\cdots$ 及方差 $D(X_1),D(X_2),\cdots$,并且方差是一致有界的,即存在某一个常数 c,使得 $D(X_i) \leq c,i=1,2,\cdots$,则对于任何正数 ε,恒有

$$\lim_{n\to\infty} P\left\{\left|\frac{1}{n}\sum_{i=1}^{n} X_i - \frac{1}{n}\sum_{i=1}^{n} E(X_i)\right| < \varepsilon\right\} = 1.$$

证 因为随机序列 $X_1, X_2, \cdots$ 相互独立,根据数学期望和方差的性质得

$$E\left(\frac{1}{n}\sum_{i=1}^{n} X_i\right) = \frac{1}{n}\sum_{i=1}^{n} E(X_i), \quad D\left(\frac{1}{n}\sum_{i=1}^{n} X_i\right) = \frac{1}{n^2}\sum_{i=1}^{n} D(X_i) \leqslant \frac{c}{n}.$$

由切比雪夫不等式得,对任意的 $\varepsilon > 0$,当 $n \to \infty$ 时,

$$P\left\{\left|\frac{1}{n}\sum_{i=1}^{n} X_i - \frac{1}{n}\sum_{i=1}^{n} E(X_i)\right| \geqslant \varepsilon\right\} \leqslant \frac{1}{\varepsilon^2} D\left(\frac{1}{n}\sum_{i=1}^{n} X_i\right) \leqslant \frac{c}{n\varepsilon^2} \to 0.$$

根据切比雪夫大数定律及其证明可以看出,由于独立随机变量序列前 n 项的算术平均值,在定理的条件下其方差不超过 $\frac{c}{n}$,因此当 n 足够大时,随机变量分布的分散程度可以任意小,即算术平均值的取值集中在其数学期望附近,随机变量序列的前 n 项的算术平均值和自身的数学期望充分接近几乎总是发生的.这就是大数定律,其表现形式就是上述极限.

例 5.5 各种比赛中,需要评委打分决定胜负,用平均分衡量选手的成绩有何依据?

分析 记 $X_1, X_2, \cdots, X_n$ 是各评委的打分,并假设评委是独立给出评分的,那么 $\frac{1}{n}\sum_{i=1}^{n} X_i$ 是平均分.

虽然评委可能会因为若干原因,打分偏高或偏低,但是当把所有分数平均起来,高低的偏差会抵消,最终反映出的是选手的客观水平! 平均值稳定性是大数定律的本质,以此可以解释评委打分问题.

统计推断中,大数定律是用样本平均数估计总体平均数的理论依据.样本数量越多,则其算术平均值就有越高的概率接近总体的数学期望值.

推论(切比雪夫大数定律的特殊情况) 设随机变量序列 $X_1, X_2, \cdots$ 相互独立,且具有相同数学期望 $E(X_i) = \mu$ 及方差 $D(X_i) = \sigma^2, i = 1, 2, \cdots$.作前 n 个随机变量的算术平均值 $Y_n = \frac{1}{n}\sum_{i=1}^{n} X_i$,则对任意的 $\varepsilon > 0$,有

$$\lim_{n\to\infty} P\left\{|Y_n - \mu| < \varepsilon\right\} = 1.$$

在许多实际问题中,方差不一定存在,苏联数学家辛钦证明了在相互独立同分布情形下,仅数学期望存在时切比雪夫大数定律中的结论仍然成立,即辛钦大数定律.

定理 5.4(辛钦大数定律) 设独立随机变量序列 $X_1, X_2, \cdots$ 服从同一分布,有相同的数学期望 μ,则对任意的 $\varepsilon > 0$,有

$$\lim_{n\to\infty} P\left\{\left|\frac{1}{n}\sum_{i=1}^{n} X_i - \mu\right| < \varepsilon\right\} = 1,$$

即当 $n \to \infty$ 时,$X_1, X_2, \cdots, X_n$ 的算术平均值依概率收敛于 μ,也可以表示为

$$\bar{X} = \frac{1}{n}\sum_{i=1}^{n} X_i \xrightarrow{P} \mu.$$

随机变量序列 $X_1, X_2, \cdots$ 相互独立同分布,指随机变量序列相互独立且序列中随机变量的分布类型及参数均相同.显然,当方差存在时,辛钦大数定律是切比雪夫大数定律的特例.

辛钦大数定律是人们日常生活中经常使用的算术平均值法则的理论依据.利用此定理

可说明,若要测量一个物理量 a,可在相同条件下重复测量 n 次,用其算术平均值作 a 的近似值.例如,为了精确称量物体的质量 μ,可在相同的条件下重复称 n 次,结果记为 $x_1,x_2,\cdots,$ x_n.它们一般是不同的,可视为 n 个相互独立同分布的随机变量 $X_1,X_2,\cdots,X_n$ 的一次观测值. $X_1,X_2,\cdots,X_n$ 服从同一一分布,它们共同的数学期望即为物体的真实质量 μ.由辛钦大数定律知,当 n 充分大时,

$$\frac{1}{n}\sum_{i=1}^{n}X_i \xrightarrow{P} \frac{1}{n}\sum_{i=1}^{n}E(X_i)=E(X_i)=\mu.$$

这意味着 $\frac{1}{n}\sum_{i=1}^{n}X_i \xrightarrow{P}\mu$,也即随机变量的算术平均值具有稳定性.在物理试验中我们就是采用这种方法测得物体质量的,且可以很有把握地认为,所产生的误差很小.算术平均值法则提供了一条切实可操作的途径来得到物理量的真实值.大数定律从理论上给出了这个结论的严格证明,而不是仅仅靠直觉.

在 n 重伯努利试验中,应用切比雪夫大数定律,可以得到伯努利大数定律:在独立试验序列中,当试验次数无限增加时,事件 A 发生的频率依概率收敛于事件 A 发生的概率.这是由瑞士数学家雅各布·伯努利提出的历史上的首个大数定律,它的出现意味着概率论由建立走向发展的阶段.

定理 5.5(伯努利大数定律)　设随机变量序列 $X_1,X_2,\cdots$ 相互独立同分布,且 $X_i\sim B(1,$ $p),i=1,2,\cdots$,则对任意的 $\varepsilon>0$,有

$$\lim_{n\to\infty}P\left\{\left|\frac{1}{n}\sum_{i=1}^{n}X_i-p\right|<\varepsilon\right\}=1.$$

或设事件 A 发生的概率 $P(A)=p$, n_A 表示事件 A 在 n 次独立试验中发生的次数,则对于任何正数 ε,恒有

$$\lim_{n\to\infty}P\left\{\left|\frac{n_A}{n}-p\right|<\varepsilon\right\}=1.$$

证　设在第 i 次试验中,事件 A 发生的次数为 $X_i(i=1,2,\cdots)$,发生的概率为 $P(A)=p$.这些随机变量都服从 $(0-1)$ 分布:

$$P(X_i=1)=p,\quad P(X_i=0)=1-p\quad(i=1,2,\cdots),$$

数学期望与方差分别为

$$E(X_i)=p,\quad D(X_i)=(1-p)p,$$

这里 $\frac{1}{n}\sum_{i=1}^{n}E(X_i)=p$.由辛钦大数定理得

$$\lim_{n\to\infty}P\left\{\left|\frac{1}{n}\sum_{i=1}^{n}X_i-p\right|<\varepsilon\right\}=1.$$

又因为 $n_A=\sum_{i=1}^{n}X_i$ 表示在 n 次试验中,事件 A 发生的次数,故 $\frac{n_A}{n}=\frac{1}{n}\sum_{i=1}^{n}X_i$ 表示事件 A 发生的频率,从而可得

$$\lim_{n\to\infty}P\left\{\left|\frac{n_A}{n}-p\right|<\varepsilon\right\}=1.$$

显然,伯努利大数定律是辛钦大数定律的特例.由伯努利大数定律知,当 n 充分大时,A

发生的频率

$$f_n(A) = \frac{1}{n} \sum_{i=1}^{n} X_i = \overline{X} \xrightarrow{P} p = P(A).$$

这回答了前面我们提出的问题:在概率的统计定义中,随着试验次数的增大,事件发生的频率逐步"稳定"到事件发生的概率,这里的"稳定"即为依概率收敛.

伯努利大数定律的直观意义:在大量相互独立重复试验中可以用某个事件 A 发生的频率来近似每次试验中事件 A 发生的概率.当 n 充分大时,频率与其概率能任意接近的概率趋于 1.因此实际中,只要试验次数足够多,可用频率作为概率的估计.同时伯努利大数定律也解释了概率存在的客观意义.正是因为频率的这种稳定性,我们才意识到概率的存在,才有了概率论.

按照伯努利大数定律,当试验在不变的条件下重复进行时,随机事件 A 发生的频率在其发生的概率附近摆动.这个理论结果已经被实践和大规模的统计工作所证实.另一方面,伯努利大数定律还说明,如果事件 A 发生的概率很小,事件 A 发生的频率也很小,即事件 A 很少发生,或者说,只有在试验次数 n 较大时事件 A 才有可能发生,在试验次数较少时几乎不会发生,这个原理称为小概率事件原理.

小概率事件原理:概率很小的随机事件在一次试验中几乎是不可能发生的. 小概率事件原理在生产生活实践中有着广泛的应用. 例如,设事件 A 发生的概率 $P(A) = 0.001$,则 A 发生的频率接近千分之一,即在 1 000 次试验中事件 A 大概发生一次. 在较少次数试验中,比如几次或者十几次试验,可以认为事件 A 不会发生.因而,在实际生活中,我们可以忽略那些概率很小的事件发生的可能性. 例如,虽然骑自行车在公路边行驶时被汽车撞伤的概率不等于零,但我们还是坦然地在公路边骑行. 在抽样检验中,也常常应用小概率事件原理. 例如,假设自动车床加工一批零件出现废品的概率等于 0.01,如果零件的重要性不大而价格又较低,则完全可以允许不对加工出来的零件进行全面检查,这就是说,可以忽略在一百个零件中出现一个废品的可能性. 当然,如果所制造的产品的安全性十分重要(如降落伞),则还是要对质量进行全面检查.

在工程实际中,我们经常遇到服从正态分布的随机变量. 通过计算可知,如果随机变量 X 服从正态分布 $N(\mu, \sigma^2)$,则有 $P\{|X-\mu|<3\sigma\} = 0.997\ 4$.由此可见,随机变量 X 落在区间 $(\mu-3\sigma, \mu+3\sigma)$ 之外的概率小于 0.003. 通常认为这一概率是很小的,在较少次试验中不会发生.因此,我们常把区间 $(\mu-3\sigma, \mu+3\sigma)$ 看成随机变量 X 实际可能的取值区间. 这一原理叫做"3σ 准则".

三个大数定律的条件是不同的.切比雪夫大数定律不要求随机变量序列同分布;辛钦大数定律和伯努利大数定律都要求随机变量序列相互独立且同分布,辛钦大数定律不要求方差存在,仅数学期望存在即可;伯努利大数定律的共同分布限定为两点分布.三个大数定律的条件关系如图 5-1 所示.

数学的发展从来都是循序渐进的,正因为有了伯努利大数定律,才会有辛钦大数定律进而才有切比雪夫大数定律.大数定律无论在理论上还是在实际应用中,对概率论和数理统计的发展有着不可替代的作用,是现代概率论、数理统计学、理论科学和社会科学发展的基石.大数定律在实际中有许多重要应用,除了算术平均值法则、用频率估计概率,还有数理统计中参数的点估计思想等.

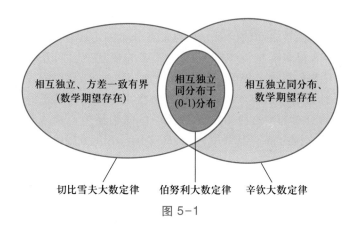

图 5-1

习题 5-1

1. 在每次试验中,事件 A 发生的概率为 0.5,利用切比雪夫不等式估计,在 1 000 次独立试验中,事件 A 发生的次数在 450 至 550 之间的概率.

2. 设某电网有 10 000 盏电灯,夜晚每一盏灯开灯的概率都是 0.7,而假定开、关时间彼此独立,估计夜晚同时开着的灯数在 6 800 与 7 200 之间的概率.

3. 某产品的废品率为 0.03,用切比雪夫不等式估计 1 000 个产品中废品多余 20 个且少于 40 个的概率.

4. 设随机变量 X 的数学期望 $E(X)=8$,方差 $D(X)=2$,估计 X 落在区间 $[6,10]$ 上的概率.

5. 设随机变量 $X_1,X_2,\cdots$ 独立同分布,且均服从参数为 2 的指数分布,则当 $n\to\infty$ 时, $Y_n=\dfrac{1}{n}\sum\limits_{i=1}^{n}X_i^2$ 依概率收敛于什么值?

5.2 中心极限定理

在随机变量一切可能的分布中,正态分布占有特殊重要的地位. 实践中经常遇到的大量随机变量都是服从正态分布的. 比如同龄人的身高、体重,成年人的智商以及测量误差等都可以用这样的一条优雅曲线(图 5-2)来描述其分布特征,并呈现出中间高两边低的特点.大部分人是中等身材,体态也是普通的,智商在平均值附近分布.就此提出这样的问题:为什么正态分布如此广泛地存在,在概率论中占有如此重要的地位? 应该如何解释大量随机现象中的这一客观规律? 中心极限定理揭示了其中的奥秘,这是因为在某些条件下,一列并不服从正态分布的相互独立的随机变量,它们和

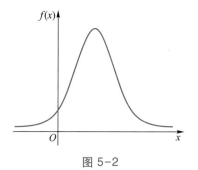

图 5-2

的分布,当随机变量的个数无限增加时,是趋于正态分布的.

概率论中论证随机变量之和的极限分布为正态分布的定理称为中心极限定理. 中心极限定理在不同条件下有很多形式,首先介绍最为著名的相互独立同分布情形下的中心极限定理,又称为列维－林德伯格中心极限定理.列维是法国数学家,对极限理论和随机过程理论做出了杰出的贡献.林德伯格是芬兰数学家,因中心极限定理而闻名于世.

定理 5.6(独立同分布的中心极限定理、列维－林德伯格中心极限定理)　设随机变量序列 $X_1, X_2, \cdots$ 相互独立同分布,若 $E(X_i) = \mu, D(X_i) = \sigma^2$,且 $\sigma^2 > 0, i = 1, 2, \cdots$,则对任意实数 x,有

$$\lim_{n \to \infty} P\left\{ \frac{\sum\limits_{i=1}^{n} X_i - n\mu}{\sqrt{n}\,\sigma} \leq x \right\} = \frac{1}{\sqrt{2\pi}} \int_{-\infty}^{x} e^{-\frac{t^2}{2}} dt = \Phi(x).$$

该定理的条件要求随机变量是相互独立且服从同一分布的.相互独立意味着随机变量之间不相互影响,同分布是指每个随机变量在随机变量序列的前 n 项部分和中的地位相同,每个随机变量对前 n 项部分和的影响都是微小的.该定理的这个条件是比较一般的,因为它要求随机变量有相同的分布类型,因此不管是离散型、连续型或其他类型,都具有同样的结论:前 n 项部分和标准化的极限分布就是标准正态分布.

这个定理的直观意义是,当 n 足够大时,可以近似地认为 $\sum\limits_{i=1}^{n} X_i \sim N(n\mu, n\sigma^2)$,记为

$$\sum_{i=1}^{n} X_i \xjvoverset{\text{近似}}{\sim} N(n\mu, n\sigma^2),$$

其中,"近似"表示近似服从.在实际问题中,若 n 较大,可以利用正态分布近似求得概率:

$$P\left\{ \sum_{i=1}^{n} X_i \leq a \right\} \approx \Phi\left(\frac{a - n\mu}{\sqrt{n\sigma^2}} \right).$$

还有更为一般的结论:只要随机变量相互独立,每个随机变量对和的影响都是微小的,哪怕它们的分布类型不同,但是其和标准化后都有极限分布——标准正态分布.这就解释了自然界中一些现象受到许多相互独立且微小的随机因素影响,总的影响就可以看成服从或近似服从正态分布.例如,测量误差受到许多相互独立随机因素的影响,如测量环境温度、湿度、测量工具的精密程度以及测量者的心理因素、测量的态度等的影响,而每种影响都不占主要地位,那么它们总和造成的总误差就近似地服从正态分布.

在实际应用中,若独立随机变量序列 $X_1, X_2, \cdots$ 满足独立同分布的中心极限定理,当 n 充分大时,对任意实数 x_1, x_2,有概率近似计算公式

$$P\left\{ x_1 < \frac{\sum\limits_{i=1}^{n} X_i - n\mu}{\sqrt{n}\,\sigma} < x_2 \right\} \approx \Phi(x_2) - \Phi(x_1).$$

一般地,若随机变量 $X_1, X_2, \cdots, X_n$ 相互独立同分布且 n 较大,中心极限定理在实际应用中有如下三种形式:

(1) $\dfrac{\sum\limits_{i=1}^{n} X_i - n\mu}{\sqrt{n\sigma^2}} \xjvoverset{\text{近似}}{\sim} N(0,1)$;

（2）$\displaystyle\sum_{i=1}^{n} X_i \xrightarrow{\text{近似}} N(n\mu, n\sigma^2)$；

（3）$\overline{X} \xrightarrow{\text{近似}} N\left(\mu, \dfrac{\sigma^2}{n}\right)$.

下面的例子说明了中心极限定理在实际中的应用.

例 5.6 某计算机进行加法计算时,把每个加数取为最接近于它的整数来计算. 设所有的取整误差是相互独立的随机变量,并且都在区间 $[-0.5, 0.5]$ 上服从均匀分布,求 300 个数相加时误差总和的绝对值小于 10 的概率.

解 设随机变量 X_i 表示第 i 个加数的取整误差,则 X_i 在区间 $[-0.5, 0.5]$ 上服从均匀分布,并且有 $E(X_i) = 0, D(X_i) = \dfrac{1}{12}, i = 1, 2, \cdots, 300$,所求的概率为

$$P\left\{ \left| \sum_{i=1}^{300} X_i \right| < 10 \right\} = P\left\{ \frac{\left| \sum_{i=1}^{300} X_i \right|}{\sqrt{\dfrac{300}{12}}} < 2 \right\} \approx \Phi(2) - \Phi(-2) = 0.9544.$$

我们知道,若随机变量 $X \sim U(0,1)$,则 X 取值落在区间 $[0,1]$ 的子区间内的概率只与子区间的长度成正比,与子区间所在位置无关,通俗地讲就是 X 取区间 $[0,1]$ 内任意一点的可能性是一样的.那么,当 n 很大时,n 个相互独立的 $X_i \sim U(0,1)(i = 1, 2, \cdots, n)$ 之和能否用正态分布近似呢?图 5-3 给出了 $n = 1, 2, 10$ 时随机变量之和的概率密度图形.随着 n 的增大,和的分布呈现出中间高两边低的正态分布的特性,所以可以用正态分布近似相互独立的 $U(0,1)$ 之和的分布.事实上,当 $n = 10$ 时,这种近似效果就非常好了.经过叠加原本取值任意一点的可能性由相同变为了向中心位置聚拢.这和我们的直觉不太相符.

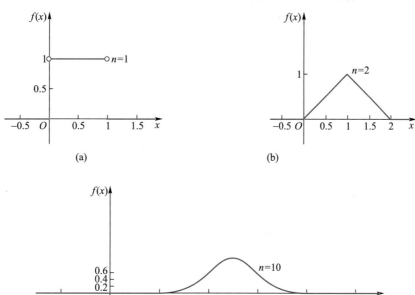

图 5-3

最早的中心极限定理是法国数学家棣莫弗于 1733 年提出的,他使用正态分布去估计 n (n 很大)次抛掷硬币时正面向上次数的分布,即二项分布 $B(n, 0.5)$.这个超越时代的发现险些湮没在历史的洪流中,将近 80 年后著名法国数学家拉普拉斯拯救了这个默默无名的理论.在他 1812 年发表的《概率的解析理论》中,拉普拉斯推广了棣莫弗的理论,指出当 n 很大时,二项分布 $B(n, p)$ $(0 < p < 1)$ 都可用正态分布近似.研究这个理论花了他将近 20 年的时间.这个理论就是今天我们要学习的棣莫弗-拉普拉斯中心极限定理.

定理 5.7(棣莫弗-拉普拉斯中心极限定理)　设在独立试验序列中,事件 A 在各次试验中发生的概率为 $p(0 < p < 1)$,随机变量 X 表示事件 A 在 n 次试验中发生的次数,则

$$\lim_{n \to \infty} P\left\{ \frac{X - np}{\sqrt{npq}} < x \right\} = \frac{1}{\sqrt{2\pi}} \int_{-\infty}^{x} e^{-\frac{t^2}{2}} dt,$$

其中 x 为任意实数,$q = 1 - p$.

证　设随机变量 X_i 表示事件 A 在第 i 次试验中发生的次数 $(i = 1, 2 \cdots)$,则 X_i 服从 $(0-1)$ 分布,且有

$$E(X_i) = p, \quad D(X_i) = pq, \quad i = 1, 2, \cdots, \quad X = \sum_{i=1}^{n} X_i,$$

由定理 5.6 就可得此定理.

棣莫弗-拉普拉斯中心极限定理是列维-林德伯格中心极限定理的特例.因为 $\sum_{i=1}^{n} X_i \sim B(n, p)$ 服从二项分布,所以这个定理又称为二项分布的正态近似.

前面由伯努利大数定律知 $\frac{1}{n} \sum_{i=1}^{n} X_i \xrightarrow{P} p$,当 n 充分大时,可以用 $\frac{1}{n} \sum_{i=1}^{n} x_i$ 作为 p 的近似,至于近似程度如何,不得而知,而中心极限定理描述了近似的程度:

$$P\left\{ \left| \frac{1}{n} \sum_{i=1}^{n} X_i - p \right| \leq \varepsilon \right\} = P\left\{ \left| \frac{\sum_{i=1}^{n} X_i - np}{\sqrt{np(1-p)}} \right| \leq \frac{\sqrt{n}}{\sqrt{p(1-p)}} \varepsilon \right\}$$

$$\approx 2\Phi\left(\frac{\sqrt{n}\varepsilon}{\sqrt{p(1-p)}} \right) - 1 \approx 1 (n\ 充分大).$$

所以中心极限定理的结论更为精确.

根据德莫弗-拉普拉斯中心定理,在 n 重伯努利试验中,当 n 充分大时,对任意实数 x_1,x_2,事件 A 发生的次数 X 落在 x_1 与 x_2 之间的概率可用下式近似计算:

$$P\{x_1 < X < x_2\} = P\left\{ \frac{x_1 - np}{\sqrt{npq}} < \frac{X - np}{\sqrt{npq}} < \frac{x_2 - np}{\sqrt{npq}} \right\} \approx \Phi\left(\frac{x_2 - np}{\sqrt{npq}} \right) - \Phi\left(\frac{x_1 - np}{\sqrt{npq}} \right).$$

例 5.7　某批产品的次品率为 0.005,试求任意抽取 10 000 件产品中次品数不多于 70 件的概率 P.

解　设 X 表示任意抽取 10 000 件产品中的次品数,则 X 服从二项分布 $B(10\ 000, 0.005)$.此时直接计算概率

$$P = P\{0 \leq X \leq 70\} = \sum_{k=0}^{70} C_{10\ 000}^{k} (0.005)^k (0.995)^{10\ 000 - k}$$

是较困难的.下面利用近似公式来计算.

已知 $n=10\,000, p=0.005, q=0.995, np=50, \sqrt{npq}=7.053$,故

$$P=P\{0\leqslant X\leqslant 70\}\approx\varPhi\left(\frac{70-50}{7.053}\right)-\varPhi\left(\frac{0-50}{7.053}\right)=0.997\,7.$$

例 5.8 某工厂有 200 台同类型的机器,每台机器工作时需要的电功率为 Q kW. 由于工艺等原因,每台机器的实际工作时间只占全部工作时间的 75%,各台机器是否工作是相互独立的. 求:

(1) 任一时刻有 144 至 160 台机器正在工作的概率;

(2) 需要供应多少电功率可以保证所有机器正常工作的概率不小于 0.99?

解 设事件 A 表示"机器工作",则可把 200 台机器是否工作视作 200 重伯努利试验.

已知 $n=200, p=0.75, q=0.25, np=150, \sqrt{npq}=6.124$,故

(1) 设 X 表示任一时刻处于工作状态的机器数,则

$$P\{144\leqslant X\leqslant 160\}\approx\varPhi\left(\frac{160-150}{6.124}\right)-\varPhi\left(\frac{144-150}{6.124}\right)$$

$$=\varPhi(1.63)-\varPhi(-0.98)=0.785\,3.$$

(2) 设任一时刻正在工作的机器数不超过 m,则题目要求 $P\{0\leqslant X\leqslant m\}\geqslant 0.99$.近似计算,

$$\varPhi\left(\frac{m-150}{6.124}\right)-\varPhi\left(\frac{0-150}{6.124}\right)\geqslant 0.99,$$

因 $\varPhi\left(\frac{0-150}{6.124}\right)=\varPhi(-24.5)=0$,故需求解 $\varPhi\left(\frac{m-150}{6.124}\right)\geqslant 0.99$.查标准正态分布表有 $\varPhi(2.33)=0.99$,注意到函数 $\varPhi(x)$ 是单调增的,则有 $\frac{m-150}{6.124}\geqslant 2.33$,解得 $m\geqslant 164.25$.因为 m 为整数,故取 $m=165$,即需要供应 $165Q$ kW 电功率.

例 5.9 某单位的局域网有 100 个终端,每个终端有 10% 的时间在使用,各个终端使用与否是相互独立的.

(1) 计算在任何时刻同时最多有 15 个终端在使用的概率;

(2) 用中心极限定理计算在任何时刻同时最多有 15 个终端在使用的概率的近似值;

(3) 用泊松定理计算在任何时刻同时最多有 15 个终端在使用的概率近似值.

解 设随机变量

$$X_i=\begin{cases}1, & \text{第 } i \text{ 个终端在使用,}\\ 0, & \text{其他,}\end{cases} \quad i=1,2,\cdots,100,$$

由已知得 $X_1, X_2, \cdots, X_{100}$ 相互独立同分布,且 $X_i\sim B(1,p)$,其中 $p=0.1$.同时使用的终端数 $\sum\limits_{i=1}^{100}X_i\sim B(100,0.1)$.

(1) 借助于计算机计算得,

$$P\left\{\sum_{i=1}^{100}X_i\leqslant 15\right\}=\sum_{k=0}^{15}C_{100}^k 0.1^k\cdot 0.9^{100-k}=0.960\,1,$$

即在任何时刻同时最多有 15 个终端在使用的概率为 0.960 1.

(2) 因为

$$E\left(\sum_{i=1}^{100} X_i\right) = 100 \times 0.1 = 10, \quad D\left(\sum_{i=1}^{100} X_i\right) = 10 \times 0.9 = 9.$$

运用棣莫弗-拉普拉斯中心极限定理得 $\sum_{i=1}^{100} X_i \overset{\text{近似}}{\sim} N(10,9)$. 因此

$$P\left\{\sum_{i=1}^{100} X_i \leq 15\right\} \approx \Phi\left(\frac{15-10}{\sqrt{9}}\right) = \Phi\left(\frac{5}{3}\right) = 0.952\ 2,$$

即在任何时刻同时最多有 15 个终端在使用的概率的近似值为 0.952 2.

（3）因为 $n \geq 10, p \leq 0.1$，所以 $\sum_{i=1}^{100} X_i \overset{\text{近似}}{\sim} P(10)$，且

$$P\left\{\sum_{i=1}^{100} X_i \leq 15\right\} \approx \sum_{k=0}^{15} e^{-10} \frac{10^k}{k!} = 0.951\ 3,$$

即在任何时刻同时最多有 15 个终端在使用的概率近似值为 0.951 3.

使用泊松分布近似二项分布，受条件 $n \geq 10, p \leq 0.1$ 的限制，使用正态分布近似二项分布，只要 n 较大即可. 例 5.9 中，用正态分布的近似效果较好.

中心极限定理是随机变量和的分布收敛到正态分布的一类定理. 不同的中心极限定理的差异就在于对随机变量序列做出了不同的假设. 由于中心极限定理的有力支撑，正态分布在概率论与数理统计中占据了独特的核心地位，它是 20 世纪初概率论研究的中心内容，也是目前概率论研究非常活跃的方向，这就是"中心"二字的直观含义.

自然界是纷繁复杂的，但在这纷繁复杂中又归于和谐与统一，大数定律和中心极限定理很好地诠释了这一自然规律. 在学习中应注意理解大数定律和中心极限定理的实质，掌握它们在实际问题中的应用.

 习题 5-2

1. 设备零件的重量是相互独立同分布的随机变量，其数学期望为 0.5 kg，均方差为 0.1 kg，问 5 000 个零件的总重量超过 2 510 kg 的概率是多少？

2. 设有 30 个电子器件. 它们的使用寿命 $T_1, T_2, \cdots, T_{30}$（单位:h）服从参数为 $\lambda = 0.1$ 的指数分布，其使用情况是第一个损坏后第二个立即使用，以此类推. 令 T 为 30 个器件使用的总时间，求 T 超过 350 h 的概率.

3. 设某地男孩出生率为 0.515，求该地 10 000 个新生婴儿中女孩不少于男孩的概率.

4. 某校共有 4 900 个学生，已知每天晚上每个学生到阅览室去学习的概率为 0.8，问阅览室要准备多少个座位，才能以 99% 的概率保证每个去阅览室的学生都有座位？

5. （1）一个复杂系统由 100 个相互独立的元件组成，在系统运行期间每个元件损坏的概率为 0.1，又知为使系统正常运行，至少需要有 85 个元件工作，求系统的可靠程度（即正常运行的概率）；

（2）假设上述系统由 n 个相互独立的元件组成，而且又要求至少有 80% 的元件工作才能使系统正常运行，问 n 至少为多大时才能保证系统的可靠程度为 95%？

本 章 小 结

本章介绍了切比雪夫不等式、3个大数定律和2个中心极限定理.

切比雪夫不等式给出了随机变量 X 的分布未知、只知道 $E(X)$ 和 $D(X)$ 的情况下,对事件 $\{|X-E(X)|\leqslant\varepsilon\}$ 发生概率的下限估计.

人们在长期实践中认识到频率具有稳定性,即当试验次数增大时,频率稳定在一个数的附近.这一事实显示了可以用一个数来表征事件发生的可能性的大小.这使人们认识到概率是客观存在的,进而由频率的3条性质的启发和抽象给出了概率的定义.因而频率的稳定性是概率定义的客观基础,伯努利大数定律则以严密的数学形式论证了频率的稳定性.

中心极限定理表明,在相当一般的条件下,当独立随机变量的个数增加时,其和的分布趋于正态分布,它阐明了正态分布的重要性.中心极限定理也揭示了为什么在实际应用中会经常遇到正态分布,也就是揭示了产生正态随机变量的源泉.另一方面,它提供了独立同分布的随机变量之和 $\sum_{k=1}^{n} X_k$ (其中 X_k 的方差存在)的近似分布,只要和式中加项的个数充分大,就可以不必考虑和式中的随机变量服从什么分布,都可以用正态分布来近似,这在应用上是有效和重要的.中心极限定理的内容包含极限,因而称它为极限定理是很自然的.又由于它在统计中的重要性,称它为中心极限定理,这是波利亚在1920年取的名字.

第五章知识结构梳理

第五章总复习题

一、选择题

1. 设随机变量 X 满足 $E(X^2)=1.1, D(X)=0.1$,则一定有( ).

A. $P\{-1<X<1\}\geqslant 0.9$ B. $P\{0<X<2\}\geqslant 0.9$

C. $P\{|X+1|\geqslant 1\}\leqslant 0.9$ D. $P\{|X|\geqslant 1\}\leqslant 0.1$

2. 设随机变量 X 的 $E(X)=\mu, D(X)=\sigma^2$,用切比雪夫不等式估计 $P\{|X-E(X)|<2\sigma\}\geqslant$ ( ).

A. $\dfrac{1}{4}$ B. $\dfrac{1}{2}$ C. $\dfrac{3}{4}$ D. 1

3. 设随机变量 X 的数学期望 $E(X)=2$,方差 $D(X)=0.4$,根据切比雪夫不等式估计

$P\{1<X<3\} \geqslant ($ $).$

A. $\dfrac{2}{5}$ B. $\dfrac{3}{5}$ C. $\dfrac{1}{3}$ D. $\dfrac{1}{9}$

4. 设 n_A 是 n 次重复试验中事件 A 发生的次数，p 是事件 A 在每次试验中发生的概率，则对任意的 $\varepsilon>0$，均有 $\lim\limits_{n\to\infty}P\left\{\left|\dfrac{n_A}{n}-p\right|\geqslant\varepsilon\right\}=($ $).$

A. 0   B. 1   C. >0   D. 不存在

5. 设 $X_1, X_2, \cdots, X_{1\,000}$ 是相互独立同分布的随机变量，$X_i \sim B(1, p)$，$i = 1, 2, \cdots, 1\,000$，$q = 1-p$，则下列结论不正确的是(   ).

A. $\dfrac{1}{1\,000}\sum\limits_{i=1}^{1\,000} X_i \approx p$

B. $P\left\{a < \sum\limits_{i=1}^{1\,000} X_i < b\right\} \approx \Phi\left(\dfrac{b-1\,000p}{\sqrt{1\,000pq}}\right) - \Phi\left(\dfrac{a-1\,000p}{\sqrt{1\,000pq}}\right)$

C. $\sum\limits_{i=1}^{1\,000} X_i \sim B(1\,000, p)$

D. $P\left\{a < \sum\limits_{i=1}^{1\,000} X_i < b\right\} \approx \Phi(b) - \Phi(a)$

二、填空题

1. 设 $X_1, X_2, \cdots, X_n$ 为相互独立的随机变量序列，且 $X_i(i=1,2,\cdots,n)$ 服从参数为 λ 的泊松分布，则 $\lim\limits_{n\to\infty}P\left\{\dfrac{\sum\limits_{i=1}^{n} X_i - n\lambda}{\sqrt{n\lambda}} \leqslant x\right\} = $ _____.

2. 设 X 表示 n 次独立重复试验中事件 A 出现的次数，p 是事件 A 在每次试验中出现的概率，则 $P\{a < X \leqslant b\} \approx$ _____.

3. 设随机变量序列 $X_1, X_2, \cdots, X_n, \cdots$ 独立同分布，且 $E(X_i)=\mu$，$D(X_i)=\sigma^2>0$，$i=1, 2, \cdots, n$，则对任意实数 x，$\lim\limits_{n\to\infty}P\left\{\dfrac{\sum\limits_{i=1}^{n} X_i - n\mu}{\sigma\sqrt{n}} > x\right\} = $ _____.

4. 将一枚均匀硬币连掷 100 次，则利用中心极限定理可知，出现正面的次数大于 60 的概率近似为 _____.(附：$\Phi(2)=0.977\,2$.)

5. 设随机变量 $X \sim B(100, 0.2)$，应用中心极限定理计算 $P\{16 < X < 24\} = $ _____.(附：$\Phi(1) = 0.841\,3$.)

三、综合题

1. 在每次试验中，事件 A 发生的概率为 0.5，利用切比雪夫不等式估计，在 1 000 次独立试验中，事件 A 发生的次数在 450 至 550 之间的概率.

2. 有甲、乙两种味道和颜色都极为相似的名酒各 4 杯.如果从中挑 4 杯，能将甲种酒全部挑出来，算是成功一次.

（1）某人随机地猜,问他成功一次的概率是多少?

（2）某人声称他通过品尝能区分两种酒.他连续试验 10 次,成功 3 次(各次试验是相互独立的).试推断他是猜的,还是他确有区分的能力?

3. 某通信系统拥有 50 台相互独立起作用的交换机.在系统运行期间,每台交换机能清晰接收信号的概率为 0.9.系统正常工作时,要求能清晰接收信号的交换机至少 45 台.求该通信系统能正常工作的概率.

4. 某微机系统有 120 个终端,每个终端有 5% 的时间在使用,若各终端使用与否是相互独立的,试求有不少于 10 个终端在使用的概率.

5. 抽样检查产品质量时,如果发现次品多于 10 个,则拒绝接受这批产品.设某批产品次品率为 10%,问至少应抽取多少个产品检查才能保证拒绝接受该产品的概率达到 90%?

6. 一食品店有三种蛋糕出售,由于售出哪一种蛋糕是随机的,因而售出一个蛋糕的价格是一个随机变量,它取 1 元、1.2 元、1.5 元的概率分别为 0.3,0.2,0.5.某天售出 300 个蛋糕.

（1）求收入至少 400 元的概率;

（2）求售出价格为 1.2 元的蛋糕多于 60 个的概率.

7. 对于一个学生而言,来参加家长会的家长人数是一个随机变量.设一个学生无家长、有 1 名家长、有 2 名家长来参加会议的概率分别为 0.05,0.8,0.15.若学校共有 400 名学生,设各学生参加会议的家长数相与独立,且服从同一分布.

（1）求参加会议的家长数 X 超过 450 的概率;

（2）求有 1 名家长来参加会议的学生数不多于 340 的概率.

第五章部分习题
参考答案

第六章　统计量和抽样分布

前五章里我们研究了概率论的基本概念与方法,从中我们认识到随机变量及其概率分布全面地描述了随机现象的统计规律性,研究一个随机现象首先要知道它的概率分布.因此,在概率论的许多问题中,概率分布通常已知,或者假设其已知,而一切计算与推理是基于这个已知分布.但在实际中,情况往往并非如此,当我们去研究并解决一个实际问题时,会遇到如下问题:

(1)这个随机现象所服从的是什么分布,或者可以用什么样的分布函数来刻画,所选择的这种分布函数是否合理?

(2)所选分布的参数是多少?如何估计及确定这些参数值?

我们对所研究的这个实际问题往往所知甚少,只能借助于观测,合理地取一些数据,并据此做出统计推断来得到上述问题的答案,使得对实际问题中的随机现象有一个更好的了解,从而去着手解决问题.而这些就是数理统计的主要任务.数理统计主要研究如何用有效的方法从所研究的对象全体中抽取一部分进行观测或试验来取得信息,从而对整体做出推断和预测,为对研究对象采取某种决策提供依据和建议.

从本章起将讲述数理统计的基本知识.本章介绍数理统计的基本概念,如总体和样本、统计量和抽样分布等,它们既是由概率论向数理统计过渡的桥梁,又是今后学习统计推断(估计与检验)的必要准备.

下面我们从数理统计中最基本的概念——总体和样本——开始介绍数理统计的内容.

6.1　总体与样本

6.1.1　总体

在数理统计中,我们把研究对象的某项数量指标值的全体称为总体,组成总体的每个元素称为个体.例如,我们要研究某地区中学生的身高情况,则该地区所有中学生的身高就组成一个总体,其中每个中学生的身高就是一个个体.要将一个总体的性质了解清楚,最理想的办法是对每个个体进行观察,但实际这样做是不现实的.若对所有的中学生进行身高测

130

量,会花费大量的时间及人力.为了更有效地得到结果,我们可以从该地区的中学生中抽取一部分学生测量身高,然后根据这些学生的身高数据对整个地区中学生的身高情况作统计推断.这些学生的抽取必须是随机的,即该地区每个中学生都有被抽到的可能,且每个中学生被抽到的机会是相等的,这种抽取的形式叫做随机抽样.由于中学生的身高在随机抽样中是随机变量,为了便于数学处理,我们将总体定义为随机变量 X,随机变量 X 的分布称为总体分布,我们对总体的研究就是对相应的随机变量 X 的分布的研究. X 的分布函数和数字特征就称为总体的分布函数和数字特征.今后将不再区分总体和相应的随机变量,统称为总体 X.

例 6.1 某工厂生产的磁带质量合格的一个数量指标就是一卷磁带上的伤痕数.每卷磁带的伤痕数就是一个个体,全部磁带的伤痕数构成一个总体.这个总体中有很多是 0,但也有 1,2,3 等,大于 8 个的伤痕数出现较少.研究表明,一卷磁带上的伤痕数 X 服从泊松分布 $P(\lambda)$,但分布中的参数 λ 是未知的.显然 λ 的取值反映了这批磁带的质量,它直接影响该工厂的经济效益.

在这个例子中,总体的分布类型是明确的,但含有一个未知参数 λ.我们需要通过确定 λ 的值,来最终确定总体的分布,这就是数理统计任务.

6.1.2 样本

在数理统计中,我们总是通过从总体中抽取一部分个体进行观测,然后根据获得的数据来推断总体的性质.从总体中抽出的这一部分个体称为总体的一个样本.在总体中抽取样本的过程称为抽样,抽取原则称为抽样方案.本书假定,对总体的每一次抽样,总体中的所有元素都是机会均等地被抽中.用这种抽样方案得到的样本称为随机样本.由于在观测前,样本观测值是不确定的,所以样本是一组随机变量(或随机向量),为了体现随机性,用大写字母 $X_1, X_2, \cdots, X_n$ 表示.例如,我们抽取了 n 个个体,这 n 个个体的指标 $X_1, X_2, \cdots, X_n$ 称为一个样本,n 称为这个样本的容量.在一次抽样后,观测到 $X_1, X_2, \cdots, X_n$ 的一组数值 $x_1, x_2, \cdots, x_n$ 称为该样本的观测值.

从总体中抽取样本可以有不同抽法,为了能由样本对总体做出较可靠的推断,就需要对抽样方法提出一些要求,例如满足下面两个要求:

(1) 独立性:样本中每个个体的取值不受其他个体取值的影响,即 $X_1, X_2, \cdots, X_n$ 相互独立;

(2) 随机性:总体中的每一个个体都有同等机会被选入样本,即每个 X_i 与总体 X 有相同的分布($X_i \sim f(x_i; \theta)$).

用这种随机、独立的抽样方法取得的样本称为**简单随机样本**,简称**样本**.

换句话说,简单随机样本表示 $X_1, X_2, \cdots, X_n$ 是 n 个相互独立的随机变量,且每一个 $X_i(i=1, 2, \cdots, n)$ 的分布都与总体 X 的分布相同.若将样本 $X_1, X_2, \cdots, X_n$ 看成一个 n 维随机变量 $(X_1, X_2, \cdots, X_n)$,则我们可以根据概率论中多维随机变量分布的性质得到样本的分布如下:

(1) 当总体 X 是一个离散型随机变量,且分布律为 $P\{X=x\}$ 时,样本 $(X_1, X_2, \cdots, X_n)$ 的分布律为

$$p(x_1, x_2, \cdots, x_n) = P\{X_1=x_1, X_2=x_2, \cdots, X_n=x_n\} = \prod_{i=1}^{n} P\{X_i=x_i\};$$

(2) 当总体 X 是一个连续型随机变量,且概率密度为 $f(x)$ 时,样本 $(X_1, X_2, \cdots, X_n)$ 的概

率密度为

$$f^*(x_1,x_2,\cdots,x_n) = f(x_1)f(x_2)\cdots f(x_n) = \prod_{i=1}^{n} f(x_i);$$

（3）当总体 X 的分布函数为 $F(x)$，样本 $(X_1,X_2,\cdots,X_n)$ 的分布函数为

$$F^*(x_1,x_2,\cdots,x_n) = F(x_1)F(x_2)\cdots F(x_n) = \prod_{i=1}^{n} F(x_i).$$

例 6.2 设总体 $X \sim B(1,p)$，$X_1,X_2,\cdots,X_8$ 为取自该总体的一个样本，求样本 $(X_1,X_2,\cdots,X_8)$ 的分布律 $p(x_1,x_2,\cdots,x_8)$.

解 已知总体 $X \sim B(1,p)$，则有分布律

$$P\{X=x\} = (1-p)^{1-x}p^x \quad (x=0,1).$$

所以，$(X_1,X_2,\cdots,X_8)$ 的分布律为

$$p(x_1,x_2,\cdots,x_8) = P\{X_1=x_1,X_2=x_2,\cdots,X_8=x_8\} = \prod_{i=1}^{8} P\{X_i=x_i\}$$

$$= (1-p)^{1-x_1}p^{x_1}(1-p)^{1-x_2}p^{x_2}\cdots(1-p)^{1-x_8}p^{x_8}$$

$$= (1-p)^{8-\sum_{i=1}^{8}x_i}p^{\sum_{i=1}^{8}x_i}, \quad x_i = 0,1(i=1,2,\cdots,8).$$

例 6.3 设总体 $X \sim P(\lambda)$，$X_1,X_2,\cdots,X_n$ 为取自该总体的一个样本，求样本 $(X_1X_2,\cdots,X_n)$ 的分布律 $p(x_1,x_2,\cdots,x_n)$.

解 已知总体 $X \sim P(\lambda)$，则有分布律

$$P\{X=x\} = e^{-\lambda}\frac{\lambda^x}{x!}, \quad x=0,1,2,\cdots.$$

于是，$(X_1,X_2,\cdots,X_n)$ 的分布律为

$$p(x_1,x_2,\cdots,x_n) = \prod_{i=1}^{n} P\{X_i=x_i\}$$

$$= e^{-\lambda}\frac{\lambda^{x_1}}{x_1!} \cdot e^{-\lambda}\frac{\lambda^{x_2}}{x_2!} \cdot \cdots \cdot e^{-\lambda}\frac{\lambda^{x_n}}{x_n!}$$

$$= e^{-n\lambda}\frac{\lambda^{\sum_{i=1}^{n}x_i}}{\prod_{i=1}^{n}x_i!}, \quad x_i = 0,1,2,\cdots(i=1,2,\cdots,n).$$

例 6.4 设总体 $X \sim N(\mu,\sigma^2)$，$X_1,X_2,\cdots,X_n$ 为取自该总体的一个样本，求样本 $(X_1,X_2,\cdots,X_n)$ 的概率密度.

解 已知总体 $X \sim N(\mu,\sigma^2)$，则有概率密度

$$f(x) = \frac{1}{\sqrt{2\pi}\sigma}e^{-\frac{(x-\mu)^2}{2\sigma^2}}, \quad -\infty < x < +\infty.$$

于是，$(X_1,X_2,\cdots,X_n)$ 的概率密度为

$$f^*(x_1,x_2,\cdots,x_n) = \prod_{i=1}^{n} f(x_i) = \prod_{i=1}^{n} \frac{1}{\sqrt{2\pi}\sigma}e^{-\frac{(x_i-\mu)^2}{2\sigma^2}}$$

$$= \left(\frac{1}{\sqrt{2\pi}\sigma}\right)^n e^{-\frac{\sum_{i=1}^{n}(x_i-\mu)^2}{2\sigma^2}}, \quad -\infty < x_i < +\infty (i=1,2,\cdots,n).$$

6.1.3　经验分布函数

我们把总体 X 的分布函数 $F(x)=P\{X\leqslant x\}$ 称为总体分布函数. 要求总体分布, 还得从样本和样本的观测值出发, 为此引入经验分布函数的概念.

定义 6.1　设 $x_1,x_2,\cdots,x_n$ 是取自总体 X 中一个容量为 n 的简单随机样本的观测值, 若把观测值由小到大重新排列, 得到 $x_{(1)}\leqslant x_{(2)}\leqslant\cdots\leqslant x_{(n)}$, $x_{(1)},x_{(2)},\cdots,x_{(n)}$ 称为有序样本. $\forall x\in\mathbf{R}$, 令

$$F_n(x)=\begin{cases} 0, & x<x_{(1)},\\[2mm] \dfrac{k}{n}, & x_{(k)}\leqslant x<x_{(k+1)}, \quad k=1,2,\cdots,n-1,\\[2mm] 1, & x\geqslant x_{(n)}, \end{cases}$$

则函数 $F_n(x)$ 称为样本分布函数.

易知样本分布函数 $F_n(x)$ 具有下列性质:

(1) $0\leqslant F_n(x)\leqslant 1,\forall x\in\mathbf{R}$;

(2) $F_n(x)$ 是非减函数;

(3) $F_n(-\infty)=0,F_n(+\infty)=1$;

(4) $F_n(x)$ 在每个观测值 $x_{(i)}$ 处是右连续的.

对于任意实数 x, 总体分布函数 $F(x)$ 是事件 "$X\leqslant x$" 发生的概率, 样本分布函数 $F_n(x)$ 是事件 "$X\leqslant x$" 发生的频率. 根据伯努利大数定律, $F_n(x)$ 依概率收敛于 $F(x)$, 即对任意的 $x\in\mathbf{R}$ 和 $\varepsilon>0$,

$$\lim_{n\to\infty}P\{|F_n(x)-F(x)|\geqslant\varepsilon\}=0.$$

格利文科给出更强的结论:

$$P\left\{\lim_{n\to\infty}\sup_{-\infty<x<+\infty}|F_n(x)-F(x)|=0\right\}=1.$$

由此可知, 当 n 充分大时, 经验分布函数 $F_n(x)$ 是总体分布函数 $F(x)$ 的近似. 这些结论就是我们在数理统计中可以根据样本来推断总体的理论依据.

习题 6-1

1. 设总体 $X\sim B(1,p)$, 样本 $X_1,X_2,\cdots,X_n$ 来自该总体, 求 $(X_1,X_2,\cdots,X_n)$ 的分布律.

2. 一工厂生产的某种电器的使用寿命 X 服从指数分布, 参数 λ 未知. 为此, 抽查了 n 件电器, 测量其使用寿命, 试确定本问题的总体、样本及样本的概率密度.

3. 设 $X_1,X_2,\cdots,X_n$ 是来自均匀分布总体 $U(0,c)$ 的样本, 求样本 $(X_1,X_2,\cdots,X_n)$ 的概率密度.

4. 设有 N 个产品, 其中有 M 个次品, $N-M$ 个正品, 现进行有放回抽样, 定义

$$X_i=\begin{cases} 1, & \text{第 } i \text{ 次抽到的是次品},\\ 0, & \text{第 } i \text{ 次抽到的是正品}, \end{cases}$$

求样本 $(X_1,X_2,\cdots,X_n)$ 的分布律.

5. 从总体 X 中随机抽取 10 个样本数据如下：

$$3,\ 2.5,\ 4,\ 0,\ 2,\ 2.5,\ 2,\ 3,\ 4,\ 2.$$

求样本分布函数.

6.2　统计量

数理统计的基本任务之一是利用样本所提供的信息来对总体分布中未知的量进行推断,简单来说,就是由样本推断总体. 但是,样本所含信息不能直接用来解决我们所要研究的具体问题,需要我们把样本所含信息进行数学加工从而获得对总体的初步认识. 针对总体某些不同的概率特征及参数,最常用的加工方式是构造样本的函数,不同样本函数反映总体的不同特征.

6.2.1　统计量

定义 6.2　设 $X_1, X_2, \cdots, X_n$ 为取自总体 X 的一个样本, $g(X_1, X_2, \cdots, X_n)$ 是样本 $X_1, X_2, \cdots, X_n$ 的函数,若 g 中不含任何未知参数,则称 $g(X_1, X_2, \cdots, X_n)$ 为一个统计量.

根据定义,由样本 $X_1, X_2, \cdots, X_n$ 的一次观测值 $x_1, x_2, \cdots, x_n$,计算得到的函数值 $g(x_1, x_2, \cdots, x_n)$ 就是统计量 $g(X_1, X_2, \cdots, X_n)$ 的一次观测值. 我们构造统计量的主要目的就是去估计总体分布中的未知参数. 在这一小节里,我们给出一些常用的统计量,它们包括样本均值、样本方差、样本矩和次序统计量等.

例 6.5　设总体 $X \sim N(\mu, \sigma^2)$,其中 μ 未知, σ^2 已知, $X_1, X_2, \cdots, X_n$ 为取自该总体的一个样本,判断下列样本的函数是否是统计量:

$$T_1 = \sum_{i=1}^{n} (X_i - \mu)^2,\quad T_2 = \frac{1}{\sigma^2} \sum_{i=1}^{n} X_i^2.$$

解　$T_1 = \sum_{i=1}^{n} (X_i - \mu)^2$ 不是统计量,含有未知参数 μ; $T_2 = \frac{1}{\sigma^2} \sum_{i=1}^{n} X_i^2$ 是统计量,因为 σ^2 已知,所以不含未知参数.

6.2.2　样本均值和样本方差

设 $X_1, X_2, \cdots, X_n$ 为取自总体 X 的一个样本, $x_1, x_2, \cdots, x_n$ 为样本观测值. 数理统计中常用的统计量及其观测值有:

（1）样本均值 $\bar{X} = \dfrac{1}{n} \sum_{i=1}^{n} X_i$; $\bar{X}$ 的观测值 $\bar{x} = \dfrac{1}{n} \sum_{i=1}^{n} x_i$;

（2）样本方差

$$S^2 = \frac{1}{n-1} \sum_{i=1}^{n} (X_i - \bar{X})^2 = \frac{1}{n-1} \left(\sum_{i=1}^{n} X_i^2 - n\bar{X}^2 \right);$$

S^2 的观测值

$$s^2 = \frac{1}{n-1} \sum_{i=1}^{n} (x_i - \bar{x})^2 = \frac{1}{n-1} \left(\sum_{i=1}^{n} x_i^2 - n\bar{x}^2 \right);$$

（3）样本标准差 $S = \sqrt{S^2}$；S 的观测值 $s = \sqrt{s^2}$；

（4）样本 k 阶原点矩

$$A_k = \frac{1}{n} \sum_{i=1}^{n} X_i^k, \quad k = 1, 2, \cdots;$$

A_k 的观测值

$$a_k = \frac{1}{n} \sum_{i=1}^{n} x_i^k, \quad k = 1, 2, \cdots;$$

显然，样本一阶原点矩就是样本均值，即 $A_1 = \bar{X}$；

（5）样本 k 阶中心矩

$$B_k = \frac{1}{n} \sum_{i=1}^{n} (X_i - \bar{X})^k, \quad k = 1, 2, \cdots;$$

B_k 的观测值

$$b_k = \frac{1}{n} \sum_{i=1}^{n} (x_i - \bar{x})^k, \quad k = 1, 2, \cdots;$$

显然，样本一阶中心矩等于零，即 $B_1 = 0$；样本二阶中心矩

$$B_2 = \frac{1}{n} \sum_{i=1}^{n} (X_i - \bar{X})^2 \stackrel{\text{def}}{=} S_n^2, \quad S_n = \sqrt{\frac{1}{n} \sum_{i=1}^{n} (X_i - \bar{X})^2}.$$

由于统计量是样本 $X_1, X_2, \cdots, X_n$ 的函数，因此统计量也是随机变量.

例 6.6　设抽样得到样本观测值为

$$38, \ 40, \ 35, \ 38, \ 39, \ 41, \ 42, \ 43, \ 44, \ 40,$$

计算样本均值、样本方差、样本二阶中心矩.

解　样本容量为 $n = 10$，故

$$\bar{x} = \frac{1}{10} \sum_{i=1}^{10} x_i = \frac{1}{10} (38 + 40 + 35 + \cdots + 40) = 40,$$

$$s^2 = \frac{1}{9} \sum_{i=1}^{10} (x_i - \bar{x})^2 = \frac{1}{9} \left(\sum_{i=1}^{10} x_i^2 - 10\bar{x}^2 \right)$$

$$= \frac{1}{9} (16\ 064 - 10 \times 40^2) = 7.1,$$

$$b_2 = \frac{1}{10} \sum_{i=1}^{10} (x_i - \bar{x})^2 = \frac{1}{10} \left(\sum_{i=1}^{10} x_i^2 - 10\bar{x}^2 \right)$$

$$= \frac{1}{10} (16\ 064 - 10 \times 40^2) = 6.4.$$

下面我们给出常用统计量的性质.

定理 6.1　设总体 X 的均值 $E(X) = \mu$，方差 $D(X) = \sigma^2$，设 $X_1, X_2, \cdots, X_n$ 为取自该总体的一个样本，$\bar{X}, S^2$ 分别是样本均值和样本方差，则

（1）$E(\bar{X})=\mu,D(\bar{X})=\dfrac{\sigma^2}{n}$；

（2）$E(S^2)=\sigma^2,E(S_n^2)=\dfrac{n-1}{n}\sigma^2$；

（3）当 $n\to\infty$ 时，$\bar{X}\xrightarrow{P}\mu$，

$$S^2=\frac{1}{n-1}\sum_{i=1}^n(X_i-\bar{X})^2\xrightarrow{P}\sigma^2,$$

$$S_n^2=\frac{1}{n}\sum_{i=1}^n(X_i-\bar{X})^2\xrightarrow{P}\sigma^2.$$

证　由于 $X_1,X_2,\cdots,X_n$ 相互独立，且与总体 X 同分布，因此，

$$E(X_i)=E(X)=\mu,\quad D(X_i)=D(X)=\sigma^2,\quad i=1,2,\cdots,n.$$

（1）由数学期望和方差的性质，

$$E(\bar{X})=E\Big(\frac{1}{n}\sum_{i=1}^n X_i\Big)=\frac{1}{n}\sum_{i=1}^n E(X_i)=\mu,$$

$$D(\bar{X})=D\Big(\frac{1}{n}\sum_{i=1}^n X_i\Big)=\frac{1}{n^2}\sum_{i=1}^n D(X_i)=\frac{\sigma^2}{n}.$$

（2）因为

$$E(S^2)=E\Big[\frac{1}{n-1}\sum_{i=1}^n(X_i-\bar{X})^2\Big]=\frac{1}{n-1}E\Big(\sum_{i=1}^n X_i^2-n\bar{X}^2\Big)$$

$$=\frac{1}{n-1}\Big[\sum_{i=1}^n E(X_i^2)-nE(\bar{X}^2)\Big],$$

将 $E(X_i^2)=D(X_i)+[E(X_i)]^2,E(\bar{X}^2)=D(\bar{X})+[E(\bar{X})]^2$ 代入上式，可得

$$E(S^2)=\frac{1}{n-1}\Big\{\sum_{i=1}^n\{D(X_i)+[E(X_i)]^2\}-n\{D(\bar{X})+[E(\bar{X})]^2\}\Big\}$$

$$=\frac{1}{n-1}\Big[n(\sigma^2+\mu^2)-n\Big(\frac{\sigma^2}{n}+\mu^2\Big)\Big]=\sigma^2.$$

因为

$$S_n^2=\frac{1}{n}\sum_{i=1}^n(X_i-\bar{X})^2=\frac{n-1}{n}S^2,$$

所以

$$E(S_n^2)=\frac{n-1}{n}E(S^2)=\frac{n-1}{n}\sigma^2.$$

（3）由第五章的大数定律知，当 $n\to\infty$ 时，$\bar{X}\xrightarrow{P}\mu$.

因为 $X_1^2,X_2^2,\cdots,X_n^2$ 相互独立且同分布，所以

$$E(X_i^2)=D(X_i)+[E(X_i)]^2=\sigma^2+\mu^2.$$

由大数定律知，当 $n\to\infty$ 时，

$$\frac{1}{n}\sum_{i=1}^n X_i^2\xrightarrow{P}\sigma^2+\mu^2,$$

所以当 $n \to \infty$ 时,

$$S_n^2 = \frac{1}{n} \sum_{i=1}^{n} (X_i - \bar{X})^2 = \frac{1}{n} \sum_{i=1}^{n} X_i^2 - \bar{X}^2 \xrightarrow{P} \sigma^2 + \mu^2 - \mu^2 = \sigma^2,$$

$$S^2 = \frac{n}{n-1} S_n^2 \xrightarrow{P} \sigma^2.$$

这个结论就是第七章中矩估计法的理论依据.

例 6.7 设 $X_1, X_2, \cdots, X_n$ 是取自总体 X 的一个样本,在下列三种情况下,分别求 $E(\bar{X})$,$D(\bar{X}), E(S^2), E\left(\dfrac{1}{n} \sum_{i=1}^{n} X_i^2\right)$:

（1） $X \sim B(2, p)$;（2） $X \sim E(\lambda)$;（3） $X \sim U(0, 2)$.

解 （1） 因为 $X \sim B(2, p)$,所以

$$E(X) = 2p, \quad D(X) = 2p(1-p),$$

故

$$E(\bar{X}) = E(X) = 2p, \quad D(\bar{X}) = \frac{D(X)}{n} = \frac{2p(1-p)}{n},$$

$$E(S^2) = D(X) = 2p(1-p),$$

$$E\left(\frac{1}{n} \sum_{i=1}^{n} X_i^2\right) = \frac{1}{n} \sum_{i=1}^{n} E(X_i^2) = E(X^2) = 2p(1+p).$$

（2） 因为 $X \sim E(\lambda)$,所以

$$E(X) = \frac{1}{\lambda}, \quad D(X) = \frac{1}{\lambda^2},$$

故

$$E(\bar{X}) = \frac{1}{\lambda}, \quad D(\bar{X}) = \frac{1}{n\lambda^2}, \quad E(S^2) = \frac{1}{\lambda^2}, \quad E\left(\frac{1}{n} \sum_{i=1}^{n} X_i^2\right) = \frac{2}{\lambda^2}.$$

（3） 因为 $X \sim U(0, 2)$,所以

$$E(X) = 1, \quad D(X) = \frac{1}{3},$$

故

$$E(\bar{X}) = 1, \quad D(\bar{X}) = \frac{1}{3n}, \quad E(S^2) = \frac{1}{3}, \quad E\left(\frac{1}{n} \sum_{i=1}^{n} X_i^2\right) = \frac{4}{3}.$$

6.2.3 次序统计量

次序统计量在近代统计推断中起着重要作用,这是由于次序统计量有一些性质不依赖于总体的分布,且计算量小、使用较方便,因此在质量管理、可靠性等方面应用广泛.

定义 6.3 设 $X_1, X_2, \cdots, X_n$ 是取自总体 X 的一个样本,$X_{(i)}$ 称为该样本的第 i 个次序统计量,它的取值是将样本观测值由从小到大排列后得到的第 i 个观测值. 样本中取值最小的一个记为 $X_{(1)}$,即

$$X_{(1)} = \min\{X_1, X_2, \cdots, X_n\},$$

称为最小次序统计量;取值最大的一个记为$X_{(n)}$,即

$$X_{(n)} = \max\{X_1, X_2, \cdots, X_n\},$$

称为最大次序统计量. $X_{(1)}, X_{(2)}, \cdots, X_{(n)}$ 称为该样本的次序统计量.

显然,对于容量为 n 的样本可以得到 n 个次序统计量,满足

$$X_{(1)} \leqslant X_{(2)} \leqslant \cdots \leqslant X_{(n-1)} \leqslant X_{(n)}.$$

记 $X_{(1)}$ 和 $X_{(n)}$ 的概率密度分别为$f_{X_{(1)}}(x)$和$f_{X_{(n)}}(x)$,由 3.5 节有

$$F_{X_{(1)}}(x) = P\{X_{(1)} \leqslant x\} = 1 - P\{X_{(1)} > x\} = 1 - [1 - F_X(x)]^n,$$

$$F_{X_{(n)}}(x) = P\{X_{(n)} \leqslant x\} = P\{X_1 \leqslant x\} \cdots P\{X_n \leqslant x\} = [F_X(x)]^n,$$

$$f_{X_{(1)}}(x) = n[1 - F_X(x)]^{n-1} f_X(x), \quad f_{X_{(n)}}(x) = n(F_X(x))^{n-1} f_X(x).$$

例 6.8 设$X_1, X_2, \cdots, X_n$是取自总体 X 的一个样本,总体 $X \sim U(0,1)$,分别求次序统计量 $X_{(1)}, X_{(n)}$ 的分布.

解 总体 $X \sim U(0,1)$,所以概率密度为

$$f(x) = \begin{cases} 1, & 0 < x < 1, \\ 0, & \text{其他}, \end{cases}$$

分布函数为

$$F(x) = \begin{cases} 0, & x < 0, \\ x, & 0 \leqslant x < 1, \\ 1, & x \geqslant 1. \end{cases}$$

因此,根据公式$f_{X_{(1)}}(x) = n[1 - F_X(x)]^{n-1} f_X(x)$,可得

$$f_{X_{(1)}}(x) = \begin{cases} n(1-x)^{n-1}, & 0 < x < 1, \\ 0, & \text{其他}. \end{cases}$$

又根据公式$f_{X_{(n)}}(x) = n[F_X(x)]^{n-1} f_X(x)$,可得

$$f_{X_{(n)}}(x) = \begin{cases} nx^{n-1}, & 0 < x < 1, \\ 0, & \text{其他}. \end{cases}$$

例 6.9 设$X_1, X_2, \cdots, X_n$是取自总体 X 的一个样本,总体 $X \sim U(0,1)$,求最大次序统计量$X_{(n)}$的数学期望和方差.

解 根据例 6.8 中$X_{(n)}$的概率密度公式不难求得,

$$f_{X_{(n)}}(y) = \begin{cases} ny^{n-1}, & 0 < y < 1, \\ 0, & \text{其他}, \end{cases}$$

所以

$$E[X_{(n)}] = n \int_0^1 y y^{n-1} \mathrm{d}y = n \int_0^1 y^n \mathrm{d}y = \frac{n}{n+1}.$$

又

$$E[X_{(n)}^2] = n \int_0^1 y^2 y^{n-1} \mathrm{d}y = n \int_0^1 y^{n+1} \mathrm{d}y = n \cdot \frac{1}{n+2} = \frac{n}{n+2},$$

因此

$$D[X_{(n)}] = \frac{n}{n+2} - \left(\frac{n}{n+1}\right)^2 = \frac{n}{(n+2)(n+1)^2}.$$

习题 6-2

1. 从一批电阻中抽出 8 个,测得各个电阻的值(单位:kΩ)如下:

$$4.3, \quad 4.6, \quad 3.7, \quad 3.8, \quad 4.4, \quad 3.2, \quad 4.0, \quad 4.8,$$

试求样本均值与样本方差的观测值.

2. 设抽样得到样本观测值为

$$38.2, \quad 40.0, \quad 42.4, \quad 37.6, \quad 39.2,$$
$$41.0, \quad 44.0, \quad 43.2, \quad 38.8, \quad 40.6,$$

计算样本均值、样本标准差、样本方差与样本二阶中心矩.

3. 设总体 $X \sim N(\mu, \sigma^2)$,其中 μ 已知,σ 未知,(X_1, X_2, X_3) 是取自总体 X 的一个样本.

(1) 求 (X_1, X_2, X_3) 的联合概率密度;(2) 写出 $\bar{X}$ 的概率密度;

(3) 指出 $\frac{1}{3}(X_1+X_2+X_3), X_2+\mu, \max\{X_1, X_2, X_3\}, \frac{1}{\sigma^2}(X_1^2+X_2^2+X_3^2)$ 之中哪些是统计量,哪些不是统计量,为什么?

4. 设总体 $X \sim B(n, p)$,$X_1, X_2, \cdots, X_n$ 是取自总体 X 的一个样本,试求样本均值 $\bar{X}$ 的期望 $E(\bar{X})$ 与方差 $D(\bar{X})$.

5. 设总体 $X \sim P(\lambda)$,$X_1, X_2, \cdots, X_n$ 是取自总体 X 的一个样本,试求样本均值 $\bar{X}$ 的期望 $E(\bar{X})$ 与方差 $D(\bar{X})$.

6. 设 $X_1, X_2, \cdots, X_n$ 是取自总体 X 的一个样本,总体 $X \sim E(\lambda)$,分别求次序统计量 $X_{(1)}$,$X_{(n)}$ 的分布.

7. 设 $X_1, X_2, \cdots, X_n$ 是取自总体 X 的一个样本,总体 $X \sim U(0, 1)$,求最小次序统计量 $X_{(1)}$ 的均值和方差.

6.3 三大抽样分布

数理统计中常用的分布除正态分布外,还有从正态总体中衍生出来的 χ^2 分布、t 分布、F 分布. 之前介绍的几种常用统计量的分布在正态总体假定下都与这三大分布有关,所以它们在正态总体的统计推断中起着重要的作用.

6.3.1 χ^2 分布

设随机变量 $X_1, X_2, \cdots, X_n$ 相互独立,且都服从标准正态分布 $N(0, 1)$,则称随机变量 $Y = X_1^2 + X_2^2 + \cdots + X_n^2$ 服从**自由度为** n 的 χ^2 分布,记为 $Y \sim \chi^2(n)$.

服从 $\chi^2(n)$ 分布的随机变量 Y 的概率密度为

$$f(x) = \begin{cases} \dfrac{1}{2^{\frac{n}{2}} \Gamma\left(\dfrac{n}{2}\right)} x^{\frac{n}{2}-1} e^{-\frac{x}{2}}, & x>0, \\ 0, & \text{其他,} \end{cases}$$

其图形如图 6-1 所示.

χ^2 分布具有如下性质:

(1) 若随机变量 $X \sim \chi^2(n)$, 则
$$E(X)=n, \quad D(X)=2n;$$

(2) χ^2 分布具有可加性, 即若随机变量 $X \sim \chi^2(m)$, $Y \sim \chi^2(n)$, 且 X 与 Y 相互独立, 则 $X+Y \sim \chi^2(m+n)$.

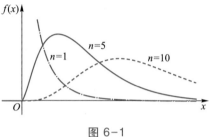

图 6-1

证　(1) 记 $X = \displaystyle\sum_{i=1}^{n} X_i^2$, 因为 $X_i \sim N(0,1)$, 所以
$$E(X_i^2) = D(X_i) = 1 \quad (i=1,2,\cdots,n),$$

于是,
$$E(X) = E\left(\sum_{i=1}^{n} X_i^2\right) = \sum_{i=1}^{n} E(X_i^2) = n,$$

$$D(X) = D\left(\sum_{i=1}^{n} X_i^2\right) = \sum_{i=1}^{n} D(X_i^2) = \sum_{i=1}^{n} \left\{ E(X_i^4) - [E(X_i^2)]^2 \right\}$$

$$= \sum_{i=1}^{n} (3-1^2) = 2n.$$

(2) 不妨记
$$X = \sum_{i=1}^{m} X_i^2 \sim \chi^2(m), \quad Y = \sum_{i=1}^{n} Y_i^2 \sim \chi^2(n),$$

其中 $X_1, X_2, \cdots, X_m$ 相互独立同分布, 都服从 $N(0,1)$, $Y_1, Y_2, \cdots, Y_n$ 相互独立同分布, 都服从 $N(0,1)$. 又因为 X 与 Y 相互独立, 故 $X_1, X_2, \cdots, X_m, Y_1, Y_2, \cdots, Y_n$ 相互独立, 则有
$$X+Y = \sum_{i=1}^{m} X_i^2 + \sum_{i=1}^{n} Y_i^2 \sim \chi^2(m+n).$$

注　类似具有可加性的分布还有二项分布、泊松分布和正态分布.

定义 6.4　对于给定的数 $\alpha(0<\alpha<1)$, 当随机变量 $X \sim \chi^2(n)$ 时, 称满足条件 $P\{X > \chi_\alpha^2(n)\} = \alpha$ 的 $\chi_\alpha^2(n)$ 为 χ^2 分布的上 α 分位数, 如图 6-2 所示.

对于不同的自由度 n 及不同的数 α, 可以查书末附表 5 得到 χ^2 分布的上 α 分位数 $\chi_\alpha^2(n)$ 的值. 例如, 设 $n=15$, $\alpha=0.05$, 则有 $\chi_{0.05}^2(15) = 24.9958$.

例 6.10　设 $X_1, X_2, \cdots, X_6$ 为取自标准正态总体 $X \sim N(0,1)$ 的一个样本, 求下列三个统计量的分布:

(1) $X_1^2 + X_2^2 + X_3^2$; (2) X_1^2; (3) $X_2^2 + \dfrac{1}{2}(X_1+X_3)^2 + \dfrac{1}{3}(X_4+X_5-X_6)^2$.

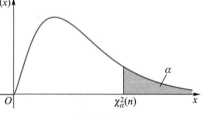

图 6-2

解　(1) 由样本的定义可知 $X_1, X_2, \cdots, X_6$ 相互

独立,且都服从 $N(0,1)$ 分布,所以根据 χ^2 分布的定义可知 $X_1^2+X_2^2+X_3^2\sim\chi^2(3)$.

(2) 同上,$X_1^2\sim\chi^2(1)$.

(3) 因为 $X_1+X_3\sim N(0,2)$,即

$$\frac{X_1+X_3}{\sqrt{2}}\sim N(0,1),$$

又 $X_4+X_5-X_6\sim N(0,3)$,即

$$\frac{X_4+X_5-X_6}{\sqrt{3}}\sim N(0,1),$$

所以由 χ^2 分布的定义可知

$$(X_2)^2+\left(\frac{X_1+X_3}{\sqrt{2}}\right)^2+\left(\frac{X_4+X_5-X_6}{\sqrt{3}}\right)^2\sim\chi^2(3),$$

即

$$X_2^2+\frac{1}{2}(X_1+X_3)^2+\frac{1}{3}(X_4+X_5-X_6)^2\sim\chi^2(3).$$

例 6.11 设 $X_1,X_2,\cdots,X_n$ 是取自正态总体 $X\sim N(0,\sigma^2)$ 的样本,试证:

(1) $\dfrac{1}{\sigma^2}\displaystyle\sum_{i=1}^{n}X_i^2\sim\chi^2(n)$;(2) $\dfrac{1}{n\sigma^2}\left(\displaystyle\sum_{i=1}^{n}X_i\right)^2\sim\chi^2(1)$.

证 (1) 由已知得 $\dfrac{X_1}{\sigma},\dfrac{X_2}{\sigma},\cdots,\dfrac{X_n}{\sigma}$ 相互独立,且都服从分布 $N(0,1)$,由 χ^2 分布的定义知,

$$\sum_{i=1}^{n}\left(\frac{X_i}{\sigma}\right)^2\sim\chi^2(n),\quad\text{即}\quad\frac{1}{\sigma^2}\sum_{i=1}^{n}X_i^2\sim\chi^2(n).$$

(2) 易知,

$$\sum_{i=1}^{n}X_i\sim N(0,n\sigma^2),\quad\text{即}\quad\frac{\displaystyle\sum_{i=1}^{n}X_i}{\sqrt{n\sigma^2}}\sim N(0,1),$$

由 χ^2 分布的定义知,

$$\left(\frac{\displaystyle\sum_{i=1}^{n}X_i}{\sqrt{n\sigma^2}}\right)^2\sim\chi^2(1),\quad\text{即}\quad\frac{1}{n\sigma^2}\left(\sum_{i=1}^{n}X_i\right)^2\sim\chi^2(1).$$

6.3.2 t 分布

设随机变量 X 与 Y 相互独立,且 $X\sim N(0,1)$,$Y\sim\chi^2(n)$,则称 $T=\dfrac{X}{\sqrt{Y/n}}$ 服从自由度为 n 的 t 分布(又称为学生氏分布),记为 $T\sim t(n)$.随机变量 T 的概率密度为

$$f(t)=\frac{\Gamma\left(\dfrac{n+1}{2}\right)}{\sqrt{\pi n}\,\Gamma\left(\dfrac{n}{2}\right)}\left(1+\frac{t^2}{n}\right)^{-\frac{n+1}{2}},\quad t\in\mathbf{R},$$

图形关于直线 $t=0$ 对称,当 n 充分大时,其图形类似于标准正态分布的概率密度图形,如图 6-3 所示.事实上,有

$$\lim_{n\to\infty}f(t)=\frac{1}{\sqrt{2\pi}}e^{-\frac{t^2}{2}},\quad t\in\mathbf{R},$$

即当 n 充分大时,$t(n)$ 分布近似于 $N(0,1)$ 分布.

定义 6.5 对于给定的 $\alpha(0<\alpha<1)$,当随机变量 $T\sim t(n)$ 时,称满足条件 $P\{T>t_\alpha(n)\}=\alpha$ 的 $t_\alpha(n)$ 为 $t(n)$ 分布的上 α 分位数,如图 6-4 所示.

对不同的自由度 n 及不同的数 α,可以查书末附表 4 得到满足条件 $P\{T>t_\alpha(n)\}=\alpha$ 的 $t_\alpha(n)$ 的值.例如,设 $n=10,\alpha=0.05$,则有 $t_{0.05}(10)=1.8125$.

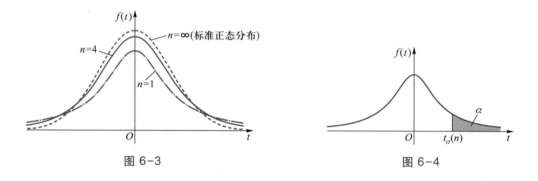

图 6-3　　　　　　　　　　　　　　　　图 6-4

注 (1) 由 $f(t)$ 图形的对称性知,$t_{1-\alpha}(n)=-t_\alpha(n)$.

(2) 当 $n\leqslant45$ 时,$t_\alpha(n)$ 的值可以通过查附表 4 得到.在实际中,当 $n>45$ 时,对于常用的 α 值,就用标准正态分布的上 α 分位数近似,即 $t_\alpha(n)\approx u_\alpha$.

例 6.12 设随机变量 $T\sim t(15)$,求常数 c 使 $P\{T\leqslant c\}=0.95$.

解 由 $P\{T\leqslant c\}=0.95$ 可知,$P\{T>c\}=0.05$,所以 $c=t_{0.05}(15)$,查附表 4 得 $c=t_{0.05}(15)=1.7531$.

6.3.3　F 分布

设随机变量 X 与 Y 相互独立,且 $X\sim\chi^2(m)$,$Y\sim\chi^2(n)$,则称 $F=\dfrac{X/m}{Y/n}$ 服从**自由度为** (m,n) 的 F 分布,记为 $F\sim F(m,n)$,其中 m 称为第一自由度,n 称为第二自由度.

随机变量 F 的概率密度为

$$f(y)=\begin{cases}\dfrac{\Gamma\left(\dfrac{m+n}{2}\right)}{\Gamma\left(\dfrac{m}{2}\right)\Gamma\left(\dfrac{n}{2}\right)}\left(\dfrac{m}{n}\right)^{\frac{m}{2}}y^{\frac{m}{2}-1}\left(1+\dfrac{m}{n}y\right)^{-\frac{m+n}{2}},&y>0,\\[4mm]0,&\text{其他},\end{cases}$$

图形如图 6-5 所示.

定义 6.6 对于给定的数 $\alpha(0<\alpha<1)$,当随机变量 $F\sim F(m,n)$ 时,称满足 $P\{F>F_\alpha(m,n)\}=\alpha$ 的 $F_\alpha(m,n)$ 为 $F(m,n)$ 分布的上 α 分位数,如图 6-6 所示.

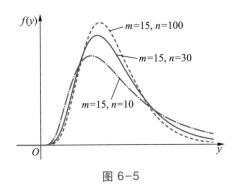

图 6-5

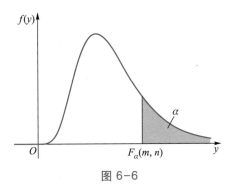

图 6-6

本书附表 6 中,对于不同的自由度 (m,n) 及不同的数 α,给出了 $F(m,n)$ 分布的上 α 分位数 $F_\alpha(m,n)$ 的值.例设,$m=5$,$n=10$,$\alpha=0.05$,则有 $F_{0.05}(5,10)=3.3258$.

$F(m,n)$ 分布的上 α 分位数有如下性质:

$$F_{1-\alpha}(n,m)=\frac{1}{F_\alpha(m,n)}.$$

证　设随机变量 $X\sim\chi^2(m)$,$Y\sim\chi^2(n)$,X 与 Y 相互独立,则

$$F=\frac{X/m}{Y/n}\sim F(m,n),\quad \frac{1}{F}=\frac{Y/n}{X/m}\sim F(n,m).$$

故 $P\{F>F_\alpha(m,n)\}=\alpha$ 等价于

$$P\left\{\frac{1}{F}\leqslant\frac{1}{F_\alpha(m,n)}\right\}=\alpha,\quad 即\quad P\left\{\frac{1}{F}>\frac{1}{F_\alpha(m,n)}\right\}=1-\alpha,$$

所以

$$\frac{1}{F_\alpha(m,n)}=F_{1-\alpha}(n,m).$$

这个性质常用于求 F 分布表中没有包含的数值.

例 6.13　设随机变量 $T\sim t(n)$,$F=\dfrac{1}{T^2}$,求随机变量 F 的分布.

解　由于 $T\sim t(n)$,不妨设 $T=\dfrac{X}{\sqrt{Y/n}}$,其中随机变量 X 与 Y 相互独立,且 $X\sim N(0,1)$,$Y\sim\chi^2(n)$,则

$$F=\frac{1}{T^2}=\frac{Y/n}{X^2}.$$

因为 $X^2\sim\chi^2(1)$,且 X^2 与 Y 相互独立,故由 F 分布的定义知,$F\sim F(n,1)$.

习题 6-3

1. 设 X_1,X_2,X_3 是来自总体 $X\sim N(0,4)$ 的一个样本,当 a,b 为何值时,$Y=a(4X_1-3X_2)^2+bX_3^2$ 服从 χ^2 分布?并求其自由度.

2. 设 X_1,X_2,X_3,X_4 是来自总体 $X\sim N(0,\sigma^2)$ 的一个样本,求 c 使

$$P\left\{\left(\frac{X_1+X_2}{X_3+X_4}\right)^2<c\right\}=0.9.$$

3. 已知随机变量 $X\sim t(n)$，证明：$X^2\sim F(1,n)$.

4. 设总体 $X\sim N(0,1)$，$X_1,X_2,\cdots,X_n$ 是来自总体 X 的一个样本，问下列各统计量服从什么分布？

（1）$\dfrac{X_1-X_2}{\sqrt{X_3^2+X_4^2}}$；　（2）$\dfrac{\sqrt{n-1}\,X_1}{\sqrt{X_2^2+X_3^2+\cdots+X_n^2}}$；　（3）$\left(\dfrac{n}{3}-1\right)\dfrac{\sum\limits_{i=1}^{3}X_i^2}{\sum\limits_{i=4}^{n}X_i}\ (n>3)$.

5. 设 X_1,X_2,X_3,X_4,X_5 为来自总体 $X\sim N(0,\sigma^2)$ 的一个简单随机样本.

（1）求常数 a，使得 $Z=a\dfrac{X_1^2+X_2^2}{X_3^2+X_4^2+X_5^2}$ 服从 F 分布，并指出其自由度；

（2）求常数 b，使得 $P\left\{\dfrac{X_3^2+X_4^2+X_5^2}{X_1^2+X_2^2}>b\right\}=0.05$.

6. 设 $X_1,X_2,\cdots,X_n$ 是来自总体 $X\sim N(\mu,\sigma^2)$ 的一个样本，证明：

$$E\left[\sum_{i=1}^{n}(X_i-\bar X)^2\right]^2=(n^2-1)\sigma^4.$$

6.4　正态总体的抽样分布

抽样分布，即统计量的分布.因为统计推断是基于统计量做出的，所以研究统计量的分布是统计推断过程中一个十分重要的环节. 由于正态总体的重要性，本节我们讨论在正态总体下几个常用统计量的抽样分布.

定理 6.2　设 $X_1,X_2,\cdots,X_n$ 是取自正态总体 $X\sim N(\mu,\sigma^2)$ 的一个样本，其中样本均值 $\bar X=\dfrac{1}{n}\sum\limits_{i=1}^{n}X_i$，样本方差 $S^2=\dfrac{1}{n-1}\sum\limits_{i=1}^{n}(X_i-\bar X)^2$，则有

（1）$\bar X\sim N\left(\mu,\dfrac{\sigma^2}{n}\right)$，即 $\dfrac{\bar X-\mu}{\sigma/\sqrt{n}}\sim N(0,1)$；

（2）$\dfrac{\sum\limits_{i=1}^{n}(X_i-\bar X)^2}{\sigma^2}\sim\chi^2(n-1)$，即 $\dfrac{(n-1)S^2}{\sigma^2}=\dfrac{nS_n^2}{\sigma^2}\sim\chi^2(n-1)$；

（3）$\bar X$ 与 S^2（或 S_n^2）相互独立.

证明略.

定理 6.3　设 $X_1,X_2,\cdots,X_n$ 是取自正态总体 $X\sim N(\mu,\sigma^2)$ 的一个样本，其中样本均值 $\bar X=\dfrac{1}{n}\sum\limits_{i=1}^{n}X_i$，样本方差 $S^2=\dfrac{1}{n-1}\sum\limits_{i=1}^{n}(X_i-\bar X)^2$，则有

$$\frac{\overline{X}-\mu}{S/\sqrt{n}} \sim t(n-1).$$

证 因为

$$\frac{\overline{X}-\mu}{\sigma/\sqrt{n}} \sim N(0,1), \quad \frac{(n-1)S^2}{\sigma^2} \sim \chi^2(n-1),$$

且 $\overline{X}$ 与 S^2 相互独立,根据 t 分布的定义可得

$$\frac{\dfrac{\overline{X}-\mu}{\sigma/\sqrt{n}}}{\sqrt{\dfrac{(n-1)S^2}{\sigma^2}/(n-1)}} = \frac{\overline{X}-\mu}{S/\sqrt{n}} \sim t(n-1).$$

例 6.14 设总体 $X \sim N(\mu,\sigma^2)$,从总体中抽取容量为 36 的样本.

(1) 已知 $\sigma=2$,求 $P\{|\overline{X}-\mu|<0.5\}$;

(2) 未知 σ,但已知 $s^2=3.152$,求 $P\{|\overline{X}-\mu|<0.5\}$.

解 (1) 已知总体 $X \sim N(\mu,\sigma^2)$,样本容量 $n=36$,则由定理 6.2 知

$$\frac{\overline{X}-\mu}{2/\sqrt{36}} = 3(\overline{X}-\mu) \sim N(0,1),$$

故有

$$P\{|\overline{X}-\mu|<0.5\} = P\{|3(\overline{X}-\mu)|<1.5\} = \Phi(1.5)-\Phi(-1.5)$$
$$= 2\Phi(1.5)-1,$$

查表得 $\Phi(1.5)=0.9332$,则所求概率

$$P\{|\overline{X}-\mu|<0.5\} = 2\times0.9332-1 = 0.8664.$$

(2) 已知总体 $X \sim N(\mu,\sigma^2)$,样本容量 $n=36$, $s^2=3.152$,则由定理 6.3 知

$$T = \frac{\overline{X}-\mu}{S/\sqrt{n}} = \frac{\overline{X}-\mu}{\sqrt{3.152}/\sqrt{36}} = \sqrt{\frac{36}{3.152}}(\overline{X}-\mu) \sim t(35),$$

故有

$$P\{|\overline{X}-\mu|<0.5\} = P\left\{\left|\sqrt{\frac{36}{3.152}}(\overline{X}-\mu)\right|<1.6896\right\}$$
$$= P\{|T|<1.6896\} = 1-P\{|T|\geq1.6896\}$$
$$= 1-[P\{T\leq-1.6896\}+P\{T\geq1.6896\}].$$

查表得 $t_{0.05}(35)=1.6896$,即

$$P\{T\geq t_{0.05}(35)\} = P\{T\geq1.6896\} = 0.05.$$

由 t 分布的对称性可知 $P\{T\leq-1.6896\}=0.05$,则所求概率为

$$P(|\overline{X}-\mu|<0.5) = 1-(0.05+0.05) = 0.9.$$

在很多实际问题中,我们经常需要比较两个相互独立的正态总体的样本均值差或样本方差比的一些结果,所以针对两个相互独立的正态总体有如下定理:

定理 6.4 设 $X_1,X_2,\cdots,X_m$ 为取自正态总体 $X \sim N(\mu_1,\sigma_1^2)$ 的一组样本, $Y_1,Y_2,\cdots,Y_n$ 为取自正态总体 $Y \sim N(\mu_2,\sigma_2^2)$ 的一组样本,且总体 X 与总体 Y 相互独立,记

$$\overline{X} = \frac{1}{m} \sum_{i=1}^{m} X_i, \quad \overline{Y} = \frac{1}{n} \sum_{i=1}^{n} Y_i,$$

$$S_X^2 = \frac{1}{m-1} \sum_{i=1}^{m} (X_i - \overline{X})^2, \quad S_Y^2 = \frac{1}{n-1} \sum_{i=1}^{n} (Y_i - \overline{Y})^2,$$

$$S_w^2 = \frac{1}{m+n-2} \left[\sum_{i=1}^{m} (X_i - \overline{X})^2 + \sum_{i=1}^{n} (Y_i - \overline{Y})^2 \right] = \frac{(m-1)S_X^2 + (n-1)S_Y^2}{m+n-2},$$

则有

（1） $\overline{X} - \overline{Y} \sim N\left(\mu_1 - \mu_2, \frac{\sigma_1^2}{m} + \frac{\sigma_2^2}{n}\right)$，即 $\dfrac{\overline{X} - \overline{Y} - (\mu_1 - \mu_2)}{\sqrt{\dfrac{\sigma_1^2}{m} + \dfrac{\sigma_2^2}{n}}} \sim N(0,1)$；

（2） $\dfrac{\displaystyle\sum_{i=1}^{m}(X_i - \overline{X})^2}{\sigma_1^2} + \dfrac{\displaystyle\sum_{i=1}^{n}(Y_i - \overline{Y})^2}{\sigma_2^2} \sim \chi^2(m+n-2)$；

（3） $\dfrac{S_X^2/\sigma_1^2}{S_Y^2/\sigma_2^2} \sim F(m-1, n-1)$；

（4）当 $\sigma_1^2 = \sigma_2^2 = \sigma^2$ 时，$\dfrac{\overline{X} - \overline{Y} - (\mu_1 - \mu_2)}{S_w \sqrt{\dfrac{1}{m} + \dfrac{1}{n}}} \sim t(m+n-2)$.

证　（1）因为 $\overline{X} \sim N\left(\mu_1, \dfrac{\sigma_1^2}{m}\right)$，$\overline{Y} \sim N\left(\mu_2, \dfrac{\sigma_2^2}{n}\right)$，且 $\overline{X}$ 与 $\overline{Y}$ 相互独立，根据正态分布的可加性，可得

$$\overline{X} - \overline{Y} \sim N\left(\mu_1 - \mu_2, \frac{\sigma_1^2}{m} + \frac{\sigma_2^2}{n}\right),$$

即

$$\frac{\overline{X} - \overline{Y} - (\mu_1 - \mu_2)}{\sqrt{\dfrac{\sigma_1^2}{m} + \dfrac{\sigma_2^2}{n}}} \sim N(0,1).$$

（2）因为

$$\frac{\displaystyle\sum_{i=1}^{m}(X_i - \overline{X})^2}{\sigma_1^2} = \frac{(m-1)S_X^2}{\sigma_1^2} \sim \chi^2(m-1),$$

$$\frac{\displaystyle\sum_{i=1}^{n}(Y_i - \overline{Y})^2}{\sigma_2^2} = \frac{(n-1)S_Y^2}{\sigma_2^2} \sim \chi^2(n-1),$$

且 S_X^2 与 S_Y^2 相互独立，根据 χ^2 分布的可加性，可得

$$\frac{\displaystyle\sum_{i=1}^{m}(X_i - \overline{X})^2}{\sigma_1^2} + \frac{\displaystyle\sum_{i=1}^{n}(Y_i - \overline{Y})^2}{\sigma_2^2} = \frac{(m-1)S_X^2}{\sigma_1^2} + \frac{(n-1)S_Y^2}{\sigma_2^2} \sim \chi^2(m+n-2).$$

（3）根据 F 分布的定义可知，

$$\frac{\dfrac{(m-1)S_X^2}{\sigma_1^2}/(m-1)}{\dfrac{(n-1)S_Y^2}{\sigma_2^2}/(n-1)} \sim F(m-1,n-1),$$

即

$$\frac{S_X^2/\sigma_1^2}{S_Y^2/\sigma_2^2} = \frac{S_X^2/S_Y^2}{\sigma_1^2/\sigma_2^2} \sim F(m-1,n-1).$$

（4）当 $\sigma_1^2 = \sigma_2^2 = \sigma^2$ 时，由（1）得 $\dfrac{\overline{X}-\overline{Y}-(\mu_1-\mu_2)}{\sigma\sqrt{\dfrac{1}{m}+\dfrac{1}{n}}} \sim N(0,1)$. 由（2）得

$$\frac{\sum\limits_{i=1}^{m}(X_i-\overline{X})^2}{\sigma^2} + \frac{\sum\limits_{i=1}^{n}(Y_i-\overline{Y})^2}{\sigma^2} = \frac{(m-1)S_X^2+(n-1)S_Y^2}{\sigma^2} = \frac{(m+n-2)S_w^2}{\sigma^2} \sim \chi^2(m+n-2).$$

可以证明 $\overline{X}-\overline{Y}$ 与 S_w^2 相互独立，根据 t 分布的定义即可得，当 $\sigma_1^2 = \sigma_2^2 = \sigma^2$ 时，有

$$\frac{\overline{X}-\overline{Y}-(\mu_1-\mu_2)}{\sigma\sqrt{\dfrac{1}{m}+\dfrac{1}{n}}} \Bigg/ \sqrt{\frac{(m+n-2)S_w^2}{\sigma^2}/(m+n-2)} = \frac{\overline{X}-\overline{Y}-(\mu_1-\mu_2)}{S_w\sqrt{\dfrac{1}{m}+\dfrac{1}{n}}} \sim t(m+n-2).$$

例 6.15 设总体 $X \sim N(52,5^2)$，$Y \sim N(55,10^2)$，且两者相互独立，从总体 X 与 Y 中分别抽取容量为 $m=10$，$n=8$ 的样本，求下列概率：

（1）$P\{|\overline{X}-\overline{Y}|<8\}$；　（2）$P\left\{0.92 < \dfrac{S_X^2}{S_Y^2} < 1.68\right\}$.

解　（1）由定理 6.4 知，

$$\frac{\overline{X}-\overline{Y}-(52-55)}{\sqrt{\dfrac{5^2}{10}+\dfrac{10^2}{8}}} = \frac{\overline{X}-\overline{Y}+3}{\sqrt{15}} \sim N(0,1),$$

所以有

$$P\{|\overline{X}-\overline{Y}|<8\} = P(-8<\overline{X}-\overline{Y}<8) = P\left\{\frac{-5}{\sqrt{15}} < \frac{\overline{X}-\overline{Y}+3}{\sqrt{15}} < \frac{11}{\sqrt{15}}\right\}$$

$$= P\left\{-1.29 < \frac{\overline{X}-\overline{Y}+3}{\sqrt{15}} < 2.84\right\} = \Phi(2.84)-\Phi(-1.29)$$

$$= 0.899\ 2.$$

（2）由定理 6.4 知，

$$F = \frac{S_X^2/5^2}{S_Y^2/10^2} = \frac{4S_X^2}{S_Y^2} \sim F(9,7),$$

所以

$$P\left\{0.92<\frac{S_X^2}{S_Y^2}<1.68\right\} = P\left\{3.68<\frac{4S_X^2}{S_Y^2}<6.72\right\} = P\{F>3.68\} - P\{F \geqslant 6.72\}$$

$$= 0.05 - 0.01 = 0.04.$$

习题 6-4

1. 假设总体 $X \sim N(1, 0.2^2)$，样本 $X_1, X_2, \cdots, X_n$ 来自该总体，欲使 $P\{0.9 \leqslant \overline{X} \leqslant 1.1\} \geqslant 0.95$，样本容量 n 至少应取多少？

2. 设总体 $X \sim N(52, 6.3^2)$，从总体中抽取容量为 36 的样本，求 $P\{50.8 < \overline{X} < 53.8\}$.

3. 从总体 $X \sim N(\mu, \sigma^2)$ 中抽取容量为 16 的样本，分别在下列条件下求 $P\{|\overline{X} - \mu| < 2\}$：
（1）已知 $\sigma^2 = 25$；　（2）未知 σ，但已知 $s^2 = 20.8$.

4. 设 $X_1, X_2, \cdots, X_9$ 是来自总体 $X \sim N(2, 4)$ 的样本，$\overline{X}$，S^2 分别为样本均值与样本方差. 求 $P\{1 < \overline{X} < 3\}$，$P\{1.37 < S^2 < 7.75\}$.

5. 设总体 $X \sim N(\mu, \sigma^2)$，$X_1, X_2, \cdots, X_9$ 为来自总体 X 的一个简单随机样本，求

$$P\left\{-0.4656 < \frac{\overline{X} - \mu}{S} < 0.9655\right\}.$$

（附：$t_{0.01}(8) = 2.8965, t_{0.01}(9) = 2.8214, t_{0.10}(8) = 1.3968$.）

6. 设总体 $X \sim N(50, 6^2)$，$Y \sim N(46, 4^2)$，从总体 X 与 Y 中分别抽取容量为 $m = 10$，$n = 8$ 的样本，求下列概率：

（1）$P\{0 < \overline{X} - \overline{Y} < 8\}$；　（2）$P\left\{\frac{S_X^2}{S_Y^2} < 8.28\right\}$；

本 章 小 结

在数理统计中往往研究有关对象的某一项数量指标，对这一数量指标进行试验和观测，将试验的全部可能的观测值称为总体，每个观测值称为个体.总体中的每一个个体是某一随机变量 X 的值，因此一个总体对应于一个随机变量 X，我们笼统称为总体 X.随机变量 X 服从的分布也称为总体服从的分布.我们利用来自样本的信息推断总体，得到有关总体分布的种种结论.统计量是一个随机变量，它是统计推断的一个重要工具，在数理统计中的地位相当重要，相当于随机变量在概率论中的地位.

读者需要掌握统计学中三大抽样分布：χ^2 分布，t 分布和 F 分布.

第六章知识结构梳理

第六章总复习题

一、选择题

1. 设 $X_1, X_2, \cdots, X_n$ 为取自总体 X 的样本,则 $X_1, X_2, \cdots, X_n$ 必然满足(   ).

A. 独立但分布不同　　　　　　　B. 分布相同但不相互独立

C. 独立同分布　　　　　　　　　D. 无法确定

2. 设 $X_1, X_2, \cdots, X_n$ 为取自总体 $X \sim N(\mu, \sigma^2)$ 的样本,其中 μ, σ 未知,则下列是统计量的是(   ).

A. $\sum_{i=1}^{n} X_i - \mu$ 　　　　　　　　B. $2X_1 - \bar{X}$

C. $\sum_{i=1}^{n} \left(\frac{X_i}{\sigma}\right)^2$ 　　　　　　　D. $\sum_{i=1}^{n} \left(\frac{X_i - \mu}{\sigma}\right)^2$

3. 设总体 X 的均值为 μ,方差为 σ^2,n 为样本容量,则下列选项错误的是(   ).

A. $E(\bar{X} - \mu) = 0$ 　　　　　　　　B. $D(\bar{X}) = \frac{\sigma^2}{n}$

C. $D(\bar{X} - \mu) = \frac{\sigma^2}{n}$ 　　　　　　D. $\frac{\bar{X} - \mu}{\sigma / \sqrt{n}} \sim N(0, 1)$

4. 设 $X_1, X_2, \cdots, X_n$ 是来自总体 X 的样本,则 $\frac{1}{n-1} \sum_{i=1}^{n} (X_i - \bar{X})^2$ 是(   ).

A. 样本矩　　　　　　　　　　　B. 二阶原点矩

C. 二阶中心矩　　　　　　　　　D. 统计量

5. 设总体 $X \sim N(0, 1)$,X_1, X_2, X_3, X_4, X_5 为来自总体 X 的简单随机样本,$\bar{X}, S$ 分别为样本均值和样本标准差,则下列结论中正确的为(   ).

A. $\bar{X} \sim N(0, 1)$ 　　　　　　　　B. $\sum_{i=1}^{5} (X_i - \bar{X})^2 \sim \chi^2(5)$

C. $\frac{\sqrt{3}(X_1 + X_2)}{\sqrt{2(X_3^2 + X_4^2 + X_5^2)}} \sim t(3)$ 　　　D. $\frac{X_1^2 + X_2^2}{X_3^2 + X_4^2 + X_5^2} \sim F(3, 3)$

二、填空题

1. 给定一组样本观测值 $x_1, x_2, \cdots, x_9$,经计算得 $\sum_{i=1}^{9} x_i = 36$,$\sum_{i=1}^{9} x_i^2 = 156$,则 S^2 的观测值为 ____.

2. 若随机变量 X 服从自由度为 n 的 t 分布,$P\{|X| > 2\} = a$,则 $P\{X < 2\} =$ ____.

3. 设 X_1, X_2, X_3, X_4 是来自标准正态总体 $N(0, 1)$ 的一个样本,

$$Y = a(2X_1 - 3X_2)^2 + b(4X_3 - 3X_4)^2,$$

则当 $a=$ ____ $,b=$ ____ 时,统计量 Y 服从 χ^2 分布,自由度为 ____.

4. 设 $X_1,X_2,\cdots,X_n$ 是来自总体 $X \sim B(1,p)$ 的一个样本,$\bar{X},S^2$ 分别为样本均值和样本方差,则 $E(\bar{X})=$ ____ $,D(\bar{X})=$ ____ $,E(S^2)=$ ____.

5. 设 $X_1,X_2,\cdots,X_n$ 是来自总体 X 的简单随机样本,且 $E(X)=\mu,D(X)=\sigma^2$,令 $\bar{X}=\dfrac{1}{n}\sum\limits_{i=1}^{n}X_i$,则 $E(\bar{X})=$ ____ $,D(\bar{X})=$ ____.

三、综合题

1. 设 $X_1,X_2,\cdots,X_7$ 为总体 $X \sim N(0,0.5^2)$ 的一个样本,求 $P\left\{\sum\limits_{i=1}^{7}X_i^2>4\right\}$.

2. 设总体 $X \sim N(\mu,4)$,问至少应抽取多大容量的样本,才能使样本均值与总体均值的差小于 0.4 的概率大于或等于 0.95?

3. 设总体 $X \sim P(\lambda)$,$X_1,X_2,\cdots,X_n$ 是取自总体 X 的一个样本,试求:

(1) 样本的联合分布律;

(2) 样本均值 $\bar{X}$ 的期望 $E(\bar{X})$ 与方差 $D(\bar{X})$;

(3) 样本方差的期望 $E(S^2)$.

4. 设 $X_1,X_2,\cdots,X_{16}$ 是来自总体 $X \sim N(\mu,\sigma^2)$ 的一个简单随机样本,$\bar{X}$ 为样本均值,S 为样本标准差,问 a 取何值时,$P\{\bar{X}>\mu+aS\}=0.95$?

5. 来自同一总体的两个样本,其容量为 m 及 n,两样本均值分别为 $\bar{X}_1,\bar{X}_2$. 现把两个样本混合在一起得到容量为 $m+n$ 的一个联合样本,证明:联合样本均值 $\bar{X}=\dfrac{m\bar{X}_1+n\bar{X}_2}{m+n}$.

6. 设 $X_1,X_2,\cdots,X_{15}$ 是来自总体 $N(0,2^2)$ 的样本,而 $Y=\dfrac{X_1^2+X_2^2+\cdots+X_{10}^2}{2(X_{11}^2+X_{12}^2+\cdots+X_{15}^2)}$,求 Y 的分布.

7. 设 X_1,X_2,X_3,X_4,X_5 为来自总体 $X \sim N(0,\sigma^2)$ 的一个简单随机样本.

(1) 求常数 a,使得 $Z=a\dfrac{X_3^2+X_4^2+X_5^2}{X_1^2+X_2^2}$ 服从 F 分布,并指出其自由度;

(2) 求常数 b,使得 $P\left\{\dfrac{X_1^2+X_2^2}{X_3^2+X_4^2+X_5^2}>b\right\}=0.05$.

历年考研真题精选

1. (2011,Ⅲ) 设总体 X 服从参数为 $\lambda(\lambda>0)$ 的泊松分布,$X_1,X_2,\cdots,X_n(n\geq 2)$ 为来自该总体的简单随机样本,则对于统计量 $T_1=\dfrac{1}{n}\sum\limits_{i=1}^{n}X_i$ 和 $T_2=\dfrac{1}{n-1}\sum\limits_{i=1}^{n-1}X_i+\dfrac{1}{n}X_n$ 有(　　).

A. $E(T_1)>E(T_2),D(T_1)>D(T_2)$

B. $E(T_1)>E(T_2),D(T_1)<D(T_2)$

C. $E(T_1)<E(T_2),D(T_1)>D(T_2)$

D. $E(T_1)<E(T_2),D(T_1)<D(T_2)$

2. (2012,Ⅲ) 设 X_1,X_2,X_3,X_4 为来自总体 $N(1,\sigma^2)(\sigma>0)$ 的简单随机样本,则 $\dfrac{X_1-X_2}{|X_3+X_4-2|}$ 的分布为(　　).

A. $N(0,1)$　　　　B. $t(1)$　　　　C. $\chi^2(1)$　　　　D. $F(1,1)$

3. (2013,Ⅰ) 设随机变量 $X\sim t(n),Y\sim F(1,n)$,给定 $\alpha(0<\alpha<0.5)$,常数 c 满足 $P\{X>c\}=\alpha$,则 $P\{Y>c^2\}=$(　　).

A. α　　　　B. $1-\alpha$　　　　C. 2α　　　　D. $1-2\alpha$

4. (2014,Ⅲ) 设 X_1,X_2,X_3 为来自正态总体 $N(0,\sigma^2)$ 的简单随机样本,则统计量 $S=\dfrac{X_1-X_2}{\sqrt{2}\,|X_3|}$ 服从的分布为(　　).

A. $F(1,1)$　　　　B. $F(2,1)$　　　　C. $t(1)$　　　　D. $t(2)$

5. (2015,Ⅲ) 设总体 $X\sim B(m,\theta)$,$X_1,X_2,\cdots,X_n$ 为来自该总体的简单随机样本,$\bar{X}$ 为样本均值,则 $E\left[\sum\limits_{i=1}^{n}(X_i-\bar{X})^2\right]=$(　　).

A. $(m-1)n\theta(1-\theta)$　　　　　　B. $m(n-1)\theta(1-\theta)$

C. $(m-1)(n-1)\theta(1-\theta)$　　　　D. $mn\theta(1-\theta)$

6. (2017,Ⅰ,Ⅲ) 设 $X_1,X_2,\cdots,X_n(n\geqslant 2)$ 为来自总体 $N(\mu,1)$ 的简单随机样本,记 $\bar{X}=\dfrac{1}{n}\sum\limits_{i=1}^{n}X_i$,则下列结论中不正确的是(　　).

A. $\sum\limits_{i=1}^{n}(X_i-\mu)^2$ 服从 χ^2 分布　　　　B. $2(X_n-X_1)^2$ 服从 χ^2 分布

C. $\sum\limits_{i=1}^{n}(X_i-\bar{X})^2$ 服从 χ^2 分布　　　　D. $n(\bar{X}-\mu)^2$ 服从 χ^2 分布

7. (2018,Ⅲ) 设 $X_1,X_2,\cdots,X_n(n\geqslant 2)$ 为来自总体 $N(\mu,\sigma^2)(\sigma>0)$ 的简单随机样本,令

$$\bar{X}=\frac{1}{n}\sum_{i=1}^{n}X_i,\quad S=\sqrt{\frac{1}{n-1}\sum_{i=1}^{n}(X_i-\bar{X})^2},\quad S^*=\sqrt{\frac{1}{n}\sum_{i=1}^{n}(X_i-\mu)^2},$$

则(　　).

A. $\dfrac{\sqrt{n}(\bar{X}-\mu)}{S}\sim t(n)$　　　　　　B. $\dfrac{\sqrt{n}(\bar{X}-\mu)}{S}\sim t(n-1)$

C. $\dfrac{\sqrt{n}(\bar{X}-\mu)}{S^*}\sim t(n)$　　　　　　D. $\dfrac{\sqrt{n}(\bar{X}-\mu)}{S^*}\sim t(n-1)$

8. (2021,Ⅲ) 设 $(X_1,Y_1),(X_2,Y_2),\cdots,(X_n,Y_n)$ 为来自总体 $N(\mu_1,\mu_2,\sigma_1^2,\sigma_2^2,\rho)$ 的简单随机样本,令

$$\theta=\mu_1-\mu_2,\quad \bar{X}=\frac{1}{n}\sum_{i=1}^{n}X_i,\quad \bar{Y}=\frac{1}{n}\sum_{i=1}^{n}Y_i,\quad \hat{\theta}=\bar{X}-\bar{Y},$$

则（　　）.

A. $E(\hat{\theta})=\theta, D(\hat{\theta})=\dfrac{\sigma_1^2+\sigma_2^2}{n}$

B. $E(\hat{\theta})=\theta, D(\hat{\theta})=\dfrac{\sigma_1^2+\sigma_2^2-2\rho\sigma_1\sigma_2}{n}$

C. $E(\hat{\theta})\neq\theta, D(\hat{\theta})=\dfrac{\sigma_1^2+\sigma_2^2}{n}$

D. $E(\hat{\theta})\neq\theta, D(\hat{\theta})=\dfrac{\sigma_1^2+\sigma_2^2-2\rho\sigma_1\sigma_2}{n}$

第六章部分习题
参考答案

数理统计的基本问题就是根据样本提供的信息对总体的分布或者分布的数字特征等作出统计推断.一般而言,对总体分布的数字特征作出的统计推断问题分为参数估计和假设检验两部分.本章讨论参数估计问题.在许多场合,我们对总体分布并非一无所知.比如,某一地区的青少年的身高 X 是随机变量,根据以往数据知道它服从分布 $N(\mu,\sigma^2)$,只是其中的 μ 和 σ^2 待定.这种总体分布类型已知、需要由样本来估计分布中部分参数的问题即参数估计问题.参数估计有点估计和区间估计两种.我们从点估计开始介绍.

7.1　点估计

　　设总体 X 的分布函数 $F(x;\theta)$ 已知,其中 θ 是未知参数,$X_1,X_2,\cdots,X_n$ 是总体 X 的一个样本,$x_1,x_2,\cdots,x_n$ 是相应的一个样本观测值.点估计问题就是要构造一个适当的统计量 $\hat{\theta}(X_1,X_2,\cdots,X_n)$ 用来估计未知参数 θ,称 $\hat{\theta}(X_1,X_2,\cdots,X_n)$ 为参数 θ 的一个点估计量,$\hat{\theta}(x_1,x_2,\cdots,x_n)$ 为参数 θ 的一个点估计值.显然,估计量是一个统计量,估计值是这个统计量的一次具体观测值;对不同的样本观测值,估计值一般是不同的.在不致引起混淆的情况下,估计量与估计值统称为估计,简记为 $\hat{\theta}$,它们的具体含义可从上下文进行区别.这里需要强调的是,总体参数虽然未知,但它可能取值的范围却是已知的,称总体参数的取值范围为参数空间,记作 Θ.例如,已知总体 $X \sim N(\mu,\sigma^2)$,其中 μ 和 σ^2 都未知,则参数空间

$$\Theta = \{(\mu,\sigma^2) \mid -\infty < \mu < +\infty, \sigma^2 > 0\}.$$

　　构造统计量 $\hat{\theta}$ 常用的方法有两种:矩估计法和最大似然估计法.

7.1.1　矩估计

　　矩估计法是一种经典的估计方法,其基本思想就是替换思想:用样本矩及其矩的函数替换总体相应的矩及其矩的函数.由辛钦大数定律以及上一章的结论可以得到,当样本的容量趋于无穷时,样本 k 阶矩依概率收敛于相应的总体 k 阶矩.因此,当总体 k 阶矩 $\mu_k = E(X^k)$ 存

在时,只要样本的容量足够大,样本 k 阶矩

$$A_k = \frac{1}{n} \sum_{j=1}^{n} X_j^k, \quad k = 1, 2, \cdots$$

在 $E(X^k)$ 附近的可能性就很大.由于在许多分布中,矩的函数大多含有分布中所含的参数,因此很自然地就想到用样本矩来代替总体矩,从而得到总体分布中未知参数 θ 的一个估计.这种估计法就称为矩估计法,估计出来的参数称为矩估计.

具体做法如下:

设 X 为连续型随机变量,其概率密度为 $f(x; \theta_1, \theta_2, \cdots, \theta_k)$,或 X 为离散型随机变量,其分布律为 $P\{X = x\} = p(x; \theta_1, \theta_2, \cdots, \theta_k)$,其中 $\theta_1, \theta_2, \cdots, \theta_k$ 为待估参数,$X_1, X_2, \cdots, X_n$ 是来自总体 X 的样本.

假设总体 X 的前 k 阶矩

$$\mu_l = E(X^l) = \int_{-\infty}^{+\infty} x^l f(x; \theta_1, \theta_2, \cdots, \theta_k) \, \mathrm{d}x \quad (X \text{ 为连续型})$$

或

$$\mu_l = E(X^l) = \sum_{x \in R_X} x^l p(x; \theta_1, \theta_2, \cdots, \theta_k) \quad (X \text{ 为离散型})$$

(其中 R_X 是 X 可能取值的范围,$l = 1, 2, \cdots, k$)存在,一般来说,它们是 $\theta_1, \theta_2, \cdots, \theta_k$ 的函数:

$$\mu_l = \mu_l(\theta_1, \theta_2, \cdots, \theta_k), \quad l = 1, 2, \cdots, k.$$

由于样本的 l 阶矩

$$A_l = \frac{1}{n} \sum_{i=1}^{n} X_i^l$$

依概率收敛于相应的总体 l 阶矩 $\mu_l (l = 1, 2, \cdots, k)$,用样本矩代替总体矩,得到

$$\begin{cases} \mu_1(\theta_1, \theta_2, \cdots, \theta_k) = A_1, \\ \mu_2(\theta_1, \theta_2, \cdots, \theta_k) = A_2, \\ \quad\quad \cdots\cdots\cdots\cdots \\ \mu_k(\theta_1, \theta_2, \cdots, \theta_k) = A_k. \end{cases}$$

这是一个含有 k 个未知参数 $\theta_1, \theta_2, \cdots, \theta_k$ 的方程组.一般地,可以从方程组中解出 $\theta_1, \theta_2, \cdots, \theta_k$,得到

$$\begin{cases} \theta_1 = \theta_1(A_1, A_2, \cdots, A_k), \\ \theta_2 = \theta_2(A_1, A_2, \cdots, A_k), \\ \quad\quad \cdots\cdots\cdots\cdots \\ \theta_k = \theta_k(A_1, A_2, \cdots, A_k). \end{cases}$$

以 $\hat{\theta}_i = \theta_i(A_1, A_2, \cdots, A_k)(i = 1, 2, \cdots, k)$ 分别作为参数 $\theta_i(i = 1, 2, \cdots, k)$ 的估计量,这样得出的估计量称为参数的矩估计量,矩估计量的观测值称为矩估计值.

对 θ 的连续函数 $g(\theta)$,若 θ 的矩估计量为 $\hat{\theta}$,由于样本矩的连续函数依概率收敛于相应的总体矩的连续函数,则可用 $\hat{g} = g(\hat{\theta})$ 作为 $g(\theta)$ 的估计量,称 $\hat{g}$ 为 $g(\theta)$ 的矩估计量.

例 7.1　设总体 X 服从参数为 λ 的泊松分布,求:

(1) 参数 λ 的矩估计量;

（2）$P\{X=1\}$ 的矩估计量.

解　首先从总体选取一个样本 $X_1, X_2, \cdots, X_n$.

（1）由于 $\mu_1 = E(X) = \lambda$，$A_1 = \bar{X}$，代入 $\mu_1 = A_1$，得 λ 的矩估计量为

$$\hat{\lambda} = \bar{X}.$$

又因为 $\lambda = D(X)$，且

$$D(X) = E(X^2) - [E(X)]^2 = \mu_2 - \mu_1^2,$$

用 A_1, A_2 分别替换 μ_1, μ_2 得

$$\hat{\lambda} = A_2 - A_1^2 = \frac{1}{n}\sum_{i=1}^{n}(X_i - \bar{X})^2 = B_2.$$

这说明矩估计可能不唯一，这是矩估计的一个缺点.但矩法估计操作简便，通常采用较低阶的矩给出未知参数的估计.

（2）由于

$$P\{X=1\} = e^{-\lambda}\frac{\lambda^1}{1!} = \lambda e^{-\lambda} = E(X)e^{-E(X)},$$

所以 $\hat{P}\{X=1\} = \bar{X}e^{-\bar{X}}$；或

$$P\{X=1\} = e^{-\lambda}\frac{\lambda^1}{1!} = \lambda e^{-\lambda} = D(X)e^{-D(X)},$$

所以 $\hat{P}\{X=1\} = B_2 e^{-B_2}$.

例 7.2　设总体 $X \sim B(m,p)$，m 已知，p 未知，$X_1, X_2, \cdots, X_n$ 是取自总体的一个样本.试求：

（1）p 的矩估计量；

（2）$\dfrac{p}{q}$ 的矩估计量，其中 $q = 1 - p$.

解　（1）因 $\mu_1 = E(X) = mp$，令 $\mu_1 = mp = A_1 = \bar{X}$，故 $\hat{p} = \dfrac{\bar{X}}{m}$ 为 p 的矩估计量.

（2）令 $h(p) = \dfrac{p}{q} = \dfrac{p}{1-p}$，$\hat{p} = \dfrac{\bar{X}}{m}$，故

$$h(\hat{p}) = \frac{\hat{p}}{1-\hat{p}} = \frac{\dfrac{\bar{X}}{m}}{1 - \dfrac{\bar{X}}{m}} = \frac{\bar{X}}{m - \bar{X}},$$

此即为 $h(p) = \dfrac{p}{q}$ 的矩估计量.

例 7.3　设总体 X 的均值 μ 及方差 σ^2 都存在，且有 $\sigma^2 > 0$，又设 $X_1, X_2, \cdots, X_n$ 是来自总体 X 的样本.

（1）求 μ 的矩估计量；

（2）当 μ 已知，σ 未知时，求 σ^2 的矩估计量；

（3）当 μ,σ 都未知时,求 σ^2 的矩估计量.

解 （1）由于 $\mu=E(X)$,故 μ 的矩估计量 $\hat{\mu}=\overline{X}$.

（2）因为

$$\sigma^2=D(X)=E(X^2)-[E(X)]^2,$$

又 $\mu=E(X)$ 已知,故 σ^2 的矩估计量

$$\hat{\sigma}^2=\frac{1}{n}\sum_{i=1}^{n}X_i^2-\mu^2.$$

（3）因为 $\mu=E(X)$ 未知,故 σ^2 的矩估计量

$$\hat{\sigma}^2=\frac{1}{n}\sum_{i=1}^{n}X_i^2-\overline{X}^2=\frac{1}{n}\sum_{i=1}^{n}(X_i-\overline{X})^2=B_2.$$

由例 7.3 可看出,当总体均值 μ 已知和 μ 未知时,σ^2 的矩估计量的结论不一样.事实上,不仅矩估计有这样的结论,后面即将讨论的最大似然估计也有这样的结论.当总体均值 μ 和方差 σ^2 都存在且未知时,则 $\overline{X}$ 是 μ 的矩估计量,B_2 是 σ^2 的矩估计量,这几个结论不仅在做点估计时可以当作结果来用,也是后面讨论区间估计和假设检验的基础.

例 7.4 已知总体 X 的概率密度为

$$f(x;\theta)=\begin{cases}\theta x^{\theta-1}, & 0<x<1,\\ 0, & \text{其他},\end{cases}\quad \theta>0\ \text{未知},$$

$X_1,X_2,\cdots,X_n$ 是取自该总体 X 的一个样本,求 θ 的矩估计量.

解 因为

$$\mu=E(X)=\int_0^1 x\theta x^{\theta-1}\mathrm{d}x=\int_0^1 \theta x^{\theta}\mathrm{d}x=\frac{\theta}{\theta+1},$$

由矩法估计 $\dfrac{\theta}{\theta+1}=\overline{X}$,解此方程得 θ 的矩估计量 $\hat{\theta}=\dfrac{\overline{X}}{1-\overline{X}}$.

由于用二阶矩计算 $\hat{\theta}$ 比较复杂,这里不采用二阶矩.一般能用一阶矩估计的就不用二阶矩估计.

从以上几个例子我们可以总结出如下求解总体未知参数 $\theta_1,\theta_2,\cdots,\theta_k$ 的矩估计量的一般步骤:

（1）求出总体 X 的前 k 阶矩 $E(X^l)=\mu_l(\theta_1,\theta_2,\cdots,\theta_k)$,$l=1,2,\cdots,k$,其中 k 为正整数.

（2）令 $\mu_l(\theta_1,\theta_2,\cdots,\theta_k)=A_l$,$l=1,2,\cdots,k$,可从中解出 $\theta_i(A_1,A_2,\cdots,A_k)$,$i=1,2,\cdots,k$,记 $\hat{\theta}_i=\theta_i(A_1,A_2,\cdots,A_k)$,$i=1,2,\cdots,k$;

（3）用 $\hat{\theta}_1,\hat{\theta}_2,\cdots,\hat{\theta}_k$ 分别作为 $\theta_1,\theta_2,\cdots,\theta_k$ 的估计量.

需要估计未知参数的函数 $h(\theta_1,\theta_2,\cdots,\theta_k)$ 时,就以 $h(\hat{\theta}_1,\hat{\theta}_2,\cdots,\hat{\theta}_k)$ 作为 $h(\theta_1,\theta_2,\cdots,\theta_k)$ 的矩估计.

矩估计法比较直观,操作简单,即便不清楚总体分布类型,只要知道未知参数与总体各阶矩或其函数的关系就能使用该方法,因此,在实际问题中,矩估计法应用很广泛.

7.1.2 最大似然估计

最大似然估计是求总体未知参数估计的另一种常用的点估计方法,其基本思想是:在一次试验中,概率最大的事情最有可能发生.最大似然估计的思想与"小概率事件原理"有一些联系,小概率事件原理是:小概率事件在一次试验中几乎是不可能发生的.既然如此,若在一次试验中某事件发生了,则表明它不是一个小概率事件,而应该是一个发生概率很大的事件,而且,概率越大越容易发生.为了理解最大似然估计的基本思想,我们先来看两个例子.

例 7.5 设在一盒(10 个装)乒乓球中可能混有一个或两个次品球,为了解次品球的个数,现从中有放回地抽取 3 个检查,问如何根据检查结果估计次品球的个数?

分析 由直觉,如果三次都未抽到次品球,则认为盒中只有一个次品球显然是合理的;如果三次都抽到次品球,则更应该相信盒中有两个次品球,这种直觉正是最大似然思想作用的结果.接下来,我们将这种直觉进行量化处理.

解 设所取三个球中次品球的个数为 X,则 X 服从二项分布 $B(3,p)$,且
$$P\{X=k\}=C_3^k p^k(1-p)^{3-k}, \quad 0<p<1, k=0,1,2,3.$$
这里 p 为这盒球的次品率,由题意 $p=0.1$ 或 $p=0.2$.这样对次品球个数的估计问题就转化为对次品率 p 的估计问题了.

检查后共有四种可能的结果,由二项分布公式可计算出相应的概率如下:

X		0	1	2	3
$P\{X=k\}$	$p=0.1$	0.729	0.243	0.027	0.001
	$p=0.2$	0.512	0.384	0.096	0.008

从表中可看出,如果检查到的次品球个数 $x=0$,对应的概率 0.729 比 0.512 大,说明取 0.1 作为 p 的估计值比取 0.2 作为 p 的估计值更为合理.

同理,当 $x=1,2,3$ 时,应估计 p 为 0.2,于是有
$$\hat{p}(x)=\begin{cases}0.1, & x=0,\\ 0.2, & x=1,2,3,\end{cases}$$
相应地,对次品球个数 n 的估计为
$$\hat{n}(x)=\begin{cases}1, & x=0,\\ 2, & x=1,2,3.\end{cases}$$

这个例子就是对未知参数 p 的最大似然估计,在 p 的所有备选取值假定下,比较样本发生概率的大小,使概率最大的 p 的取值即为 p 的最大似然估计值.

例 7.6 某手机厂家收到一批电子配件,产品有合格和不合格两类情况,用随机变量 X 表示其合格状况:
$$X=\begin{cases}1, & 产品合格,\\ 0, & 产品不合格,\end{cases}$$

则 X 服从参数为 $p(0<p<1)$ 的 $(0\text{-}1)$ 分布,其中 p 为未知的合格率.现有放回地抽取 n 个电子配件看其是否合格,得到样本观测值 $x_1,x_2,\cdots,x_n$,则取到这个观测值的概率为

$$P\{X_1=x_1,X_2=x_2,\cdots,X_n=x_n;p\}$$

$$=\prod_{i=1}^{n}P\{X_i=x_i;p\}=\prod_{i=1}^{n}p^{x_i}(1-p)^{1-x_i}$$

$$=p^{\sum_{i=1}^{n}x_i}(1-p)^{n-\sum_{i=1}^{n}x_i},$$

其中 $x_i=0$ 或 $1,i=1,2,\cdots,n$.这个概率可以看成未知参数 p 的函数,用 $L(p)$ 表示,称作 p 的似然函数,即

$$L(p)=p^{\sum_{i=1}^{n}x_i}(1-p)^{n-\sum_{i=1}^{n}x_i}.$$

和例 7.5 的估计方式相似,应选择一个 p 的取值,使得似然函数表示的概率尽可能大,所以对 $L(p)$ 求最大值,求出 $L(p)$ 的最大值点.

下面讨论如何求函数 $L(p)=p^{\sum_{i=1}^{n}x_i}(1-p)^{n-\sum_{i=1}^{n}x_i}$ 的最大值点.

由于直接对函数 $L(p)$ 关于 p 求导较为烦琐,而对数函数 $\ln x$ 是 x 的严格递增的单调函数,因此使对数似然函数 $\ln L(p)$ 达到最大与使 $L(p)$ 达到最大是等价的.故上式两端取对数,

$$\ln L(p)=n\bar{x}\ln p+n(1-\bar{x})\ln(1-p),$$

再关于 p 求导并令其等于 0,有

$$\frac{\mathrm{d}\ln L(p)}{\mathrm{d}p}=\frac{n\bar{x}}{p}-\frac{n(1-\bar{x})}{1-p}=0,$$

解得 $\hat{p}=\bar{x}=\dfrac{1}{n}\sum_{i=1}^{n}x_i$.这的确是这个函数的最大值点,因为它是 p 中唯一的使一阶导数等于零的点,并且二阶导数小于零.称 $\hat{p}=\bar{x}=\dfrac{1}{n}\sum_{i=1}^{n}x_i$ 为参数 p 的一个最大似然估计值,其相应的估计量 $\hat{p}=\bar{X}=\dfrac{1}{n}\sum_{i=1}^{n}X_i$ 为参数 p 的最大似然估计量.

例 7.6 体现了最大似然估计的思想,也可以看出求未知参数的最大似然估计的基本思路:

1. 离散型分布的最大似然估计

设离散型总体 X 的分布律为 $P\{X=x;\theta\}=p(x;\theta),\theta\in\Theta$,且 $X_1,X_2,\cdots,X_n$ 为该离散型总体 X 的一个样本,$x_1,x_2,\cdots,x_n$ 为其样本的一组观测值,则该观测值发生的概率一般包含某个或某几个参数(用 θ 表示).将该观测值发生的概率看成 θ 的函数,用 $L(\theta)$ 表示,称为 θ 的似然函数,即

$$L(\theta)=P\{X_1=x_1,X_2=x_2,\cdots,X_n=x_n;\theta\}=\prod_{i=1}^{n}P\{X_i=x_i;\theta\}.$$

求未知参数的最大似然估计就是找 θ 的估计值 $\hat{\theta}=\hat{\theta}(x_1,x_2,\cdots,x_n)$ 使得上面的 $L(\theta)$ 达到最大.

2. 连续型分布的最大似然估计

设连续型总体 X 的概率密度为 $f(x;\theta),\theta\in\Theta$,已知 $X_1,X_2,\cdots,X_n$ 为该连续型总体 X 的

一个样本 $,x_1,x_2,\cdots,x_n$ 为其样本的一组观测值,则用样本的联合概率密度代替离散型分布中的联合分布律,也称为似然函数,即

$$L(\theta)=\prod_{i=1}^{n}f(x_i;\theta).$$

求未知参数的最大似然估计就是找 θ 的估计值 $\hat{\theta}=\hat{\theta}(x_1,x_2,\cdots,x_n)$ 使得上面的 $L(\theta)$ 达到最大.

由此,有如下定义:

定义 7.1 设总体 X 有分布律 $P\{X=x;\theta\}$ 或概率密度 $f(x;\theta)$,其中 θ 为一个未知参数或几个未知参数组成的向量 $\boldsymbol{\theta}=(\theta_1,\theta_2,\cdots,\theta_k)$,已知 $\theta\in\Theta$,Θ 是参数空间. $x_1,x_2,\cdots,x_n$ 为取自总体 X 的一个样本 $X_1,X_2,\cdots,X_n$ 的一组观测值,将样本的联合分布律或联合概率密度看成 θ 的函数,用 $L(\theta)$ 表示,称为 θ 的**似然函数**,则似然函数

$$L(\theta)=\prod_{i=1}^{n}P\{X_i=x_i;\theta\} \quad \text{或} \quad L(\theta)=\prod_{i=1}^{n}f(x_i;\theta).$$

称满足关系式 $L(\hat{\theta})=\max\limits_{\theta\in\Theta}L(\theta)$ 的解 $\hat{\theta}(X_1,X_2,\cdots,X_n)$ 为参数 θ 的**最大似然估计量**,$\hat{\theta}(x_1,x_2,\cdots,x_n)$ 为参数 θ 的**最大似然估计值**,统称为**最大似然估计**.

当 $L(\theta)$ 是可微函数时,求导是求最大似然估计最常用的方法.一般地,似然函数是一些包含待估参数 θ 的因子的连乘积,直接对 θ 求导比较麻烦.考虑到 $L(\theta)$ 与 $\ln L(\theta)$ 在同一个 θ 处取到极值,且将对数似然函数 $\ln L(\theta)$ 求导更简单,故常用如下对数似然方程(组)

$$\frac{\mathrm{d}}{\mathrm{d}\theta}\ln L(\theta)=0 \quad \text{或} \quad \begin{cases} \dfrac{\partial}{\partial\theta_1}\ln L(\theta)=0, \\[2mm] \dfrac{\partial}{\partial\theta_2}\ln L(\theta)=0, \\[2mm] \cdots\cdots\cdots\cdots \\[2mm] \dfrac{\partial}{\partial\theta_k}\ln L(\theta)=0 \end{cases}$$

求 θ 的最大似然估计量.当似然函数不可微时,也可以直接寻求使得 $L(\theta)$ 达到最大的解来求得最大似然估计量.

例 7.7 设总体 X 服从参数为 λ 的泊松分布,$\lambda>0$ 为未知参数,$X_1,X_2,\cdots,X_n$ 是取自总体 X 的一个样本 $,x_1,x_2,\cdots,x_n$ 为样本的一组观测值,求 λ 的最大似然估计量.

解 X 的分布律为

$$p(x;\lambda)=P\{(X=x)\}=\frac{\lambda^x}{x!}\mathrm{e}^{-\lambda}, \quad \lambda>0,\ x=0,1,2,\cdots,$$

似然函数

$$L(\lambda)=\prod_{i=1}^{n}p(x_i;\lambda)=\prod_{i=1}^{n}\frac{\lambda^{x_i}}{x_i!}\mathrm{e}^{-\lambda}=\frac{1}{\prod\limits_{i=1}^{n}x_i!}\lambda^{\sum\limits_{i=1}^{n}x_i}\mathrm{e}^{-n\lambda},$$

$$x_i=0,1,2,\cdots,\ i=1,2,\cdots,n,$$

对数似然函数

$$\ln L(\lambda) = \sum_{i=1}^{n} x_i \ln \lambda - n\lambda - \ln \prod_{i=1}^{n} x_i!.$$

令

$$\frac{\mathrm{d}\ln L(\lambda)}{\mathrm{d}\lambda} = \frac{1}{\lambda} \sum_{i=1}^{n} x_i - n = 0,$$

解得

$$\hat{\lambda} = \frac{1}{n} \sum_{i=1}^{n} x_i = \bar{x}.$$

故 λ 的最大似然估计量为 $\hat{\lambda} = \bar{X}$.

例 7.8　某机床加工的轴的直径与图纸规定的中心尺寸的偏差(单位:mm) $X \sim N(\mu, \sigma^2)$,其中 μ, σ^2 未知,从中随机抽取 100 根轴,测得其偏差为 $x_1, x_2, \cdots, x_{100}$,且

$$\sum_{i=1}^{100} x_i = 26, \qquad \sum_{i=1}^{100} x_i^2 = 7.04,$$

试求 μ 及 σ^2 的最大似然估计.

解　总体 X 的概率密度为 $f(x) = \frac{1}{\sqrt{2\pi}\sigma} e^{-\frac{(x-\mu)^2}{2\sigma^2}}, -\infty < x < +\infty$,故似然函数为

$$L(\theta) = \frac{1}{(\sqrt{2\pi}\sigma)^n} e^{-\frac{\sum_{i=1}^{n}(x_i-\mu)^2}{2\sigma^2}}, \quad -\infty < x_i < +\infty, \ i = 1, 2, \cdots, n,$$

对数似然函数为

$$\ln L(\theta) = -\frac{n}{2}\ln 2\pi - \frac{n}{2}\ln \sigma^2 - \frac{\sum_{i=1}^{n}(x_i-\mu)^2}{2\sigma^2},$$

对数似然方程组为

$$\begin{cases} \dfrac{\partial \ln L}{\partial \mu} = \dfrac{1}{\sigma^2} \sum_{i=1}^{n}(x_i - \mu) = 0, \\[2mm] \dfrac{\partial \ln L}{\partial \sigma^2} = -\dfrac{n}{2\sigma^2} + \dfrac{1}{2\sigma^4} \sum_{i=1}^{n}(x_i - \mu)^2 = 0, \end{cases}$$

解得

$$\begin{cases} \mu = \bar{x}, \\[2mm] \sigma^2 = \dfrac{1}{n} \sum_{i=1}^{n}(x_i - \bar{x})^2, \end{cases}$$

故 μ, σ^2 的最大似然估计量分别为

$$\hat{\mu} = \bar{X}, \qquad \hat{\sigma}^2 = \frac{1}{n} \sum_{i=1}^{n}(X_i - \bar{X})^2 = B_2,$$

最大似然估计值分别为

$$\hat{\mu} = \frac{26}{100} = 0.26, \qquad \hat{\sigma}^2 = \frac{1}{100} \sum_{i=1}^{100} x_i^2 - \frac{1}{100^2} \left(\sum_{i=1}^{100} x_i \right)^2 = 0.0028.$$

虽然取对数后求导是求最大似然估计的最常用的方法(称为对数求导法),但并不是在

所有问题中对数求导法都是有效的.当似然函数不可微时,也可以直接寻求使得 $L(\theta)$ 达到最大值的解来求得最大似然估计(称为直接观察法).

例 7.9 设总体 X 服从区间 $(0,\theta)$ 的均匀分布,其中 $\theta>0$ 未知,$X_1,X_2,\cdots,X_n$ 是取自总体 X 的一个样本,求 θ 的最大似然估计量.

解 易知似然函数

$$L(\theta)=\begin{cases} \dfrac{1}{\theta^n}, & 0<x_i<\theta,\ i=1,2,\cdots,n, \\ 0, & \text{其他.} \end{cases}$$

$L(\theta)$ 作为 θ 的函数,具有不连续性,因此只能使用直接观察法,使 $L(\theta)$ 取得最大值来求解.由 $L(\theta)$ 的表达式可知,θ 越小 $L(\theta)$ 越大,又 $\theta\geqslant \max\limits_{1\leqslant i\leqslant n}\{x_i\}$,故取 $\hat{\theta}=\max\limits_{1\leqslant i\leqslant n}\{x_i\}$ 时,$L(\theta)$ 达到最大值,即 θ 的最大似然估计量

$$\hat{\theta}=\max_{1\leqslant i\leqslant n}\{X_i\}=X_{(n)}.$$

例 7.10 设总体 X 的概率密度为

$$f(x;\theta_1,\theta_2)=\begin{cases} \theta_1\theta_2^{\theta_1}x^{-(\theta_1+1)}, & x\geqslant\theta_2, \\ 0, & x<\theta_2, \end{cases}$$

其中 $\theta_1>2,\theta_2>0$ 是未知参数,又 $X_1,X_2,\cdots,X_n$ 是来自总体 X 的样本,求参数 θ_1,θ_2 的最大似然估计量.

解 似然函数为

$$L(\theta_1,\theta_2)=\theta_1^n\theta_2^{n\theta_1}(x_1x_2\cdots x_n)^{-(\theta_1+1)}, \quad x_i\geqslant\theta_2,\ i=1,2,\cdots,n.$$

取对数,得

$$\ln L(\theta_1,\theta_2)=n\ln\theta_1+n\theta_1\ln\theta_2-(\theta_1+1)\sum_{i=1}^n\ln x_i.$$

变量 θ_2 越大,则似然函数值越大.取 $\theta_2=\min\limits_{1\leqslant i\leqslant n}\{x_i\}$.对变量 θ_1 求导,得

$$\frac{\partial}{\partial\theta_1}\ln L(\theta_1,\theta_2)=\frac{n}{\theta_1}+n\ln\theta_2-\sum_{i=1}^n\ln x_i=0,$$

解方程,得

$$\theta_1=\frac{n}{\sum\limits_{i=1}^n\ln x_i-n\ln\theta_2}.$$

记 $X_{\min}=\min\limits_{1\leqslant i\leqslant n}\{X_i\}$,则 θ_1,θ_2 的最大似然估计量为

$$\hat{\theta}_1=\frac{n}{\sum\limits_{i=1}^n\ln X_i-n\ln X_{\min}}, \quad \hat{\theta}_2=X_{\min}.$$

与例 7.9 类似,本例中的参数 θ_2 的估计量为 $\min\limits_{1\leqslant i\leqslant n}\{X_i\}$.当未知参数出现在区间端点时,经常如此,而且左端点用 $\min\limits_{1\leqslant i\leqslant n}\{X_i\}$,右端点用 $\max\limits_{1\leqslant i\leqslant n}\{X_i\}$.

从以上几个例子可以看出,求解总体中未知参数的最大似然估计的方法不唯一.但不管用何种方法,求解最大似然估计必须要求总体 X 的分布类型已知.归纳起来,求解总体未知参数 θ 的最大似然估计的一般步骤为:

（1）由总体 X 的概率密度或分布律写出样本的联合概率密度或联合分布律，即似然函数 $L(\theta)$；

（2）写出对数似然函数 $\ln L(\theta)$；

（3）求对数似然函数 $\ln L(\theta)$ 的最大值点；

（4）使 $L(\theta)$ 达到最大值的 θ 的取值 $\hat{\theta}=\hat{\theta}(x_1,x_2,\cdots,x_n)$ 即为 θ 的最大似然估计值，$\hat{\theta}=\hat{\theta}(X_1,X_2,\cdots,X_n)$ 为 θ 的最大似然估计量.

习题 7-1

1. 已知总体 X 的分布律为
$$P\{X=k\}=C_2^k(1-\theta)^k\theta^{2-k},\quad k=0,1,2,$$
求参数 θ 的矩估计.

2. 设 $X_1,X_2,\cdots,X_n$ 为总体 X 的一个样本，$x_1,x_2,\cdots,x_n$ 为一组相应的样本观测值，求下述总体的密度函数对应的未知参数 θ 的矩估计量：
$$f(x;\theta)=\begin{cases}e^{-(x-\theta)}, & x\geqslant\theta,\\ 0, & x<\theta.\end{cases}$$

3. 设 $X_1,X_2,\cdots,X_n$ 为总体 X 的一个样本，$x_1,x_2,\cdots,x_n$ 为一组相应的样本观测值，求下述总体的密度函数对应的未知参数 $\theta(\theta>0)$ 的最大似然估计量：
$$f(x)=\begin{cases}\theta x^{\theta-1}, & 0<x<1,\\ 0, & \text{其他}.\end{cases}$$

4. 设 $X_1,X_2,\cdots,X_n$ 是总体 X 的一个样本，X 的分布律为
$$P\{X=x\}=(x-1)\theta^2(1-\theta)^{x-2},\quad x=2,3,\cdots,$$
其中 $\theta(0<\theta<1)$ 是未知参数，求 θ 的最大似然估计量.

5. 设某种电子设备的寿命 T 服从参数为 λ 的指数分布，今从中随机抽取 10 件做寿命试验，结果（单位：h）如下：
$$1\ 050,\ 1\ 100,\ 1\ 080,\ 1\ 120,\ 1\ 200,$$
$$1\ 250,\ 1\ 040,\ 1\ 130,\ 1\ 300,\ 1\ 200.$$

（1）求 λ 的最大似然估计值；

（2）估计其寿命超过 1 000 h 的概率.

6. 设总体 X 具有分布律

X	0	1	2	3
p_i	θ^2	$2\theta(1-\theta)$	θ^2	$1-2\theta$

其中 $\theta\left(0<\theta<\dfrac{1}{2}\right)$ 为未知参数.已知取得了样本观测值
$$3,\ 1,\ 3,\ 0,\ 3,\ 1,\ 2,\ 3,$$
试求 θ 的矩估计值和最大似然估计值.

7.2 估计量的评判标准

参数的估计量是样本的函数,由上节可知,对同一个未知参数,用不同的估计方法求出的估计量可能是不同的.而且,原则上由点估计得到的任何统计量都可以作为未知参数的估计量.那么究竟哪一个估计量好呢? 好坏的标准又是什么呢? 评判一个估计量的好坏不能一概而论,即一个估计量的优劣不是绝对的,而是基于某一评判标准相对而言的.下面介绍三种常用的评判标准:无偏性、有效性和相合性.

7.2.1 无偏性

设 $X_1, X_2, \cdots, X_n$ 是总体 X 的一个样本, $\theta \in \Theta$ 是待估参数.

定义 7.2 设 $\hat{\theta} = \hat{\theta}(X_1, X_2, \cdots, X_n)$ 为参数 θ 的一个估计量, θ 取值的参数空间为 Θ,若对任意的 $\theta \in \Theta$,有

$$E[\hat{\theta}(X_1, X_2, \cdots, X_n)] = \theta,$$

则称 $\hat{\theta} = \hat{\theta}(X_1, X_2, \cdots, X_n)$ 是 θ 的一个无偏估计(量),否则称 $\hat{\theta}$ 是 θ 的一个有偏估计(量).

估计量的无偏性是指,对于一次具体的抽样,由估计量得到的估计值相对于未知参数真值来说,不一定恰好等于真值,有些偏大,有些偏小.但是,反复将这个估计量使用多次,就"平均"来说其偏差为零.如果估计量不具有无偏性,则无论使用多少次,其平均值也与真值有一定的差距,这个差距在科学技术中称为 $\hat{\theta}$ 作为 θ 的估计的系统误差.无偏估计的实际意义就是无系统误差.

例 7.11 设总体 X 的概率密度为

$$f(x;\theta) = \begin{cases} \dfrac{2}{\theta^2}(\theta - x), & 0 \le x \le \theta, \\ 0, & \text{其他}, \end{cases}$$

又 $X_1, X_2, \cdots, X_n$ 是来自总体 X 的样本,求证:统计量 $\hat{\theta} = 3\bar{X}$ 是未知参数 θ 的无偏估计量.

证 由数学期望定义得总体的数学期望

$$E(X) = \int_0^\theta \frac{2}{\theta^2} x(\theta - x) \,\mathrm{d}x = \frac{\theta}{3},$$

于是, $E(\bar{X}) = E(X) = \dfrac{\theta}{3}$.由数学期望性质得估计量的数学期望

$$E(\hat{\theta}) = E(3\bar{X}) = 3E(\bar{X}) = \theta,$$

因此, $\hat{\theta} = 3\bar{X}$ 是参数 θ 的无偏估计量.

(例 7.3 续) 设 $X_1, X_2, \cdots, X_n$ 是取自总体 X 的一个样本,已求得:当 μ 已知时, σ^2 的矩

估计量 $\hat{\sigma}_1^2 = \dfrac{1}{n} \sum\limits_{i=1}^{n} X_i^2 - \mu^2$；当 μ 未知时，σ^2 的矩估计量 $\hat{\sigma}_2^2 = B_2$，分别讨论 $\hat{\sigma}_1^2$ 与 $\hat{\sigma}_2^2$ 的无偏性.

这里，

$$E(\hat{\sigma}_1^2) = E\left(\frac{1}{n}\sum_{i=1}^{n} X_i^2 - \mu^2\right) = \frac{1}{n}\sum_{i=1}^{n} E(X_i^2) - \mu^2$$

$$= \frac{1}{n}\sum_{i=1}^{n}(\sigma^2 + \mu^2) - \mu^2 = \sigma^2,$$

所以当 μ 已知时，σ^2 的矩估计量 $\hat{\sigma}_1^2 = \dfrac{1}{n}\sum\limits_{i=1}^{n} X_i^2 - \mu^2$ 是 σ^2 的无偏估计量.

而 $E(\hat{\sigma}_2^2) = E(B_2) = \dfrac{n-1}{n}\sigma^2 \neq \sigma^2$，即当 μ 未知时，B_2 不是 σ^2 的无偏估计量. 将 B_2 修正为 S^2，满足 $E(S^2) = \sigma^2$，则 S^2 是 σ^2 的无偏估计量. 故有结论：设总体 X 的均值 μ、方差 $\sigma^2 > 0$ 均未知，$X_1, X_2, \cdots, X_n$ 为取自该总体的一个样本，则样本均值 $\overline{X}$ 是 μ 的无偏估计量，样本方差 S^2 是 σ^2 的无偏估计量，B_2 不是 σ^2 的无偏估计量.

例 7.12 设总体 X 的数学期望为 μ（未知），$X_1, X_2, \cdots, X_n$ 为取自总体 X 的样本，试判断统计量 $\overline{X} = \dfrac{1}{n}\sum\limits_{i=1}^{n} X_i$ 和 $T = \sum\limits_{i=1}^{n} \alpha_i X_i$ 是否为 μ 的无偏估计量，其中 $\alpha_i(i=1,2,\cdots,n)$ 为常数，且 $\sum\limits_{i=1}^{n} \alpha_i = 1$.

解 因为

$$E(\overline{X}) = E\left(\frac{1}{n}\sum_{i=1}^{n} X_i\right) = \frac{1}{n}\sum_{i=1}^{n} E(X_i) = \frac{1}{n}\sum_{i=1}^{n}\mu = \mu,$$

$$E(T) = E\left(\sum_{i=1}^{n}\alpha_i X_i\right) = \sum_{i=1}^{n}\alpha_i E(X_i) = \sum_{i=1}^{n}\alpha_i\mu = \mu\sum_{i=1}^{n}\alpha_i = \mu,$$

所以统计量 $\overline{X}$ 和 T 都是 μ 的无偏估计量.

7.2.2 有效性

由例 7.12 可知，一个未知参数 θ 的无偏估计量可能不止一个，这就又产生了哪一个无偏估计量更有效的问题. 由于无偏估计的标准是平均偏差为 0，所以一个很自然的想法就是看哪一个估计量的取值更集中在参数 θ 真值附近. 方差是描述随机变量的取值与其数学期望的偏离程度的度量，因此用无偏估计量的方差大小作为进一步衡量无偏估计量优劣的标准，这就是有效性.

定义 7.3 设 $\hat{\theta}_1$ 与 $\hat{\theta}_2$ 是参数 θ 的两个无偏估计（量），若对任意的 $\theta \in \Theta$，有

$$D(\hat{\theta}_1) < D(\hat{\theta}_2),$$

则称 $\hat{\theta}_1$ 较 $\hat{\theta}_2$ 有效.

例 7.13 设 X_1, X_2, X_3 是来自正态总体 $X \sim N(\mu, 1)$ 的样本，设 $\alpha_1 + \alpha_2 + \alpha_3 = 1$，均值 μ 的形如 $\alpha_1 X_1 + \alpha_2 X_2 + \alpha_3 X_3$ 的无偏估计量中，哪个最有效？

解 由和的方差公式得

$$D(\alpha_1 X_1 + \alpha_2 X_2 + \alpha_3 X_3) = \alpha_1^2 D(X_1) + \alpha_2^2 D(X_2) + \alpha_3^2 D(X_3)$$
$$= \alpha_1^2 + \alpha_2^2 + \alpha_3^2,$$

于是,问题变成在约束条件 $\alpha_1 + \alpha_2 + \alpha_3 = 1$ 之下,求函数 $U = \alpha_1^2 + \alpha_2^2 + \alpha_3^2$ 的最小值.用拉格朗日乘数法,得 $\alpha_1 = \alpha_2 = \alpha_3 = \dfrac{1}{3}$,即 μ 的形如 $\alpha_1 X_1 + \alpha_2 X_2 + \alpha_3 X_3$ 的无偏估计量中,当 $\alpha_1 = \alpha_2 = \alpha_3 = \dfrac{1}{3}$ 时最有效.

由于样本 X_1, X_2, X_3 的地位相同,直觉上也应如此.

需要注意的是,比较有效性是在无偏性的前提下进行的,否则便失去了有效性的意义.

7.2.3 相合性

点估计是样本的函数,故点估计仍然是一个随机变量,无偏性与有效性都是在样本容量 n 固定的前提下提出的,不可能要求点估计完全等同于未知参数的真值.然而,人们还希望随着样本容量不断增大,估计量在某种意义下充分接近于待估参数的真值,控制在真值附近的概率越来越大,这样,对估计量又有下面的相合性的要求.

定义 7.4 设 $\hat{\theta}_n = \hat{\theta}(X_1, X_2, \cdots, X_n)$ 是未知参数 θ 的一个估计量,若 $\hat{\theta}$ 依概率收敛于 θ,即对任意的 $\varepsilon > 0$,有

$$\lim_{n \to \infty} P\{|\hat{\theta}_n - \theta| \geq \varepsilon\} = 0 \quad \text{或} \quad \lim_{n \to \infty} P\{|\hat{\theta}_n - \theta| < \varepsilon\} = 1,$$

则称估计量 $\hat{\theta}_n$ 具有相合性(一致性),即 $\hat{\theta}_n \xrightarrow{P} \theta$,或称 $\hat{\theta}_n$ 是 θ 的相合(一致)估计量.

相合性被视为对参数估计的一个很基本的要求,是在样本容量趋于无穷大时估计量的性质.相合性从极限的角度来衡量估计量,它反映了估计量的一种大样本性质.如果一个参数的估计量,在样本容量不断增大时,不能把被估参数估计到任意指定的精度内,则这个估计量是不好的.通常,不满足相合性的估计一般不予考虑.

例 7.14 证明:设 $\hat{\theta}_n$ 为 θ 的无偏估计量,若 $\lim\limits_{n \to \infty} D(\hat{\theta}_n) = 0$,则 $\hat{\theta}_n$ 为 θ 的相合估计量.

证 由切比雪夫不等式可知,对任意的 $\varepsilon > 0$,都有

$$P\{|\hat{\theta}_n - \theta| \geq \varepsilon\} \leq \frac{D(\hat{\theta}_n)}{\varepsilon^2},$$

由 $\lim\limits_{n \to \infty} D(\hat{\theta}_n) = 0$ 得

$$\lim_{n \to \infty} P\{|\hat{\theta}_n - \theta| \geq \varepsilon\} = 0.$$

因此,$\hat{\theta}_n$ 为 θ 的相合估计量.

根据第六章可知,对于矩估计量,样本 k 阶矩 A_k 是总体 k 阶矩 $\mu_k = E(X^k)$ 的相合估计量.事实上,根据大数定律,矩估计一般都具有相合性.最大似然估计在一定的条件下也具有相合性.

习题 7-2

1. 设 X_1, X_2, X_3, X_4 是来自均值为 θ 的指数分布总体的样本,其中 θ 未知,设有估计量

$$T_1 = \frac{1}{6}(X_1 + X_2) + \frac{1}{3}(X_3 + X_4),$$

$$T_2 = \frac{1}{5}(X_1 + 2X_2 + 3X_3 + 4X_4),$$

$$T_3 = \frac{1}{4}(X_1 + X_2 + X_3 + X_4),$$

试求:

(1) T_1, T_2, T_3 中哪几个是 θ 的无偏估计量?

(2) 在上述 θ 的无偏估计中指出哪一个较为有效.

2. 设总体 X 的数学期望为 μ,$X_1, X_2, \cdots, X_n$ 是来自 X 的样本,$a_1, a_2, \cdots, a_n$ 是任意常数,验证

$$\frac{\sum_{i=1}^{n} a_i X_i}{\sum_{i=1}^{n} a_i} \quad \left(\sum_{i=1}^{n} a_i \neq 0 \right)$$

是 μ 的无偏估计量.

3. 设从均值为 μ,方差为 $\sigma^2 > 0$ 的总体中,分别抽取容量为 n_1, n_2 的两个独立样本,$\overline{X}_1$ 和 $\overline{X}_2$ 分别是两个样本的均值.试证:对于任意常数 $a, b(a+b=1)$,$Y = a\overline{X}_1 + b\overline{X}_2$ 都是 μ 的无偏估计,并确定常数 a, b,使 $D(Y)$ 最小.

4. 设 $X_1, X_2, \cdots, X_n$ 是来自总体 X 的一个样本,设 $E(X) = \mu$,$D(X) = \sigma^2$.确定常数 c,使 $c \sum_{i=1}^{n-1} (X_{i+1} - X_i)^2$ 为 σ^2 的无偏估计.

5. 设总体的期望 μ 和方差 σ^2 均存在,试证明样本均值 $\overline{X}$ 是 μ 的相合估计.

7.3 区间估计

7.3.1 区间估计的概念

在 7.1 节,我们讨论了参数的点估计,对于一个确定的点估计量,只要给定一组样本观测值就能算出参数的一个点估计值.例如,估计明天 PM2.5 指数问题中,若根据一个实际样本观测值,利用最大似然估计法估计出指数值为 $12\ \mu g/m^3$.这在使用中颇为方便,做法本身也很直观,这是点估计的优点.然而实际上,指数的真值可能大于 12,也可能小于 12,且可能偏差较大,点估计没有提供关于精度的任何信息,这种估计恐怕是没有多大的意义.但若能给出一个估计范围,让我们能有较大把握地相信明天 PM2.5 指数的真值被含在这个区间

内,这样的估计就显得更有实用价值,也更为可信.在统计学上,称这个范围叫置信区间或置信域,这类问题称为区间估计问题.

定义 7.5 设 θ 为总体 X 分布中的未知参数,$\theta \in \Theta$,$X_1, X_2, \cdots, X_n$ 是取自总体的一个样本,构造两个统计量

$$\hat{\theta}_1 = \hat{\theta}_1(X_1, X_2, \cdots, X_n) < \hat{\theta}_2(X_1, X_2, \cdots, X_n) = \hat{\theta}_2,$$

使得对于给定的 $\alpha(0 < \alpha < 1)$,有 $P\{\hat{\theta}_1 < \theta < \hat{\theta}_2\} = 1 - \alpha$,则称 $(\hat{\theta}_1, \hat{\theta}_2)$ 为 θ 的一个双侧 $1 - \alpha$ 置信区间,$\hat{\theta}_1$ 为 θ 的双侧 $1 - \alpha$ 置信区间的置信下限,$\hat{\theta}_2$ 为置信上限,$1 - \alpha$ 为置信水平或置信度.一旦样本取得观测值 $x_1, x_2, \cdots, x_n$,则称相应的 $(\hat{\theta}_1(x_1, x_2, \cdots, x_n), \hat{\theta}_2(x_1, x_2, \cdots, x_n))$ 为置信区间的一个观测值.

因为 $\hat{\theta}_1$ 和 $\hat{\theta}_2$ 都是统计量,即 $(\hat{\theta}_1, \hat{\theta}_2)$ 是随机区间,而 θ 则是一个客观存在的未知数,因此这里置信水平的涵义是随机区间 $(\hat{\theta}_1, \hat{\theta}_2)$ 包含 θ 的概率是 $1 - \alpha$.其直观解释为,在大量试验中,由于每次得到的样本观测值一般都是不同的,所以每次通过 θ 的双侧置信区间 $(\hat{\theta}_1, \hat{\theta}_2)$ 所计算出的置信区间通常也不同.对一个具体的置信区间而言,可能包含真值 θ,也可能不包含真值 θ.例如,每次选取 100 个数据,代入置信区间的计算公式,可得一个 θ 的双侧置信区间.重复试验 1 000 次,可得 1 000 个 θ 的双侧置信区间.若取 $1 - \alpha = 0.95$,则平均而言,在这 1 000 个区间中,大约有 950 个区间包含真值 θ,有 50 个区间不包含真值 θ.下面我们用图来直观地展示这种置信水平的意义.在图 7-1 中,由于置信水平为 90%,则平均来看,100 个区间中只有大约 10 个区间没有包含真值 θ.而在图 7-2 中,由于置信水平才 80%,则平均来看,100 个区间中会有大约 20 个区间没有包含真值 θ.

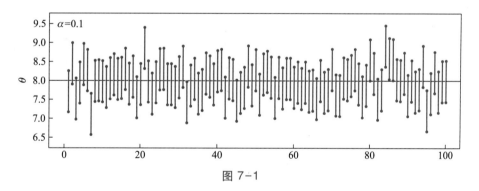

图 7-1

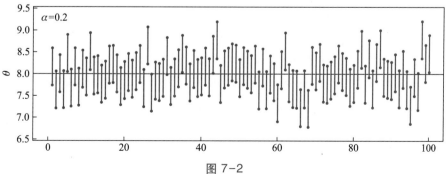

图 7-2

现在的问题是:如何找出合适的统计量 $\hat{\theta}_1,\hat{\theta}_2$? 我们将通过一道具体的例题给出构造置信区间的方法和步骤.

例 7.15 设 $X_1,X_2,\cdots,X_n$ 为来自正态总体 $X\sim N(\mu,\sigma^2)$ 的样本,其中 σ^2 已知,μ 未知,求 μ 的置信水平为 $1-\alpha$ 的置信区间.

解 因为总体均值 μ 可用样本均值 $\overline{X}$ 来估计,且 $\overline{X}\sim N\left(\mu,\dfrac{\sigma^2}{n}\right)$,从而有统计量

$$U=\frac{\overline{X}-\mu}{\sigma/\sqrt{n}}\sim N(0,1).$$

由 U 的概率密度图形的对称性以及标准正态分布的上 α 分位数的定义可知

$$P\{|U|<u_{\frac{\alpha}{2}}\}=P\{-u_{\frac{\alpha}{2}}<U<u_{\frac{\alpha}{2}}\}=1-\alpha,$$

即

$$P\left\{-u_{\frac{\alpha}{2}}<\frac{\overline{X}-\mu}{\sigma/\sqrt{n}}<u_{\frac{\alpha}{2}}\right\}=P\left\{\overline{X}-\frac{\sigma}{\sqrt{n}}u_{\frac{\alpha}{2}}<\mu<\overline{X}+\frac{\sigma}{\sqrt{n}}u_{\frac{\alpha}{2}}\right\}=1-\alpha.$$

由置信区间的定义知 μ 的置信水平为 $1-\alpha$ 的置信区间为

$$\left(\overline{X}-\frac{\sigma}{\sqrt{n}}u_{\frac{\alpha}{2}},\overline{X}+\frac{\sigma}{\sqrt{n}}u_{\frac{\alpha}{2}}\right).$$

例如,取 $1-\alpha=0.95$,即 $\alpha=0.05$,若 $\sigma=1,n=25$,查表得 $u_{\frac{\alpha}{2}}=u_{0.025}=1.96$. 于是得到一个置信水平为 0.95 的置信区间

$$\left(\overline{X}-\frac{1}{\sqrt{25}}1.96,\overline{X}+\frac{1}{\sqrt{25}}1.96\right).$$

再设 $\overline{x}=3.6$,得到置信区间为 $(3.208,3.992)$.

置信水平为 $1-\alpha$ 的置信区间可能有无穷多个,只要随机区间包含参数的概率等于 $1-\alpha$,则该区间就可以作为该参数的置信区间. 例如上例中 μ 的置信水平为 $1-\alpha$ 的置信区间也可由

$$P\left\{-u_{\frac{\alpha}{4}}<\frac{\overline{X}-\mu}{\sigma/\sqrt{n}}<u_{\frac{3\alpha}{4}}\right\}=1-\alpha$$

给出,此时对应的置信区间为

$$\left(\overline{X}-\frac{\sigma}{\sqrt{n}}u_{\frac{3\alpha}{4}},\overline{X}+\frac{\sigma}{\sqrt{n}}u_{\frac{\alpha}{4}}\right).$$

一般而言,这些区间的长度是不一样的,也就是说精度各不相同. 显然,区间长度越短越好. 为此约定:当置信水平 $1-\alpha$ 固定时,参数 θ 的置信区间可能有无穷多个,通常取最优的那个作为它的置信区间. 所谓最优,就是区间长度最短. 对于标准正态分布、t 分布,由于其概率密度的图形关于 y 轴对称,因此,其最优的置信区间即为关于 y 轴对称的区间. 如果统计量的概率密度的图形不关于 y 轴对称,如 χ^2 分布,则一般用两端的尾概率都为 $\dfrac{\alpha}{2}$ 的临界值来确定置信区间,即取对称的上 α 分位数(如 χ^2 分布中取分位数 $\chi^2_{1-\frac{\alpha}{2}}(n)$ 与 $\chi^2_{\frac{\alpha}{2}}(n)$)来确定置信区间.

由例 7.15 可知,构造未知参数 θ 的置信区间的步骤可以概括为如下三步:

(1) 构造样本 $X_1, X_2, \cdots, X_n$ 的一个函数

$$g = g(X_1, X_2, \cdots, X_n; \theta),$$

它包含待估参数 θ,并且要求 g 的分布已知,且不包含任何未知参数;

(2) 对于给定的置信水平 $1-\alpha$,确定两个常数 $a < b$,使得

$$P\{a < g(X_1, X_2, \cdots, X_n; \theta) < b\} \geqslant 1-\alpha,$$

通常取 b 为 g 的分布的上 $\dfrac{\alpha}{2}$ 分位数,a 为 g 的分布的上 $1-\dfrac{\alpha}{2}$ 分位数;

(3) 将 $a < g(X_1, X_2, \cdots, X_n; \theta) < b$ 等价变形,得到不等式

$$\theta_1(X_1, X_2, \cdots, X_n) < \theta < \theta_2(X_1, X_2, \cdots, X_n),$$

其中 $\hat{\theta}_1 = \theta_1(X_1, X_2, \cdots, X_n)$ 和 $\hat{\theta}_2 = \theta_2(X_1, X_2, \cdots, X_n)$ 都是统计量,则 $(\hat{\theta}_1, \hat{\theta}_2)$ 就是 θ 的一个置信水平为 $1-\alpha$ 的双侧置信区间.

函数 $g(X_1, X_2, \cdots, X_n; \theta)$ 通常可由未知参数 θ 的点估计量变化得到.

7.3.2 单个正态总体未知参数的区间估计

由于在大多数情况下,我们所遇到的总体是服从正态分布的(有的是近似正态分布),故我们将着重讨论正态总体中均值 μ 和方差 σ^2 的区间估计问题.设 $X_1, X_2, \cdots, X_n$ 是取自总体 $X \sim N(\mu, \sigma^2)$ 的一个样本,置信水平为 $1-\alpha$,样本均值 $\bar{X} = \dfrac{1}{n} \sum\limits_{i=1}^{n} X_i$,样本方差 $S^2 = \dfrac{1}{n-1} \sum\limits_{i=1}^{n} (X_i - \bar{X})^2$.

1. 均值的置信区间

首先,$\bar{X}$ 是 μ 的无偏估计量.

(1) 当 σ^2 已知时,μ 的置信区间

由例 7.15 知,μ 的双侧 $1-\alpha$ 置信区间为

$$\left(\bar{X} - \frac{\sigma}{\sqrt{n}} u_{\frac{\alpha}{2}}, \bar{X} + \frac{\sigma}{\sqrt{n}} u_{\frac{\alpha}{2}} \right),$$

表示该置信区间是以点估计 $\bar{X}$ 为中心、$\dfrac{\sigma}{\sqrt{n}} u_{\frac{\alpha}{2}}$ 为半径的一个对称区间.

例 7.16 设某厂工人月工资(单位:元)近似服从正态分布,标准差 $\sigma = 104.2$,随机选取 9 人,他们的月工资如下:

$$5\,460,\ 5\,550,\ 5\,600,\ 5\,620,\ 5\,640,\ 5\,660,\ 5\,680,\ 5\,740,\ 5\,820,$$

求该厂工人平均月工资的置信区间($\alpha = 0.05$).

解 已知总体标准差 $\sigma = 104.2$,样本容量 $n = 9$.计算样本均值,得 $\bar{x} = \dfrac{1}{n} \sum\limits_{i=1}^{n} x_i = 5\,641.1$.

查表得 $u_{\frac{\alpha}{2}} = u_{0.025} = 1.96$.计算置信区间半径,得 $u_{0.025} \dfrac{\sigma}{\sqrt{n}} = 68.08$,代入均值 μ 的置信区间

$\left(\bar{X}-\dfrac{\sigma}{\sqrt{n}}u_{\frac{\alpha}{2}},\bar{X}+\dfrac{\sigma}{\sqrt{n}}u_{\frac{\alpha}{2}}\right)$,得该厂工人平均月工资置信水平为 0.95 的置信区间为(5 573.02,5 709.18).

（2）当 σ^2 未知时，μ 的置信区间

此时由于 σ^2 未知，故 $\dfrac{\bar{X}-\mu}{\sigma/\sqrt{n}}$ 不符合要求，因为该变量中不仅包含未知参数 μ，还包含未知参数 σ，故考虑用样本标准差 $S=\sqrt{\dfrac{1}{n-1}\displaystyle\sum_{i=1}^{n}(X_i-\bar{X})^2}$ 代替 σ.根据正态总体统计量的分布知，$\dfrac{\bar{X}-\mu}{S/\sqrt{n}}\sim t(n-1)$,故取 $T=\dfrac{\bar{X}-\mu}{S/\sqrt{n}}$.类似于例 7.15 的讨论，可得 μ 的双侧 $1-\alpha$ 置信区间为

$$\left(\bar{X}-\dfrac{S}{\sqrt{n}}t_{\frac{\alpha}{2}}(n-1),\bar{X}+\dfrac{S}{\sqrt{n}}t_{\frac{\alpha}{2}}(n-1)\right).$$

例 7.17　某种磁铁矿的磁化率服从正态分布.从中取出容量为 169 的样本进行测试，计算得样本均值 $\bar{x}=0.132$,样本标准差 $s=0.072\,8$,求磁化率的均值的区间估计（$\alpha=0.05$）.

解　已知样本容量 $n=169$,样本均值 $\bar{x}=0.132$,样本标准差 $s=0.072\,8$.在 t 分布表中，没有 $n=169$ 时的数据.根据中心极限定理，此时可以用标准正态分布作为 t 分布的近似.

查标准正态分布表，得 $u_{0.025}=1.96$.计算置信区间半径，得 $\dfrac{s}{\sqrt{n}}t_{\frac{\alpha}{2}}(n-1)\approx0.011$.代入置信区间

$$\left(\bar{x}-\dfrac{s}{\sqrt{n}}t_{\frac{\alpha}{2}}(n-1),\bar{x}+\dfrac{s}{\sqrt{n}}t_{\frac{\alpha}{2}}(n-1)\right),$$

得磁化率的均值的置信水平为 0.95 的置信区间近似为(0.121,0.143).

使用统计量 U 与统计量 T 的区别在于已知方差和未知方差.然而在未知方差的情形，还要分小样本（$n<50$）与大样本（$n\geqslant50$）两种情况，对于小样本必须用统计量 T.在例 7.17 中样本容量 $n=169$,属于大样本，因此这里实际上用了统计量 U.

2. 方差的置信区间

（1）当 μ 已知时，σ^2 的置信区间

当 μ 已知时，$\dfrac{1}{n}\displaystyle\sum_{i=1}^{n}(X_i-\mu)^2$ 为 σ^2 的无偏估计量，我们考虑 $\dfrac{1}{\sigma^2}\displaystyle\sum_{i=1}^{n}(X_i-\mu)^2$.因为

$$\dfrac{1}{\sigma^2}\sum_{i=1}^{n}(X_i-\mu)^2=\sum_{i=1}^{n}\left(\dfrac{X_i-\mu}{\sigma}\right)^2\sim\chi^2(n),$$

取 $a<b$ 满足

$$P\left\{a<\dfrac{1}{\sigma^2}\sum_{i=1}^{n}(X_i-\mu)^2<b\right\}=1-\alpha.$$

这里，由于 χ^2 分布的概率密度图形不关于 y 轴对称，故取 $b=\chi^2_{\frac{\alpha}{2}}(n)$,$a=\chi^2_{1-\frac{\alpha}{2}}(n)$.此时，对应的 σ^2 的双侧 $1-\alpha$ 置信区间为

$$\left(\frac{\sum\limits_{i=1}^{n}(X_i-\mu)^2}{\chi^2_{\frac{\alpha}{2}}(n)},\frac{\sum\limits_{i=1}^{n}(X_i-\mu)^2}{\chi^2_{1-\frac{\alpha}{2}}(n)}\right).$$

在实际问题中,μ 已知而 σ^2 未知的情况很少,大部分都是 μ 和 σ^2 都未知的情况.

（2）当 μ 未知时,σ^2 的置信区间

当 μ 未知时,样本方差 S^2 为 σ^2 的无偏估计量,取

$$\chi^2=\frac{(n-1)S^2}{\sigma^2}\sim\chi^2(n-1),$$

类似于前面的讨论,可得 σ^2 的双侧 $1-\alpha$ 置信区间为

$$\left(\frac{(n-1)S^2}{\chi^2_{\frac{\alpha}{2}}(n-1)},\frac{(n-1)S^2}{\chi^2_{1-\frac{\alpha}{2}}(n-1)}\right),\quad 即\quad \left(\frac{\sum\limits_{i=1}^{n}(X_i-\bar{X})^2}{\chi^2_{\frac{\alpha}{2}}(n-1)},\frac{\sum\limits_{i=1}^{n}(X_i-\bar{X})^2}{\chi^2_{1-\frac{\alpha}{2}}(n-1)}\right).$$

例 7.18 设某种合成纤维的抗断强度（单位:psi）近似服从正态分布,现抽取 12 个样品,测得 $\sum\limits_{i=1}^{12}x_i=32.1$，$\sum\limits_{i=1}^{12}x_i^2=89.92$,求方差 σ^2 的置信区间 （$\alpha=0.1$）.

解 已知样本容量 $n=12$，样本方差

$$s^2=\frac{1}{11}\left[\sum\limits_{i=1}^{12}x_i^2-12\left(\frac{1}{12}\sum\limits_{i=1}^{12}x_i\right)^2\right]=0.368.$$

查表得 $\chi^2_{0.05}(11)=19.675\,1$，$\chi^2_{0.95}(11)=4.574\,8$.代入方差 σ^2 的置信区间

$$\left(\frac{(n-1)S^2}{\chi^2_{\frac{\alpha}{2}}(n-1)},\frac{(n-1)S^2}{\chi^2_{1-\frac{\alpha}{2}}(n-1)}\right),$$

得方差 σ^2 的置信水平为 0.9 的置信区间为（0.206,0.885）.

因为标准正态分布与 t 分布的概率密度图形关于 y 轴对称,因此查表时,只需查一个值.χ^2 分布没有这个性质,必须查两个值.不过,一般也"对称"地取分位数,使被截去的两端的概率相等,即查 $\chi^2_{\frac{\alpha}{2}}(n-1)$ 与 $\chi^2_{1-\frac{\alpha}{2}}(n-1)$.

综上,对于单个正态总体中均值 μ 和方差 σ^2 的置信水平为 $1-\alpha$ 的双侧置信区间可汇总如下:

待估参数		构造的函数	双侧置信区间
均值 μ	σ^2 已知	$U=\dfrac{\bar{X}-\mu}{\sigma/\sqrt{n}}\sim N(0,1)$	$\left(\bar{X}-\dfrac{\sigma}{\sqrt{n}}u_{\frac{\alpha}{2}},\quad \bar{X}+\dfrac{\sigma}{\sqrt{n}}u_{\frac{\alpha}{2}}\right)$
	σ^2 未知	$T=\dfrac{\bar{X}-\mu}{S/\sqrt{n}}\sim t(n-1)$	$\left(\bar{X}-\dfrac{S}{\sqrt{n}}t_{\frac{\alpha}{2}}(n-1),\quad \bar{X}+\dfrac{S}{\sqrt{n}}t_{\frac{\alpha}{2}}(n-1)\right)$
方差 σ^2	μ 已知	$\chi^2=\dfrac{1}{\sigma^2}\sum\limits_{i=1}^{n}(X_i-\mu)^2\sim\chi^2(n)$	$\left(\dfrac{\sum\limits_{i=1}^{n}(X_i-\mu)^2}{\chi^2_{\frac{\alpha}{2}}(n)},\quad \dfrac{\sum\limits_{i=1}^{n}(X_i-\mu)^2}{\chi^2_{1-\frac{\alpha}{2}}(n)}\right)$
	μ 未知	$\chi^2=\dfrac{(n-1)S^2}{\sigma^2}\sim\chi^2(n-1)$	$\left(\dfrac{(n-1)S^2}{\chi^2_{\frac{\alpha}{2}}(n-1)},\quad \dfrac{(n-1)S^2}{\chi^2_{1-\frac{\alpha}{2}}(n-1)}\right)$

7.3.3 两个正态总体未知参数的区间估计

为比较两个正态总体的分布特征,需要对两个正态总体的均值差和方差比进行区间估计.

设 $X_1, X_2, \cdots, X_m$ 为来自正态总体 $X \sim N(\mu_1, \sigma_1^2)$ 的一个样本,其样本均值为 $\overline{X} = \dfrac{1}{m} \displaystyle\sum_{i=1}^{m} X_i$,

样本方差为 $S_X^2 = \dfrac{1}{m-1} \displaystyle\sum_{i=1}^{m} (X_i - \overline{X})^2$,$Y_1, Y_2, \cdots, Y_n$ 是来自正态总体 $Y \sim N(\mu_2, \sigma_2^2)$ 的一个样本,

其样本均值为 $\overline{Y} = \dfrac{1}{n} \displaystyle\sum_{i=1}^{n} Y_i$,样本方差为 $S_Y^2 = \dfrac{1}{n-1} \displaystyle\sum_{i=1}^{n} (Y_i - \overline{Y})^2$,且总体 X 与 Y 相互独立,置信水平为 $1-\alpha$,记

$$S_W^2 = \frac{1}{m+n-2} \left[\sum_{i=1}^{m} (X_i - \overline{X})^2 + \sum_{i=1}^{n} (Y_i - \overline{Y})^2 \right]$$

$$= \frac{1}{m+n-2} \left[(m-1)S_X^2 + (n-1)S_Y^2 \right].$$

1. 均值差的置信区间

（1）当 σ_1^2, σ_2^2 已知时,$\mu_1 - \mu_2$ 的置信区间

首先,$\mu_1 - \mu_2$ 的无偏估计量为 $\overline{X} - \overline{Y}$,取

$$U = \frac{\overline{X} - \overline{Y} - (\mu_1 - \mu_2)}{\sqrt{\dfrac{\sigma_1^2}{m} + \dfrac{\sigma_2^2}{n}}} \sim N(0, 1),$$

类似于前面的讨论,可得 $\mu_1 - \mu_2$ 的双侧 $1-\alpha$ 置信区间为

$$\left(\overline{X} - \overline{Y} - u_{\frac{\alpha}{2}} \sqrt{\frac{\sigma_1^2}{m} + \frac{\sigma_2^2}{n}}, \ \overline{X} - \overline{Y} + u_{\frac{\alpha}{2}} \sqrt{\frac{\sigma_1^2}{m} + \frac{\sigma_2^2}{n}} \right).$$

例 7.19 已知甲,乙两地生产的小麦蛋白质含量（单位:质量百分比）近似服从正态分布,其方差分别为 $\sigma_1^2 = 0.308$,$\sigma_2^2 = 0.165\,7$.现抽取样本,检测其蛋白质含量,得到数据

甲: 12. 6, 13. 4, 11. 9, 12. 8, 13. 0;

乙: 13. 1, 13. 4, 12. 8, 13. 5, 13. 3, 12. 7, 12. 4.

求均值差 $\mu_1 - \mu_2$ 的置信区间（$\alpha = 0.05$）.

解 已知样本容量 $m = 5$,$n = 7$,总体方差 $\sigma_1^2 = 0.308$,$\sigma_2^2 = 0.165\,7$.

计算样本均值,得 $\overline{x} = 12.74$,$\overline{y} = 13.03$,查表得 $u_{\frac{\alpha}{2}} = u_{0.025} = 1.96$.计算置信区间半径,得

$$u_{\frac{\alpha}{2}} \sqrt{\frac{\sigma_1^2}{m} + \frac{\sigma_2^2}{n}} = 0.572\,3.$$

代入均值差 $\mu_1 - \mu_2$ 的置信区间公式

$$\left((\overline{x} - \overline{y}) - u_{\frac{\alpha}{2}} \sqrt{\frac{\sigma_1^2}{m} + \frac{\sigma_2^2}{n}}, \ (\overline{x} - \overline{y}) + u_{\frac{\alpha}{2}} \sqrt{\frac{\sigma_1^2}{m} + \frac{\sigma_2^2}{n}} \right),$$

得均值差 $\mu_1-\mu_2$ 的置信水平为 0.95 的置信区间为 $(-0.862\ 3,0.282\ 3)$.

（2）当 $\sigma_1^2=\sigma_2^2=\sigma^2$ 未知时，$\mu_1-\mu_2$ 的置信区间

取 $T=\dfrac{\overline{X}-\overline{Y}-(\mu_1-\mu_2)}{S_W\sqrt{\dfrac{1}{m}+\dfrac{1}{n}}}\sim t(m+n-2)$，故 $\mu_1-\mu_2$ 的双侧 $1-\alpha$ 置信区间为

$$\left(\overline{X}-\overline{Y}-t_{\frac{\alpha}{2}}(m+n-2)S_W\sqrt{\frac{1}{m}+\frac{1}{n}},\ \overline{X}-\overline{Y}+t_{\frac{\alpha}{2}}(m+n-2)S_W\sqrt{\frac{1}{m}+\frac{1}{n}}\right).$$

例 7.20 在一个化学工段中安装了一台新的过滤器.在安装之前，一个样本提供了关于杂质百分率的信息如下：$m=8,\overline{x}=12.5,s_X^2=101.17$. 安装之后，另一个样本提供的信息为：$n=9,\overline{y}=10.2,s_Y^2=94.73$.假设安装前后杂质百分率均服从正态分布，方差相等，且相互独立，求均值差 $\mu_1-\mu_2$ 的置信区间（$\alpha=0.05$）.

解 已知样本容量 $m=8,n=9$，样本均值 $\overline{x}=12.5,\overline{y}=10.2$，样本方差 $s_X^2=101.17,s_Y^2=94.73$.计算得

$$s_W^2=\frac{(m-1)s_X^2+(n-1)s_Y^2}{m+n-2}=97.741.$$

查表得

$$t_{\frac{\alpha}{2}}(m+n-2)=t_{0.025}(15)=2.131\ 4.$$

计算置信区间半径，得

$$t_{\frac{\alpha}{2}}(m+n-2)s_W\sqrt{\frac{1}{m}+\frac{1}{n}}=10.240.$$

代入均值差 $\mu_1-\mu_2$ 的置信区间公式

$$\left((\overline{x}-\overline{y})-t_{\frac{\alpha}{2}}(m+n-2)s_W\sqrt{\frac{1}{m}+\frac{1}{n}},\ (\overline{x}-\overline{y})+t_{\frac{\alpha}{2}}(m+n-2)s_W\sqrt{\frac{1}{m}+\frac{1}{n}}\right),$$

得均值差 $\mu_1-\mu_2$ 的置信水平为 0.95 的置信区间为 $(-7.94,12.54)$.

2. 方差比的置信区间

（1）当 μ_1,μ_2 已知时，$\dfrac{\sigma_1^2}{\sigma_2^2}$ 的置信区间

由于

$$\hat{\sigma}_1^2=\frac{1}{m}\sum_{i=1}^{m}(X_i-\mu_1)^2,\quad \hat{\sigma}_2^2=\frac{1}{n}\sum_{i=1}^{n}(Y_i-\mu_2)^2,$$

不妨取 $\dfrac{\sigma_1^2}{\sigma_2^2}$ 的估计为 $\dfrac{\hat{\sigma}_1^2}{\hat{\sigma}_2^2}$，由于

$$\frac{m\hat{\sigma}_1^2}{\sigma_1^2}\sim\chi^2(m),\quad \frac{n\hat{\sigma}_2^2}{\sigma_2^2}\sim\chi^2(n),$$

且两者相互独立，因此选取

$$F = \frac{\dfrac{m\hat{\sigma}_1^2}{\sigma_1^2}\Big/ m}{\dfrac{n\hat{\sigma}_2^2}{\sigma_2^2}\Big/ n} = \frac{\hat{\sigma}_1^2/\hat{\sigma}_2^2}{\sigma_1^2/\sigma_2^2} \sim F(m,n),$$

故 $\dfrac{\sigma_1^2}{\sigma_2^2}$ 的双侧 $1-\alpha$ 置信区间为

$$\left(\frac{\hat{\sigma}_1^2/\hat{\sigma}_2^2}{F_{\frac{\alpha}{2}}(m,n)}, \frac{\hat{\sigma}_1^2/\hat{\sigma}_2^2}{F_{1-\frac{\alpha}{2}}(m,n)} \right).$$

（2）当 μ_1,μ_2 未知时，$\dfrac{\sigma_1^2}{\sigma_2^2}$ 的置信区间

由于 $\hat{\sigma}_1^2 = S_X^2, \hat{\sigma}_2^2 = S_Y^2$，不妨取 $\dfrac{\sigma_1^2}{\sigma_2^2}$ 的估计为 $\dfrac{S_X^2}{S_Y^2}$，取

$$F = \frac{\dfrac{(m-1)S_X^2}{\sigma_1^2}\Big/ (m-1)}{\dfrac{(n-1)S_Y^2}{\sigma_2^2}\Big/ (n-1)} = \frac{S_X^2/S_Y^2}{\sigma_1^2/\sigma_2^2} \sim F(m-1,n-1),$$

故 $\dfrac{\sigma_1^2}{\sigma_2^2}$ 的双侧 $1-\alpha$ 置信区间为

$$\left(\frac{S_X^2/S_Y^2}{F_{\frac{\alpha}{2}}(m-1,n-1)}, \frac{S_X^2/S_Y^2}{F_{1-\frac{\alpha}{2}}(m-1,n-1)} \right).$$

例 7.21 比较 A,B 两种子弹的速度（单位：m/s）. 从 A 中取 31 粒，样本标准差 $s_1 = 80$. 从 B 中取 21 粒，样本标准差 $s_2 = 100$. 假设子弹速度服从正态分布，且相互独立. 求方差比 $\dfrac{\sigma_1^2}{\sigma_2^2}$ 的置信区间（$\alpha = 0.1$）.

解 已知样本容量 $m = 31, n = 21$，样本标准差 $s_1 = 80, s_2 = 100$. 查表得

$$F_{\frac{\alpha}{2}}(m-1,n-1) = F_{0.05}(30,20) = 2.04,$$
$$F_{\frac{\alpha}{2}}(n-1,m-1) = F_{0.05}(20,30) = 1.93,$$

代入置信区间公式

$$\left(\frac{S_1^2/S_2^2}{F_{\frac{\alpha}{2}}(m-1,n-1)}, \frac{S_1^2/S_2^2}{F_{1-\frac{\alpha}{2}}(m-1,n-1)} \right), \quad \text{即} \quad \left(\frac{S_1^2/S_2^2}{F_{\frac{\alpha}{2}}(m-1,n-1)}, \frac{S_1^2}{S_2^2}F_{\frac{\alpha}{2}}(n-1,m-1) \right),$$

得方差比 $\dfrac{\sigma_1^2}{\sigma_2^2}$ 的置信水平为 0.9 的置信区间为 $(0.313\,7, 1.235\,2)$.

对于 F 分布，要查两个值. 但在 F 分布表中，只有很小的 α 值. 因此，只能查到一个值. 为得到另一个值，需要通过 F 分布的性质 $F_\alpha(m,n) = \dfrac{1}{F_{1-\alpha}(n,m)}$ 进行查值.

综上,对于两个正态总体均值差 $\mu_1-\mu_2$ 和方差比 $\dfrac{\sigma_1^2}{\sigma_2^2}$ 的置信水平为 $1-\alpha$ 的双侧置信区间可汇总如下:

待估参数		构造的函数	双侧置信区间
均值差 $\mu_1-\mu_2$	σ_1^2,σ_2^2 已知	$U=\dfrac{\bar{X}-\bar{Y}-(\mu_1-\mu_2)}{\sqrt{\dfrac{\sigma_1^2}{m}+\dfrac{\sigma_2^2}{n}}}$	$\left(\bar{X}-\bar{Y}-u_{\frac{\alpha}{2}}\sqrt{\dfrac{\sigma_1^2}{m}+\dfrac{\sigma_2^2}{n}},\ \bar{X}-\bar{Y}+u_{\frac{\alpha}{2}}\sqrt{\dfrac{\sigma_1^2}{m}+\dfrac{\sigma_2^2}{n}}\right)$
	$\sigma_1^2=\sigma_2^2=\sigma^2$ 未知	$T=\dfrac{\bar{X}-\bar{Y}-(\mu_1-\mu_2)}{S_w\sqrt{\dfrac{1}{m}+\dfrac{1}{n}}}$,其中 $S_w^2=\dfrac{1}{m+n-2}\Big[\sum\limits_{i=1}^{m}(X_i-\bar{X})^2+\sum\limits_{i=1}^{n}(Y_i-\bar{Y})^2\Big]$	$\left(\bar{X}-\bar{Y}-t_{\frac{\alpha}{2}}(m+n-2)S_w\sqrt{\dfrac{1}{m}+\dfrac{1}{n}},\right.$ $\left.\bar{X}-\bar{Y}+t_{\frac{\alpha}{2}}(m+n-2)S_w\sqrt{\dfrac{1}{m}+\dfrac{1}{n}}\right)$
方差比 $\dfrac{\sigma_1^2}{\sigma_2^2}$	μ_1,μ_2 已知	$F=\dfrac{\hat{\sigma}_1^2/\hat{\sigma}_2^2}{\sigma_1^2/\sigma_2^2}$,其中 $\hat{\sigma}_1^2=\dfrac{1}{m}\sum\limits_{i=1}^{m}(X_i-\mu_1)^2$, $\hat{\sigma}_2^2=\dfrac{1}{n}\sum\limits_{i=1}^{n}(Y_i-\mu_2)^2$	$\left(\dfrac{\hat{\sigma}_1^2/\hat{\sigma}_2^2}{F_{\frac{\alpha}{2}}(m,n)},\ \dfrac{\hat{\sigma}_1^2/\hat{\sigma}_2^2}{F_{1-\frac{\alpha}{2}}(m,n)}\right)$
	μ_1,μ_2 未知	$F=\dfrac{S_X^2/S_Y^2}{\sigma_1^2/\sigma_2^2}$	$\left(\dfrac{S_X^2/S_Y^2}{F_{\frac{\alpha}{2}}(m-1,n-1)},\ \dfrac{S_X^2/S_Y^2}{F_{1-\frac{\alpha}{2}}(m-1,n-1)}\right)$

习题 7-3

1. 某车间生产滚珠,从长期实践中知道,可以认为滚珠直径服从正态分布.从某天的产品中任取 6 个测得直径(单位:mm)如下:

$$14.70,\ 15.21,\ 14.90,\ 14.91,\ 15.32,\ 15.32.$$

若已知直径的方差是 0.05,试求总体均值 μ 的置信水平为 0.95 的置信区间.

2. 设某种电子管的使用寿命服从正态分布.从中随机抽取 10 个进行检验,得样本平均使用寿命为 320 h,样本标准差 s 为 20 h.以 95% 的可靠性估计整批电子管平均使用寿命的置信上、下限.

3. 测量零件尺寸产生的误差 $X\sim N(1,\sigma^2)$,今测量 6 个零件,得误差值

$$0.8,\ 1.1,\ 1.0,\ 0.9,\ 1.2,\ 0.9,$$

试在 $\alpha=0.05$ 下,求 σ^2 的置信区间.

4. 假设某大学大一新生的身高服从正态分布 $N(\mu, \sigma^2)$, 从中随机抽查 10 名学生, 测得身高(单位:cm)如下:

$$162, \ 159, \ 168, \ 160, \ 157, \ 162, \ 166, \ 170, \ 158, \ 163,$$

求关于方差 σ^2 的置信水平为 95% 的置信区间.

5. 对甲、乙两种品牌的洗涤剂分别进行去污实验, 测得去污率(质量百分数)结果为

品牌甲:79.4, 80.5, 76.2, 82.7, 77.8, 75.6;

品牌乙:73.4, 77.5, 79.3, 75.1, 74.7.

假定两个品牌的去污率分别服从 $N(\mu_1, \sigma_1^2), N(\mu_2, \sigma_2^2)$. 设 $\sigma_1^2 = \sigma_2^2$, 试求甲、乙两种品牌的平均去污率之差 $\mu_1 - \mu_2$ 的 95% 的置信区间.

6. 在上题的已知条件下, 设 $\sigma_1^2 \neq \sigma_2^2$, 试求甲、乙两种品牌的去污率的方差比 $\dfrac{\sigma_1^2}{\sigma_2^2}$ 的 95% 的置信区间.

本 章 小 结

参数估计包含点估计和区间估计.点估计是通过适当选取一个统计量作为未知参数的估计量,把试验取得的样本值代入估计量,即得参数的一个估计值,可做参数的近似值.点估计的两个基本方法是:矩法估计和最大似然估计法.

矩法估计的基本思想就是替换思想:用样本矩及其矩的函数替换总体相应的矩及其矩的函数.有几个待估参数就构造几个方程,从而构成方程组,从中解出待估参数的估计量或估计值.

最大似然估计的基本思想是:在一次试验中,概率最大的事情最有可能发生. 若总体 X 的分布律(离散型)或概率密度(连续型)含有待估参数 θ,其中 θ 为一个未知参数或几个未知参数组成的向量 $\boldsymbol{\theta} = (\theta_1, \theta_2, \cdots, \theta_k)$, $x_1, x_2, \cdots, x_n$ 为取自总体 X 的一个样本 $X_1, X_2, \cdots, X_n$ 的一组观测值,将样本的联合分布律或联合概率密度构成 θ 的似然函数,则使得似然函数达到最大值的 $\hat{\theta}$ 就作为参数 θ 的最大似然估计.

由参数的点估计可得出,对于一个未知参数可得到不同的估计量,因此自然需要评价估计量好坏的标准.评价估计量的好坏,要从某类整体性能去衡量,而不能看它的个别估计值.本章介绍了 3 个标准:无偏性、有效性和相合性.

点估计不能给出估计的精度,故给出了区间估计.区间估计是用在一定置信水平下的区间去估计未知参数所在的范围.本章重点给出了正态总体下均值和方差的区间估计.

第七章知识结构梳理

第七章总复习题

一、选择题

1. 设总体 X 的分布为 $N(\mu,\sigma^2)$，μ,σ^2 为未知参数，则 σ^2 的最大似然估计量为（　　）.

A. $\dfrac{1}{n}\sum\limits_{i=1}^{n}(X_i-\overline{X})^2$ 　　　　B. $\dfrac{1}{n-1}\sum\limits_{i=1}^{n}(X_i-\overline{X})^2$

C. $\dfrac{1}{n}\sum\limits_{i=1}^{n}(X_i-\mu)^2$ 　　　　D. $\dfrac{1}{n-1}\sum\limits_{i=1}^{n}(X_i-\mu)^2$

2. 在参数估计中，要求通过样本的统计量来估计总体参数，评价统计量的标准之一是使它与总体参数的偏差越小越好. 这种评价标准称为（　　）.

A. 无偏性　　　　B. 有效性　　　　C. 一致性　　　　D. 充分性

3. 设 $X_1,X_2,\cdots,X_n(n\geqslant2)$ 是正态分布 $N(\mu,\sigma^2)$ 的一个样本，若统计量 $K\sum\limits_{i=1}^{n-1}(X_{i+1}-X_i)^2$ 为 σ^2 的无偏估计，则 K 的值应该为（　　）.

A. $\dfrac{1}{2n}$ 　　　　B. $\dfrac{1}{2n-1}$ 　　　　C. $\dfrac{1}{2n-2}$ 　　　　D. $\dfrac{1}{n-1}$

4. 设 θ 为总体 X 的未知参数，θ_1,θ_2 是统计量，(θ_1,θ_2) 是 θ 的置信水平为 $1-a(0<a<1)$ 的置信区间，则下式中不能恒成立的是（　　）.

A. $P\{\theta_1<\theta<\theta_2\}=1-a$ 　　　　B. $P\{\theta>\theta_2\}+P\{\theta<\theta_1\}=a$

C. $P\{\theta<\theta_2\}\geqslant1-a$ 　　　　D. $P\{\theta>\theta_2\}+P\{\theta<\theta_1\}=\dfrac{a}{2}$

5. 对一总体均值进行估计，得到 95% 的置信区间为 $(24,38)$，则该总体均值的点估计为（　　）.

A. 24　　　　B. 48　　　　C. 31　　　　D. 无法确定

二、填空题

1. 若 X 是离散型随机变量，分布律是 $P\{X=x\}=P(x;\theta)$（θ 是待估参数），则似然函数是____.

2. 若 X 是连续型随机变量，概率密度是 $f(x;\theta)$，则似然函数是____.

3. 假设总体 $X\sim N(\mu,\sigma^2)$，且 $\overline{X}=\dfrac{1}{n}\sum\limits_{i=1}^{n}X_i$，$X_1,X_2,\cdots,X_n$ 为总体 X 的一个样本，则 $\overline{X}$ 是____的无偏估计.

4. 假设总体 $X\sim N(\mu,\sigma^2)$，且 $X_1,X_2,\cdots,X_n$ 为总体 X 的一个样本，则当常数 $k=$____时，$k\sum\limits_{i=1}^{n}|X_i-\overline{X}|$ 为 σ 的无偏估计量.

5. 有 50 个调查者分别对同一个正态总体进行抽样，样本容量都是 100，总体方差未知. 他们分别根据各自的样本数据得到总体均值的一个置信水平 90% 的置信区间，则这些置信区间中应该大约有____区间会覆盖总体均值.

6. 设总体 $X \sim N(\mu, \sigma^2)$，μ, σ^2 为未知参数，则 μ 的置信水平为 $1-\alpha$ 的置信区间为____.

7. 某地矿石含少量元素服从正态分布 $N(\mu, \sigma^2)$，现在进行抽样调查，共抽取 12 个样本算得样本标准差 $S = 0.2$，则 σ 的置信区间为____（$\alpha = 0.1$，$\chi^2_{\frac{\alpha}{2}}(11) = 19.68$，$\chi^2_{1-\frac{\alpha}{2}}(11) = 4.57$）.

8. 从一大批电子管中随机抽取 100 只，抽取的电子管的平均寿命为 1 000 h，总体标准差为 $\sigma = 40$.设电子管寿命分布未知，置信水平为 0.95，则整批电子管平均寿命 μ 的置信区间为____（给定 $u_{0.05} = 1.645$，$u_{0.025} = 1.96$）.

三、综合题

1. 设 $X_1, X_2, \cdots, X_n$ 为总体 X 的一个样本，$x_1, x_2, \cdots, x_n$ 为一组相应的样本观测值，总体 X 的密度函数为

$$f(x;\theta) = \begin{cases} \dfrac{1}{\theta} e^{-\frac{x}{\theta}}, & x \geq 0, \theta > 0, \\ 0, & \text{其他}. \end{cases}$$

（1）求 θ 的最大似然估计量 $\hat{\theta}$；

（2）判断 $\hat{\theta}$ 是否为 θ 的无偏估计.

2. 设 $X_1, X_2, \cdots, X_n$ 为总体 X 的一个样本，$x_1, x_2, \cdots, x_n$ 为一组相应的样本观测值，总体 X 的密度函数为

$$f(x;\theta) = \begin{cases} \dfrac{1}{2\theta}, & 0 < x < \theta, \\ \dfrac{1}{2(1-\theta)}, & \theta \leq x < 1, \\ 0, & \text{其他}, \end{cases}$$

其中参数 $\theta(0 < \theta < 1)$ 未知，$\overline{X}$ 为样本均值.

（1）求参数 θ 的矩估计量 $\hat{\theta}$；

（2）判断 $4\overline{X}^2$ 是否为 θ^2 的无偏估计量.

3. 设正态总体的方差 $\sigma^2 = 4$，问抽取的样本容量 n 应为多大，才能使总体均值 μ 的置信水平为 95% 的置信区间长不超过 1？

4. 某旅行团到某地旅游归来后，随机调查了 25 名游客的购物消费情况，得知平均消费额为 3 850 元，标准差为 230 元.设游客的消费额服从正态分布 $N(\mu, \sigma^2)$，求游客平均消费额的 95% 的置信区间.

5. 抽测某批烟草的尼古丁含量（单位：mg），得到 10 个样本值：

18，24，27，21，26，28，22，31，19，20.

假定烟草的尼古丁含量服从正态分布 $N(\mu, \sigma^2)$，试求烟草尼古丁含量的标准差 σ 的 90% 置信区间.

6. 某大学分别从甲、乙两省招收的新生中各抽取 5 名和 6 名学生，测得其身高（单位：cm）为

甲省:172, 178, 180.5, 174, 175;

乙省:174, 171, 176.5, 168, 172.5, 170.

设两省学生的身高分别服从正态分布 $N(\mu_1,\sigma^2)$ 和 $N(\mu_2,\sigma^2)$,求 $\mu_1-\mu_2$ 的 95% 的置信区间.

7. 生产厂家与使用厂家分别对某种燃料的有效含量做了 13 次与 10 次测定,测定值的方差分别为 $S_1^2=0.724\ 1,S_2^2=0.687\ 2$.设两厂的测定值都服从正态分布,其方差分别为 σ_1^2, σ_2^2,试求方差比 $\dfrac{\sigma_1^2}{\sigma_2^2}$ 的置信水平为 95% 的置信区间.

历年考研真题精选

一、选择题

1. (2021,Ⅰ)设 $(X_1,Y_1),(X_2,Y_2),\cdots,(X_n,Y_n)$ 为来自总体 $N(\mu_1,\mu_2,\sigma_1^2,\sigma_2^2,\rho)$ 的简单随机样本,令

$$\theta=\mu_1-\mu_2,\quad \bar{X}=\frac{1}{n}\sum_{i=1}^{n}X_i,\quad \bar{Y}=\frac{1}{n}\sum_{i=1}^{n}Y_i,\quad \hat{\theta}=\bar{X}-\bar{Y},$$

则( ).

A. $\hat{\theta}$ 是 θ 的无偏估计,$D(\hat{\theta})=\dfrac{\sigma_1^2+\sigma_2^2}{n}$

B. $\hat{\theta}$ 不是 θ 的无偏估计,$D(\hat{\theta})=\dfrac{\sigma_1^2+\sigma_2^2}{n}$

C. $\hat{\theta}$ 是 θ 的无偏估计,$D(\hat{\theta})=\dfrac{\sigma_1^2+\sigma_2^2-2\rho\sigma_1\sigma_2}{n}$

D. $\hat{\theta}$ 不是 θ 的无偏估计,$D(\hat{\theta})=\dfrac{\sigma_1^2+\sigma_2^2-2\rho\sigma_1\sigma_2}{n}$

2. (2021,Ⅲ)设总体 X 的分布律为

$$P\{X=1\}=\frac{1-\theta}{2},\quad P\{X=2\}=P\{X=3\}=\frac{1+\theta}{4},$$

利用来自总体的样本值 1,3,2,2,1,3,1,2,可得 θ 的最大似然估计值为( ).

A. $\dfrac{1}{4}$ B. $\dfrac{3}{8}$ C. $\dfrac{1}{2}$ D. $\dfrac{5}{2}$

二、填空题

(2016,Ⅰ)设 $X_1,X_2,\cdots,X_n$ 为来自总体 $N(\mu,\sigma^2)$ 的简单随机样本,样本均值 $\bar{x}=9.5$,参数 μ 的置信水平为 0.95 的双侧置信区间的置信上限为 10.8,则 μ 的置信水平为 0.95 的双侧置信区间为____.

三、综合题

1. (2011,Ⅰ)设 $X_1,X_2,\cdots,X_n$ 为来自正态总体 $N(\mu_0,\sigma^2)$ 的简单随机样本,其中 μ_0 已知,

$\sigma^2>0$ 未知,$\overline{X}$ 和 S^2 分别表示样本均值和样本方差.

(1) 求参数 σ^2 的最大似然估计 $\hat{\sigma}^2$;

(2) 计算 $E(\hat{\sigma}^2)$ 和 $D(\hat{\sigma}^2)$.

2.(2012,I)设随机变量 X 与 Y 相互独立且分别服从正态分布 $N(\mu,\sigma^2)$ 与 $N(\mu,2\sigma^2)$,其中 σ 是未知参数且 $\sigma>0$.设 $Z=X-Y$.

(1) 求 Z 的概率密度 $f(z;\sigma^2)$;

(2) 设 $Z_1,Z_2,\cdots,Z_n$ 为来自总体 Z 的简单随机样本,求 σ^2 的最大似然估计 $\hat{\sigma}^2$;

(3) 证明:$\hat{\sigma}^2$ 为 σ^2 的无偏估计量.

3.(2013,I,Ⅲ)设总体 X 的概率密度为

$$f(x;\theta)=\begin{cases}\dfrac{\theta^2}{x^3}\mathrm{e}^{-\frac{\theta}{x}}, & x>0,\\ 0, & x\leqslant 0,\end{cases}$$

其中 θ 为未知参数且大于零,$X_1,X_2,\cdots,X_n$ 为来自总体 X 的简单随机样本.

(1) 求 θ 的矩估计量;

(2) 求 θ 的最大似然估计量.

4.(2014,I)设总体 X 的分布函数

$$F(x)=\begin{cases}0, & x<0,\\ 1-\mathrm{e}^{-\frac{x^2}{\theta}}, & x\geqslant 0,\end{cases}$$

其中 $\theta>0$ 为未知参数,$X_1,X_2,\cdots,X_n$ 为来自总体 X 的简单随机样本.

(1) 求 $E(X)$ 及 $E(X^2)$;

(2) 求 θ 的最大似然估计量 $\hat{\theta}$;

(3) 是否存在实数 a,使得对任意的 $\varepsilon>0$,都有 $\lim\limits_{n\to\infty}P\{|\hat{\theta}-a|\geqslant\varepsilon\}=0$?

5.(2015,I,Ⅲ)设总体 X 的概率密度为

$$f(x;\theta)=\begin{cases}\dfrac{1}{1-\theta}, & \theta\leqslant x\leqslant 1,\\ 0, & \text{其他},\end{cases}$$

其中 θ 为未知参数,$X_1,X_2,\cdots,X_n$ 为来自该总体的简单随机样本.

(1) 求 θ 的矩估计量;

(2) 求 θ 的最大似然估计量.

6.(2016,I,Ⅲ)设总体 X 的概率密度为

$$f(x;\theta)=\begin{cases}\dfrac{3x^2}{\theta^3}, & 0<x<\theta,\\ 0, & \text{其他},\end{cases}$$

其中 $\theta\in(0,+\infty)$ 为未知参数,X_1,X_2,X_3 为来自总体 X 的简单随机样本,令 $T=\max\{X_1,X_2,X_3\}$.

(1) 求 T 的概率密度;

(2) 数学一问法:确定 a,使得 aT 为 θ 的无偏估计;数学三问法:确定 a,使得 $E(aT)=\theta$.

7.(2017,I,Ⅲ)某工程师为了解一台天平的精度,用该天平对一物体的质量做 n 次测

量,该物体的质量 μ 是已知的.设 n 次测量结果 $X_1, X_2, \cdots, X_n$ 相互独立且均服从正态分布 $N(\mu, \sigma^2)$.该工程师记录的是 n 次测量的绝对误差 $Z_i = |X_i - \mu|(i = 1, 2, \cdots, n)$,利用 $Z_1, Z_2, \cdots, Z_n$ 估计 σ.

（1）求 Z_1 的概率密度;

（2）利用一阶矩求 σ 的矩估计量;

（3）求 σ 的最大似然估计量.

8.（2018,Ⅰ,Ⅲ）设总体 X 的概率密度为

$$f(x;\sigma) = \frac{1}{2\sigma}e^{-\frac{|x|}{\sigma}}, \quad -\infty < x < +\infty,$$

其中 $\sigma \in (0, +\infty)$ 为未知参数,$X_1, X_2, \cdots, X_n$ 为来自总体 X 的简单随机样本.记 σ 的最大似然估计量为 $\hat{\sigma}$.

（1）求 $\hat{\sigma}$;

（2）求 $E(\hat{\sigma})$ 和 $D(\hat{\sigma})$.

9.（2019,Ⅰ,Ⅲ）设总体 X 的概率密度为

$$f(x;\sigma^2) = \begin{cases} \dfrac{A}{\sigma}e^{-\frac{(x-\mu)^2}{2\sigma^2}}, & x \geq \mu, \\ 0, & x < \mu, \end{cases}$$

其中 μ 是已知参数,$\sigma > 0$ 是未知参数,A 是常数. $X_1, X_2, \cdots, X_n$ 是来自总体 X 的简单随机样本.

（1）求 A;

（2）求 σ^2 的最大似然估计量.

10.（2020,Ⅰ,Ⅲ）设某种元件的使用寿命 T 的分布函数为

$$F(t) = \begin{cases} 1 - e^{-\left(\frac{t}{\theta}\right)^m}, & t \geq 0, \\ 0, & \text{其他}, \end{cases}$$

其中 θ, m 为参数且大于零.

（1）求概率 $P\{T > t\}$ 与 $P\{T > s+t \mid T > s\}$,其中 $s > 0, t > 0$;

（2）任取 n 个这种元件做寿命试验,测得它们的寿命分别为 $t_1, t_2, \cdots, t_n$,若 m 已知,求 θ 的最大似然估计值 $\hat{\theta}$.

第七章部分习题

参考答案

第八章 假设检验

统计推断的另一类重要问题是假设检验.当总体 X 的分布函数 $F(x;\theta)$ 含有未知参数 θ 或者总体分布类型未知时,为推断总体的某些未知特性,而提出某些关于总体的假设.我们需要依据样本信息构造一个恰当的检验统计量,根据检验统计量推导出拒绝域的形式,进一步求出拒绝域或检验统计量的 p 值,判断检验统计量的值是否落在拒绝域内或 p 值是否小于显著性水平,进而对前面提出的假设做出接受或拒绝的决策.假设检验就是做出这一决策的过程.

假设检验包括两类:参数检验和非参数检验.参数假设检验是对总体 X 分布函数 $F(x;\theta)$ 中的未知参数 θ 提出的假设进行检验,非参数假设检验是对总体分布函数形式或类型等问题提出的假设进行检验.本章主要讨论单参数假设检验问题.

8.1 假设检验的基本概念与原理

从数理统计的角度来看,许多实际问题都可以作为假设检验问题来处理.那么,什么是假设检验问题?解决这类问题的基本原理是什么?为了回答这些问题,我们通过下面的例子来介绍假设检验的基本原理和一些基本概念.

8.1.1 假设检验的概念

例 8.1 大米自动装袋机在正常工作时,每袋米质量(单位:kg) $X \sim N(20,0.05^2)$,现在随机取 10 袋大米称重,算得样本均值为 $\bar{x} = 19.95$ kg.问机器包装工作是否正常?

分析 在这个问题中,已知包装机正常工作时,每袋大米质量 $X \sim N(20,0.05^2)$,现在要讨论的是实际每袋大米的平均质量 μ 是否等于 20 kg,即需要考虑对假设

$$H_0: \mu = \mu_0 = 20, \quad H_1: \mu \neq \mu_0 = 20$$

进行检验.

例 8.2 设某厂生产的一种灯管的寿命(单位:h) $X \sim N(\mu,200^2)$,从过去较长一段时间的生产情况来看,灯管的平均寿命 $\mu_0 = 1\ 500$ h,现在采用新工艺后,在所生产的灯管中抽取 25 只,测得平均寿命 $\bar{x} = 1\ 675$ h.问采用新工艺后,灯管寿命是否有显著提高?

分析 问题主要想讨论灯管寿命是否显著提高,现在的平均寿命 μ 是否大于原来的平均寿命 μ_0,即需要对假设

$$H_0:\mu=\mu_0=1\ 500, \quad H_1:\mu>\mu_0=1\ 500$$

进行检验.

例 8.3 检验一枚骰子是否均匀,首先抛掷一枚骰子 120 次,得到结果

点数 X	1	2	3	4	5	6
出现次数	26	23	20	21	15	15

能否认为骰子出现的点数 X 服从均匀分布?(取显著性水平 $\alpha=0.01$)

分析 该问题就是要利用样本数据对假设

$$H_0:X \text{ 服从均匀分布}, \quad H_1:X \text{ 不服从均匀分布}$$

进行检验.

以上三例的共性都是要由样本来对总体的某种假设进行检验,我们把检验这些假设是否成立的方法称为假设检验.在假设检验问题中,把要检验的假设称为原假设(零假设或基本假设),记为 H_0;把原假设 H_0 的对立面称为备择假设(对立假设),记为 H_1.利用抽样信息,在对参数的原假设 H_0 与备择假设 H_1 之间做出拒绝或接受的具体判断过程称为参数假设检验,否则称为非参数假设检验.由于例 8.1 和例 8.2 中,总体分布的类型都已知,参数取值待检验,所以属于参数假设检验.例 8.3 中,总体分布的类型未知,需要对总体的分布进行检验,则属于非参数假设检验.本节主要研究参数假设检验问题,主要讨论正态分布的参数假设检验.

在实际问题中,对总体的分布函数 $F(x;\theta)$ 中的未知参数 θ 提出的假设,主要有以下三种形式:

(1) $H_0:\theta=\theta_0, H_1:\theta\neq\theta_0$;

(2) $H_0:\theta\leqslant\theta_0, H_1:\theta>\theta_0$;

(3) $H_0:\theta\geqslant\theta_0, H_1:\theta<\theta_0$.

形如(1)的假设检验称为双侧(或双边)假设检验;形如(2)的假设检验称为右侧(或右边)假设检验;形如(3)的假设检验称为左侧(或左边)假设检验;右侧和左侧假设检验统称为单侧(或单边)假设检验.

为检验提出的假设,通常需要基于样本 $X_1,X_2,\cdots,X_n$ 构造一个合适的统计量,称为检验统计量.当原假设 H_0 成立时,若检验统计量的观测值落入集合 W,我们拒绝原假设 H_0,则称区域 W 为原假设 H_0 的拒绝域;若检验统计量的观测值落入集合 $\overline{W}$,我们接受原假设 H_0,则称区域 $\overline{W}$ 为原假设 H_0 的接受域.显然拒绝域 W 和接受域 $\overline{W}$ 两个集合不相交,拒绝域和接受域的分界点称为临界点.

8.1.2 假设检验的基本原理

假设检验的过程,有些类似反证法:为了检验原假设 H_0 是否正确,先假定原假设 H_0 正确,然后根据抽样信息对原假设 H_0 做出接受或拒绝的决策.若样本观测值导致不合理的现

象发生,就拒绝原假设 H_0,否则接受原假设 H_0.

假设检验中所谓的"不合理",并非逻辑中的绝对矛盾,而是基于人们在实践中广泛采用的小概率事件原理(也称为实际推断原理),即"小概率事件在一次试验中几乎是不可能发生的".具体做法是:在假设 H_0 成立的前提下,若从总体中抽样后发现一个概率很小的事件发生了,这时我们就有理由怀疑 H_0 的正确性,应该拒绝假设 H_0.但概率小到什么程度才能算作"小概率事件"? 显然,"小概率事件"的概率越小,否定原假设 H_0 就越有说服力.通常都是根据实际问题的具体情况,规定一个临界概率值 $\alpha(0<\alpha<1)$,称之为检验的显著性水平,当一个事件发生的概率不大于 α 时,即认为它是小概率事件.对不同的问题,检验的显著性水平 α 不一定相同,但一般应取为较小的值,如取值 $0.1,0.05$ 或 0.01 等.值得注意的是,显著性水平 α 与区间估计中的 α 一样,所以 $1-\alpha$ 即为区间估计的置信度或置信水平.

8.1.3 假设检验的基本步骤

下面我们以例 8.1 和例 8.2 为例,详细说明假设检验的基本步骤.

解(例 8.1) (1) 根据实际问题提出待检验的假设

$$H_0:\mu=\mu_0=20, \quad H_1:\mu\neq\mu_0.$$

例 8.1 中的检验问题属于双侧检验,要检验的假设涉及总体的均值 μ,故借助于统计量 $\overline{X}$ 来进行判断,这是因为 $\overline{X}$ 是总体均值 μ 的无偏估计量,$\overline{X}$ 的大小在一定程度上反映了 μ 的大小.因此当 $H_0:\mu=\mu_0$ 成立时,$\overline{X}$ 可能比 μ_0 大,也可能比 μ_0 小,但 $\overline{X}$ 与 μ_0 的偏差 $|\overline{X}-\mu_0|$ 一般不应太大,如果 $|\overline{X}-\mu_0|$ 过大就应该怀疑 H_0 的正确性.所以我们构造检验统计量时一定要选择与 $|\overline{X}-\mu_0|$ 有关的统计量.

(2) 当原假设 H_0 成立时,由 σ 已知,构造与原假设相关的检验统计量并确定其分布:

$$U=\frac{\overline{X}-\mu_0}{\sigma/\sqrt{n}}=\frac{\overline{X}-20}{0.05/\sqrt{10}}\sim N(0,1).$$

(3) 根据检验统计量分布和显著性水平 α,确定拒绝域.首先构造小概率事件

$$P\{|U|>u_{\frac{\alpha}{2}}\}=\alpha, \quad 即 \quad P\left\{\left|\frac{\overline{X}-\mu_0}{\sigma/\sqrt{n}}\right|>u_{\frac{\alpha}{2}}\right\}=\alpha,$$

也就是说,当 H_0 成立时,事件 $\left\{\left|\frac{\overline{X}-\mu_0}{\sigma/\sqrt{n}}\right|>u_{\frac{\alpha}{2}}\right\}$ 为一个小概率事件.若样本观测值满足不等式 $|u|=\left|\frac{\overline{x}-\mu_0}{\sigma/\sqrt{n}}\right|>u_{\frac{\alpha}{2}}$,这就表明一次试验结果使得小概率事件 $\left\{\left|\frac{\overline{X}-\mu_0}{\sigma/\sqrt{n}}\right|>u_{\frac{\alpha}{2}}\right\}$ 竟然发生了.根据小概率事件原理,这显然"不合理",我们有理由怀疑原假设 H_0 的正确性,从而做出拒绝原假设 H_0 的决策.反之,就没有充分的理由拒绝 H_0,这时称原假设 H_0 与试验结果是相容的.于是可以确定 H_0 的拒绝域 W(或接受域 $\overline{W}$)为(图 8-1)

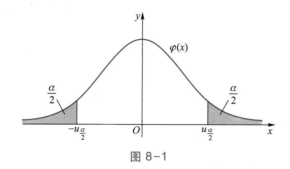

图 8-1

$$W = \left\{ |U| = \left| \frac{\overline{X} - \mu_0}{\sigma/\sqrt{n}} \right| > u_{\frac{\alpha}{2}} \right\} \left(\overline{W} = \left\{ |U| = \left| \frac{\overline{X} - \mu_0}{\sigma/\sqrt{n}} \right| \leq u_{\frac{\alpha}{2}} \right\} \right).$$

取 $\alpha = 0.05$,查表得 $u_{\frac{\alpha}{2}} = u_{0.025} = 1.96$,所以 $W = \{ |U| > 1.96 \}$ $(\overline{W} = \{ |U| \leq 1.96 \})$.

（4）根据样本观测值计算统计量 U 的值：

$$u = \frac{\overline{x} - \mu_0}{\sigma/\sqrt{n}} = \frac{19.95 - 20}{0.05/\sqrt{10}} = -3.16.$$

（5）对原假设 H_0 做出统计推断：由于 $u = -3.16$ 满足不等式 $|u| > 1.96$,从而拒绝原假设 H_0,故认为机器包装工作不正常.

在这里,为了求拒绝域,我们构造了一个统计量 U,它在原假设下的分布是完全已知的或上 α 分位数可以计算,我们称符合这个要求的统计量为检验统计量.在本例中,检验统计量 U 服从标准正态分布,该检验又称为 U 检验（或 Z 检验）.

上面讨论的例 8.1 属于双侧检验问题,下面以例 8.2 为例来讨论如何求单侧检验的拒绝域.

解（例 8.2）（1）根据实际问题提出待检验的假设

$$H_0: \mu = \mu_0 = 1\,500, \qquad H_1: \mu > \mu_0 = 1\,500,$$

这时,H_0 的拒绝域形式与例 8.1 中的双侧检验拒绝域形式有所不同.因为若拒绝 H_0,则意味着接受 $H_1: \mu > \mu_0$,由于 $\overline{X}$ 是总体均值 μ 的无偏估计量,因此,只有当 $\overline{X}$ 的观测值比 μ_0 大很多时,才有理由否定 H_0 并接受 H_1.这就是说只有当 $\overline{X} - \mu_0$ 的观测值大于 0,而且其绝对值较大时,才有理由否定 H_0.据此我们可以构造一个小概率事件来得到 H_0 的拒绝域.

（2）当原假设 H_0 成立时,由 σ 已知,构造与原假设相关的检验统计量并确定其分布：

$$U = \frac{\overline{X} - \mu_0}{\sigma/\sqrt{n}} = \frac{\overline{X} - 1\,500}{200/\sqrt{25}} \sim N(0,1).$$

（3）给定显著性水平 α,确定拒绝域.当 H_0 成立时,

$$P\{U > u_\alpha\} = P\left\{ \frac{\overline{X} - \mu_0}{\sigma/\sqrt{n}} > u_\alpha \right\} = \alpha,$$

可知此时 $\left\{ \frac{\overline{X} - \mu_0}{\sigma/\sqrt{n}} > u_\alpha \right\}$ 是一个小概率事件,由此得到 H_0 的拒绝域为（图 8-2）

$$W = \left\{ U = \frac{\overline{X} - \mu_0}{\sigma / \sqrt{n}} > u_\alpha \right\}.$$

取 $\alpha = 0.05$, 查表得 $u_\alpha = u_{0.05} = 1.645$, 所以
$W = \{ U > 1.645 \}$.

 (4) 根据样本观测值计算统计量 U 的值:

$$u = \frac{\overline{x} - \mu_0}{\sigma / \sqrt{n}} = \frac{1\ 675 - 1\ 500}{200 / \sqrt{25}} = 4.375.$$

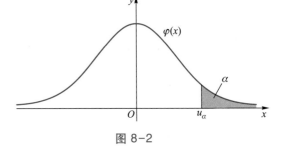

图 8-2

 (5) 对原假设 H_0 做出统计推断: 由于 $u =$
4.375 满足不等式 $u > 1.645$, 从而拒绝原假设 H_0, 故认为采用新工艺后, 灯管寿命有显著提高.

 通过例题分析, 我们知道假设检验的基本思想是运用小概率事件原理, 检验的一般步骤为:

 (1) 根据实际问题的要求, 提出原假设 H_0 及备择假设 H_1;

 (2) 构造检验统计量 $g(X_1, X_2, \cdots, X_n)$ (构造原则是: 当 H_0 成立时, $g(X_1, X_2, \cdots, X_n)$ 的分布确定, 上 α 分位数可以计算);

 (3) 给定显著性水平 α (通常 $\alpha = 0.05, 0.1$ 等), 构造发生概率为 α 的小概率事件, 查找临界值, 确定拒绝域 W;

 (4) 由样本观测值计算出统计量的值 $g(x_1, x_2, \cdots, x_n)$;

 (5) 做出统计推断: 若 $g(x_1, x_2, \cdots, x_n)$ 落入拒绝域 W, 则拒绝 H_0, 否则就接受 H_0.

8.1.4 假设检验的两类错误

 一般地, 进行统计推断的样本为总体的一个简单随机样本, 由于抽样误差, 我们按小概率事件原理确定 H_0 的拒绝域而达到检验 H_0 的目的是有些武断的, 可能犯两类错误, 具体内容如表 8-1 所示.

 当假设 H_0 成立时, 小概率事件也有可能发生, 此时, 我们会拒绝假设 H_0, 因而犯了"弃真"的错误, 称此为第一类错误. 犯第一类错误的概率恰好就是"小概率事件"发生的概率 α, 即
$$P\{ 拒绝\ H_0 | H_0\ 成立 \} = \alpha.$$
反之, 若假设 H_0 不成立, 但一次抽样检验未发生不合理结果, 这时我们就会接受 H_0, 因而犯了"取伪"的错误, 称此为第二类错误. 记 β 为犯第二类错误的概率, 即
$$P\{ 接受\ H_0 | H_0\ 不成立 \} = \beta.$$

表 8-1 检验 H_0 的可能结果

H_0	检验结果		犯错误的概率
H_0 成立	拒绝 H_0	犯第一类错误	α
	接受 H_0	正确结论	0
H_0 不成立	拒绝 H_0	正确结论	0
	接受 H_0	犯第二类错误	β

理论上,自然希望犯这两类错误的概率都很小.但事实上,当样本容量 n 固定时,α 和 β 不能同时都小,即 α 变小时,β 就变大;而 β 变小时,α 就变大.我们以正态总体 $X \sim N(\mu, 1)$ 的参数 μ 的检验为例加以说明:检验

$$H_0 : \mu = \mu_0, \quad H_1 : \mu > \mu_0,$$

拒绝域 $W = \{\bar{X} > k\}$.犯两类错误概率如图 8-3 所示,其中左边曲线是 H_0 成立时 $\bar{X}$ 的概率密度的图形,而右边曲线是 H_1 成立时 $\bar{X}$ 的概率密度的图形.显然,当 k 变大,即犯第一类错误概率 $\alpha = P\{\bar{X} > k \mid \mu = \mu_0\}$ 变小时,犯第二类错误概率 $\beta = P\{\bar{X} < k \mid \mu > \mu_0\}$ 就会变大;反之亦然.

从上面对两类错误的分析我们知道,在样本容量一定的条件下,不可能同时控制一个检验的犯两类错误概率.所以在实际应用中,我们采取折中方案,仅限制犯第一类错误的概率不超过事先设定的值 α,再尽可能减少犯第二类错误的概率.这种只对犯第一类错误的概率加以控制的检验,称为显著性检验.

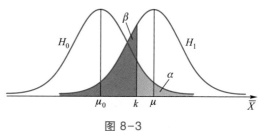

图 8-3

8.1.5 P 值定义及 P 值检验法

假设检验问题的结论通常是简单的.在给定的显著性水平 α 下,通过拒绝域做出拒绝原假设 H_0 或接受原假设 H_0 的推断.然而有时也会出现这样的情况:在一个相对较小的显著性水平(如 $\alpha = 0.05$)下不能拒绝原假设 H_0,而在一个较大的显著性水平(如 $\alpha = 0.1$)下却能拒绝原假设 H_0.出现这种情况的原因很简单,当显著性水平变大时,检验的拒绝域范围变大,于是原来落在接受域中的检验统计量的观测值就可能落入拒绝域,因而更容易拒绝 H_0(图 8-4),这种情况在应用中会带来一些麻烦.下面用例子详细说明.

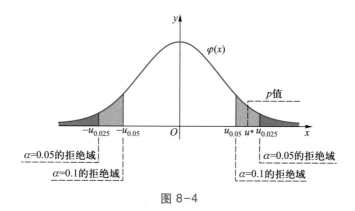

图 8-4

例 8.4 设总体 $X \sim N(\mu, 100)$,抽样 50 个数据得样本均值 $\bar{x} = 72$.现在来检验假设

$$H_0 : \mu = \mu_0 = 70, \quad H_1 : \mu > \mu_0 = 70.$$

显然在 H_0 成立时,检验统计量

$$U = \frac{\overline{X}-\mu_0}{\sigma/\sqrt{n}} = \frac{\overline{X}-70}{10/\sqrt{50}} \sim N(0,1),$$

H_0 的拒绝域 $W = \{U > u_\alpha\}$. 代入样本数据, 得 U 的观测值为

$$u^* = \frac{72-70}{10/\sqrt{50}} = 1.414\ 2.$$

　　(1) 当 $\alpha = 0.1$ 时, H_0 的拒绝域

$$W = \{u > u_{0.1} = 1.282\},$$

因为 $u^* > u_{0.1}$, 故拒绝 H_0;

　　(2) 当 $\alpha = 0.05$ 时, H_0 的拒绝域

$$W = \{u > u_{0.05} = 1.645\},$$

因为 $u^* < u_{0.05}$, 故接受 H_0.

　　我们容易发现, 同一个问题在不同显著性水平 α 下, 得到的结果完全不一样, 这给实际工作带来一定麻烦. 我们可以换个思维, 让用户自己决策以多大的显著性水平 α 来拒绝原假设 H_0.

　　在 H_0 成立时,

$$P\{U \geqslant u^*\} = P\{U \geqslant 1.414\ 2\} = 1 - \phi(1.414\ 2) = 0.078\ 6,$$

若以 $0.078\ 6$ 为基准来看上述检验问题, 可得:

　　当 $\alpha \geqslant 0.078\ 6$ 时 (图 8-5), $u_\alpha \leqslant 1.414\ 2$, 所以 $u^* = 1.414\ 2$ 包含在 $u \geqslant u_\alpha$ 中, 应该拒绝原假设 H_0;

　　当 $\alpha < 0.078\ 6$ 时 (图 8-6), $u_\alpha > 1.414\ 2$, 所以 $u^* = 1.414\ 2$ 不包含在 $u \geqslant u_\alpha$ 中, 应该接受原假设 H_0.

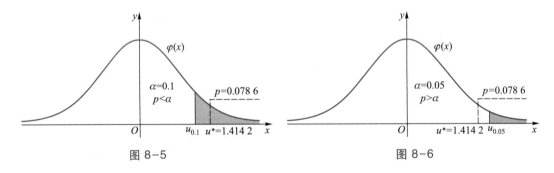

图 8-5　　　　　　　　　　　　　　　　图 8-6

　　由此可见, 本例题中的 $0.078\ 6$ 可以看成用观测值 $1.414\ 2$ 做出 "拒绝原假设 H_0" 的最小检验水平, 其实 $0.078\ 6$ 就是本问题的 P 值.

　　为此我们给出 P 值的定义: 在一个假设检验问题中, 利用样本观测值能够做出拒绝原假设的最小检验水平称为该检验的 P 值.

　　引进检验的 P 值的概念有明显的好处: 首先, 它比较客观, 避免了事先确定显著性水平; 其次, 由检验的 P 值与人们心目中的检验水平 α 进行比较, 可以很容易做出检验的结论; 此外, 现代计算机统计软件 (如 R 软件), 一般都给出检验问题的 P 值. 利用 P 值我们可以如下进行推断:

（1）如果 $p \leqslant \alpha$，则在显著性水平 α 下拒绝 H_0；

（2）如果 $p > \alpha$，则在显著性水平 α 下接受 H_0.

有了这两条结论就能方便地确定是否拒绝 H_0，这种利用 P 值来确定是否拒绝 H_0 的方法，称为 P 值检验法.显然上例中的 P 值为

$$p = P\{U \geqslant u^* \mid H_0 \text{ 成立}\} = 0.078\ 6,$$

当 $\alpha = 0.1$ 时，$p < \alpha$，所以拒绝原假设 H_0；当 $\alpha = 0.05$ 时，$p > \alpha$，所以接受原假设 H_0.

通常约定：$p \leqslant 0.05$ 时称结果为显著的；$p \leqslant 0.01$ 时称结果为高度显著的.

习题 8-1

1. 假设检验的基本思想可以用（　　）来解释.

A. 中心极限定理　　　　　　　　　　B. 置信区间

C. 小概率事件原理　　　　　　　　　D. 正态分布的性质

2. 在假设检验中，原假设为 H_0，备择假设为 H_1，则称（　　）为犯第二类错误.

A. H_0 成立时，接受 H_1　　　　　　B. H_0 成立时，拒绝 H_1

C. H_0 不成立时，接受 H_0　　　　　D. H_0 不成立时，拒绝 H_0

3. 一种零件的标准长度为 5 cm，要检验某天生产的零件是否符合标准要求，建立的原假设和备择假设为（　　）.

A. $H_0: \mu = 5, H_1: \mu \neq 5$　　　　　　B. $H_0: \mu \neq 5, H_1: \mu > 5$

C. $H_0: \mu \leqslant 5, H_1: \mu > 5$　　　　　D. $H_0: \mu \geqslant 5, H_1: \mu < 5$

4. 在假设检验中，原假设和备择假设（　　）.

A. 都有可能成立

B. 都有可能不成立

C. 只有一个成立而且必有一个成立

D. 原假设一定成立，备择假设不一定成立

5. 生产耐高温玻璃，至少要能抗住 500 ℃ 高温而玻璃不变形，这时对产品质量检验所设立的原假设 H_0 应当为（　　）.

A. $H_0: \mu \geqslant 500$　　B. $H_0: \mu \leqslant 500$　　C. $H_0: \mu = 500$　　D. $H_0: \mu_1 \geqslant \mu_2$

6. 加工零件所使用的毛坯件如果过短，则加工出来的零件达不到规定的标准长度 μ_0，对生产毛坯件的模框进行检验，所采用的原假设 H_0 应当为（　　）.

A. $\mu = \mu_0$　　　　B. $\mu \geqslant \mu_0$　　　　C. $\mu \leqslant \mu_0$　　　　D. $\mu \neq \mu_0$

7. 若原假设 $H_0: \mu = \mu_0$，抽出一个样本，其均值 $\bar{x} = \mu_0$，则（　　）.

A. 肯定接受原假设　　　　　　　　　B. 有可能接受原假设

C. 肯定拒绝原假设　　　　　　　　　D. 有可能拒绝原假设

8. 若原假设 $H_0: \mu = \mu_0$，抽出一个样本，其均值 $\bar{x} \leqslant \mu_0$，则（　　）.

A. 肯定拒绝原假设　　　　　　　　　B. 有可能拒绝原假设

C. 肯定接受原假设　　　　　　　　　D. 以上说法都不对

9. 若原假设 $H_0: \mu \leqslant \mu_0$ 抽出一个样本，其均值 $\bar{x} < \mu_0$，则（　　）.

A. 肯定拒绝原假设　　　　　　　　　B. 有可能拒绝原假设

C. 肯定接受原假设   D. 有可能接受原假设

10. 在假设检验中,显著性水平 α 是( ).

A. 原假设成立时被拒绝的概率   B. 原假设成立时被接受的概率

C. 原假设不成立时被拒绝的概率   D. 原假设不成立时被接受的概率

8.2 单个正态总体参数的假设检验

正态分布是自然界中比较常见的分布,中心极限定理也告诉我们,在大样本情形下,很多分布都可以用正态分布近似计算,因此本节主要讨论单个正态总体的均值和方差的假设检验问题.

假定总体 $X \sim N(\mu, \sigma^2)$,且 $X_1, X_2, \cdots, X_n$ 是取自总体 X 的样本容量为 n 的一个样本,$\bar{X} = \dfrac{1}{n} \sum\limits_{i=1}^{n} X_i$ 和 $S^2 = \dfrac{1}{n-1} \sum\limits_{i=1}^{n} (X_i - \bar{X})^2$ 分别为样本均值和样本方差.

8.2.1 单个正态总体均值的假设检验

关于均值 μ 的假设有如下 3 种形式:

(1) $H_0: \mu = \mu_0, H_1: \mu \neq \mu_0$(双侧检验);

(2) $H_0: \mu = \mu_0, H_1: \mu > \mu_0$(单侧(右侧)检验);

(3) $H_0: \mu = \mu_0, H_1: \mu < \mu_0$(单侧(左侧)检验),

其中 μ_0 是已知常数.由于正态分布中有两个参数 μ 和 σ^2,σ^2 是否已知对检验是有影响的,下面我们分 σ^2 已知和 σ^2 未知两种情况展开讨论.

1. 方差 σ^2 已知,关于均值 μ 的检验(U 检验或 Z 检验)

根据前面给定的假设检验的基本步骤,分别讨论关于均值 μ 检验的几类典型问题.

(1) $H_0: \mu = \mu_0, H_1: \mu \neq \mu_0$(双侧检验)

1) 提出原假设和备择假设:

$$H_0: \mu = \mu_0, \quad H_1: \mu \neq \mu_0.$$

2) 构造检验统计量(按照例 **8.1**):当 H_0 成立时,构造

$$U = \frac{\bar{X} - \mu_0}{\sigma / \sqrt{n}} \sim N(0, 1).$$

3) 给定显著性水平 α,确定拒绝域:在显著性水平 α 下,由于备择假设为 $H_1: \mu \neq \mu_0$,μ 分散在 μ_0 两侧,故当 $|U|$ 偏大到一定程度时与 H_0 背离,应该拒绝原假设 H_0.又因为

$$P\left\{ |U| > u_{\frac{\alpha}{2}} \right\} = P\left\{ \left| \frac{\bar{X} - \mu_0}{\sigma / \sqrt{n}} \right| > u_{\frac{\alpha}{2}} \right\} = \alpha$$

成立,即 $\left\{ |U| > u_{\frac{\alpha}{2}} \right\}$ 为小概率事件,故 H_0 的拒绝域为

$$W = \left\{ |U| = \left| \frac{\overline{X} - \mu_0}{\sigma / \sqrt{n}} \right| > u_{\frac{\alpha}{2}} \right\},$$

其中 u_α 为标准正态分布的上 α 分位数.

4）根据样本观测值计算出统计量的值,并做出统计推断:利用样本观测值 $x_1, x_2, \cdots, x_n$

计算出 $u = \dfrac{\overline{x} - \mu_0}{\sigma / \sqrt{n}} = u_0$, 若 $|u| > u_{\frac{\alpha}{2}}$, 即 $u = u_0 \in W$, 则拒绝原假设 H_0, 接受备择假设 H_1, 即认为

总体均值 $\mu \neq \mu_0$; 否则, 接受原假设 H_0, 认为 $\mu = \mu_0$.

例 8.5 某纤维的强力（单位:g) X 服从正态分布 $N(\mu, 1.19^2)$. 原设计的平均强力为 6 g, 现改进工艺后, 测得 100 个强力数据, 其样本均值为 6.35 g. 假定总体标准差不变, 试问改进工艺后, 强力是否有显著变化（$\alpha = 0.05$）?

解 1）提出原假设和备择假设

$$H_0 : \mu = \mu_0 = 6, \quad H_1 : \mu \neq \mu_0.$$

2）构造检验统计量:当 H_0 成立时, 构造

$$U = \frac{\overline{X} - \mu_0}{\sigma / \sqrt{n}} = \frac{\overline{X} - 6}{1.19 / \sqrt{100}} \sim N(0, 1).$$

3）在显著性水平 $\alpha = 0.05$ 下, 有

$$P\{ |U| > u_{\frac{\alpha}{2}} \} = P\left\{ \left| \frac{\overline{X} - \mu_0}{\sigma / \sqrt{n}} \right| > u_{\frac{\alpha}{2}} \right\} = \alpha$$

成立, 故 H_0 的拒绝域为

$$W = \left\{ |U| = \left| \frac{\overline{X} - \mu_0}{\sigma / \sqrt{n}} \right| > u_{0.025} = 1.96 \right\}.$$

4）根据样本观测值计算出统计量的值

$$u = \frac{6.35 - 6}{1.19 / \sqrt{100}} = 2.941,$$

显然 $|u| > u_{0.025} = 1.96$, 故拒绝 H_0, 即抽样数据表明改进工艺后, 强力有显著变化.

而实际工作中, 我们更关心的是总体均值是否明显变大或明显变小. 如例 8.5 中的纤维强力变化问题, 我们希望通过改进工艺, 明显提高纤维的强力, 当然是强力越大越好, 这类问题用以下的假设更为合理:

（2）$H_0 : \mu = \mu_0, H_1 : \mu > \mu_0$（单侧（右侧）检验）

1）提出原假设和备择假设:

$$H_0 : \mu = \mu_0, \quad H_1 : \mu > \mu_0.$$

2）构造检验统计量（按照例 8.2）:当 H_0 成立时, 构造

$$U = \frac{\overline{X} - \mu_0}{\sigma / \sqrt{n}} \sim N(0, 1).$$

3）给定显著性水平 α, 确定拒绝域:在显著性水平 α 下, 由于备择假设为 $H_1 : \mu > \mu_0$, 且 $\overline{X}$ 为 μ 的无偏估计量, 故只考虑当 U 偏大到一定程度时与 H_0 背离, 应该拒绝原假设 H_0. 又因为

$$P\{U>u_\alpha\}=P\left\{\frac{\overline{X}-\mu_0}{\sigma/\sqrt{n}}>u_\alpha\right\}=\alpha$$

成立,即 $\{U>u_\alpha\}$ 为小概率事件,故 H_0 的拒绝域为

$$W=\left\{U=\frac{\overline{X}-\mu_0}{\sigma/\sqrt{n}}>u_\alpha\right\}.$$

4)根据样本观测值计算出统计量的值,并做出统计推断:利用样本观测值 $x_1,x_2,\cdots,x_n$ 计算出 $u=\dfrac{\overline{x}-\mu_0}{\sigma/\sqrt{n}}=u_0$,若 $u_0>u_\alpha$,即 $u=u_0\in W$,则拒绝原假设 H_0 ,接受备择假设 H_1 ,即认为总体均值 $\mu>\mu_0$;否则,接受原假设 H_0 ,认为 $\mu=\mu_0$.

(例 8.5 续) 问改进工艺后,强力是否有显著提高?

解 根据具体问题,显然希望通过改进工艺,纤维的强力显著提高,而且是强力越大越好,因此用以下的假设更为合理:

1)提出原假设和备择假设:

$$H_0:\mu=\mu_0=6, \quad H_1:\mu>\mu_0.$$

2)构造检验统计量:当 H_0 成立时,构造

$$U=\frac{\overline{X}-\mu_0}{\sigma/\sqrt{n}}=\frac{\overline{X}-6}{1.19/\sqrt{100}}\sim N(0,1).$$

3)在显著性水平 $\alpha=0.05$ 下,有

$$P\{U>u_\alpha\}=P\left\{\frac{\overline{X}-\mu_0}{\sigma/\sqrt{n}}>u_\alpha\right\}=\alpha$$

成立,故 H_0 的拒绝域为

$$W=\left\{U=\frac{\overline{X}-\mu_0}{\sigma/\sqrt{n}}>u_{0.05}=1.645\right\}.$$

4)根据样本观测值计算出统计量的值

$$u=\frac{6.35-6}{1.19/\sqrt{100}}=2.941,$$

显然 $u>u_{0.05}=1.645$,故拒绝 H_0 ,接受 H_1 ,即抽样数据表明改进工艺后,纤维的强力有显著提高.

如果想检验均值是否显著降低,则可以用如下假设:

(3) $H_0:\mu=\mu_0,H_1:\mu<\mu_0$(单侧(左侧)检验)

对于形式(3)的检验,检验的过程与形式(1)、形式(2)的讨论完全相似.依然利用检验统计量

$$U=\frac{\overline{X}-\mu_0}{\sigma/\sqrt{n}}\sim N(0,1),$$

得 H_0 的拒绝域为

$$W=\left\{U=\frac{\overline{X}-\mu_0}{\sigma/\sqrt{n}}<u_{1-\alpha}\right\}=\left\{U=\frac{\overline{X}-\mu_0}{\sigma/\sqrt{n}}<-u_\alpha\right\}.$$

需要说明的是,在形式(2)和形式(3)的检验问题中,如果我们将原假设分别换成 $H_0:\mu\leqslant\mu_0$ 与 $H_0:\mu\geqslant\mu_0$,备择假设都保持不变,即检验问题换成如下形式:

(2′)$H_0:\mu\leqslant\mu_0$,$H_1:\mu>\mu_0$(单侧(右侧)检验);

(3′)$H_0:\mu\geqslant\mu_0$,$H_1:\mu<\mu_0$(单侧(左侧)检验).

虽然检验问题发生改变,实际意义也不同,但在相同的显著性水平下,可以证明检验的拒绝域都不变.拒绝域的具体形式见本小节最后的表 8-2.下面以检验问题(2′)为例加以说明:

若(2′)的原假设 H_0 成立,即有 $\mu\leqslant\mu_0$ 成立,因为 σ^2 已知,取检验统计量

$$U=\frac{\overline{X}-\mu}{\sigma/\sqrt{n}}\sim N(0,1),$$

易知 $P\left\{\dfrac{\overline{X}-\mu}{\sigma/\sqrt{n}}>u_\alpha\right\}=\alpha$. 又因为 $\dfrac{\overline{X}-\mu_0}{\sigma/\sqrt{n}}\leqslant\dfrac{\overline{X}-\mu}{\sigma/\sqrt{n}}$,则

$$\left\{\frac{\overline{X}-\mu_0}{\sigma/\sqrt{n}}>u_\alpha\right\}\subset\left\{\frac{\overline{X}-\mu}{\sigma/\sqrt{n}}>u_\alpha\right\},$$

所以

$$P\left\{\frac{\overline{X}-\mu_0}{\sigma/\sqrt{n}}>u_\alpha\right\}\leqslant P\left\{\frac{\overline{X}-\mu}{\sigma/\sqrt{n}}>u_\alpha\right\}=\alpha.$$

显然 $\left\{\dfrac{\overline{X}-\mu_0}{\sigma/\sqrt{n}}>u_\alpha\right\}$ 为小概率事件,由小概率事件原理可得 H_0 的拒绝域为

$$\left\{U=\frac{\overline{X}-\mu_0}{\sigma/\sqrt{n}}>u_\alpha\right\}.$$

已知方差 σ^2,正态总体 $X\sim N(\mu,\sigma^2)$ 关于均值 μ 的假设检验如表 8-2 所示.

单个正态总体均值的假设检验,当总体方差 σ^2 已知时,都是用标准正态随机变量 $U=\dfrac{\overline{X}-\mu_0}{\sigma/\sqrt{n}}\sim N(0,1)$ 作为检验统计量进行检验的,这种用标准正态随机变量 U 作为检验统计量的假设检验方法称为 U 检验法(Z 检验法).

2. 方差 σ^2 未知,关于均值 μ 的检验(T 检验)

在实际问题中,总体的方差 σ^2 往往是不知道的,因此在方差未知时,关于均值 μ 的检验尤为重要.

(1)$H_0:\mu=\mu_0$,$H_1:\mu\neq\mu_0$(双侧检验)

由于方差 σ^2 未知,$U=\dfrac{\overline{X}-\mu}{\sigma/\sqrt{n}}\sim N(0,1)$ 不能再作为检验统计量.注意到

$$\frac{(n-1)S^2}{\sigma^2}\sim\chi^2(n-1),$$

$\overline{X}$ 与 S^2 相互独立,且

$$T = \frac{\overline{X}-\mu}{\sigma/\sqrt{n}} \Bigg/ \sqrt{\frac{(n-1)S^2}{\sigma^2} \Bigg/ (n-1)} = \frac{\overline{X}-\mu}{S/\sqrt{n}} \sim t(n-1),$$

故构造统计量

$$T = \frac{\overline{X}-\mu}{S/\sqrt{n}} \sim t(n-1).$$

按照前面给定的假设检验的步骤：

1）提出原假设和备择假设：

$$H_0:\mu=\mu_0, \quad H_1:\mu\neq\mu_0.$$

2）构造检验统计量：当 H_0 成立时，构造

$$T = \frac{\overline{X}-\mu_0}{S/\sqrt{n}} \sim t(n-1).$$

3）给定显著性水平 α，确定拒绝域：在显著性水平 α 下，

$$P\left\{|T|>t_{\frac{\alpha}{2}}(n-1)\right\} = P\left\{\left|\frac{\overline{X}-\mu_0}{S/\sqrt{n}}\right|>t_{\frac{\alpha}{2}}(n-1)\right\} = \alpha$$

成立，即 $\left\{|T|>t_{\frac{\alpha}{2}}(n-1)\right\}$ 为小概率事件，故 H_0 的拒绝域为

$$W = \left\{|T| = \left|\frac{\overline{X}-\mu_0}{S/\sqrt{n}}\right|>t_{\frac{\alpha}{2}}(n-1)\right\}.$$

4）根据样本观测值计算出统计量的值，并做出统计推断：利用样本观测值 $x_1,x_2,\cdots,x_n$

计算出 $t = \dfrac{\overline{x}-\mu_0}{s/\sqrt{n}} = t_0$，若 $|t|>t_{\frac{\alpha}{2}}(n-1)$，即 $t=t_0 \in W$，则拒绝原假设 H_0，接受备择假设 H_1，即认

为总体均值 $\mu\neq\mu_0$；否则，接受原假设 H_0，认为 $\mu=\mu_0$.

检验改为单侧检验问题时，检验步骤完全相似.

（2）$H_0:\mu=\mu_0$，$H_1:\mu>\mu_0$（单侧（右侧）检验）

构造检验统计量

$$T = \frac{\overline{X}-\mu_0}{S/\sqrt{n}} \sim t(n-1),$$

H_0 的拒绝域为

$$W = \{T>t_\alpha(n-1)\}.$$

（3）$H_0:\mu=\mu_0$，$H_1:\mu<\mu_0$（单侧（左侧）检验）

构造检验统计量

$$T = \frac{\overline{X}-\mu_0}{S/\sqrt{n}} \sim t(n-1),$$

H_0 的拒绝域为

$$W = \{T<-t_\alpha(n-1)\}.$$

方差 σ^2 未知，正态总体 $X \sim N(\mu,\sigma^2)$ 关于均值 μ 的假设检验如表 8-2 所示.

单个正态总体均值的假设检验,当 σ^2 未知时,不论双侧检验还是单侧检验,都是用服从 t 分布的检验统计量

$$T = \frac{\overline{X} - \mu_0}{S / \sqrt{n}} \sim t(n-1)$$

进行检验的.这种检验方法称为 T 检验法.

例 8.6 假定学生的考试成绩(单位:分)X 服从正态分布,在某大学的一次概率统计期末考试中,随机抽查了 100 名学生的考试成绩,算得平均成绩为 78.5 分,标准差为 15 分.问在显著性水平 $\alpha = 0.05$ 下,能否认为全体学生的平均成绩为 80 分?

解 由题意,提出假设

$$H_0 : \mu = \mu_0 = 80, \qquad H_1 : \mu \neq \mu_0 = 80.$$

因方差 σ^2 未知,故选择 T 检验法,构造统计量

$$T = \frac{\overline{X} - \mu_0}{S / \sqrt{n}} \sim t(n-1),$$

则在显著性水平 α 下,原假设 H_0 的拒绝域为

$$W = \left\{ |T| = \left| \frac{\overline{X} - \mu_0}{S / \sqrt{n}} \right| > t_{\frac{\alpha}{2}}(n-1) \right\}.$$

已知 $n = 100, \overline{x} = 78.5, s = 15, \alpha = 0.05$,查表可得 $t_{\frac{\alpha}{2}}(n-1) = t_{0.025}(99) = 1.9842$.由于

$$|t| = \left| \frac{\overline{x} - 80}{15 / \sqrt{100}} \right| = \left| \frac{78.5 - 80}{15 / \sqrt{100}} \right| = 1 < 1.9842,$$

故接受 H_0,即可以认为全体学生的平均成绩为 80 分.

例 8.7 下面列出的是某工厂随机选取的 20 个部件的装配时间(单位:min):

10.4, 9.9, 9.8, 9.7, 9.6, 10.1, 10.9, 9.8, 10.6, 9.6,
9.6, 10.6, 10.3, 10.2, 10.5, 11.1, 10.5, 9.9, 9.7, 11.2.

设装配时间的总体 X 服从正态分布 $N(\mu, \sigma^2)$,参数 μ, σ^2 均未知,在显著性水平 $\alpha = 0.05$ 下,是否可以认为装配时间的均值显著大于 10 min?

解 由题意,我们关心 μ 是否大于 10,于是提出假设

$$H_0 : \mu \leq \mu_0 = 10, \qquad H_1 : \mu > \mu_0 = 10.$$

因方差 σ^2 未知,故选择 T 检验法,构造统计量

$$T = \frac{\overline{X} - \mu_0}{S / \sqrt{n}} \sim t(n-1).$$

仿照方差 σ^2 已知时相应的推导,可得在显著性水平 α 下原假设 H_0 的拒绝域为

$$W = \left\{ T = \frac{\overline{X} - \mu_0}{S / \sqrt{n}} > t_{\alpha}(n-1) \right\}.$$

已知 $n = 20, \overline{x} = 10.2, s = 0.509, \alpha = 0.05$,查表可得 $t_{\alpha}(n-1) = t_{0.05}(19) = 1.7291$.由于

$$t = \frac{\overline{x} - 10}{0.509 / \sqrt{20}} = \frac{10.2 - 10}{0.509 / \sqrt{20}} = 1.7572 > 1.7291,$$

故拒绝 H_0,即认为装配时间的均值显著大于 10 min.

表 8-2 单个正态总体 $X \sim N(\mu, \sigma^2)$ 关于均值 μ 的假设检验表

检验参数		原假设与备择假设	检验统计量	拒绝域 W
均值 μ	σ^2 已知	$H_0: \mu = \mu_0, H_1: \mu \neq \mu_0$	$U = \dfrac{\bar{X} - \mu_0}{\sigma/\sqrt{n}}$	$\lvert U \rvert > u_{\frac{\alpha}{2}}$
		$H_0: \mu \leqslant \mu_0, H_1: \mu > \mu_0$		$U > u_\alpha$
		$H_0: \mu \geqslant \mu_0, H_1: \mu < \mu_0$		$U < -u_\alpha$
	σ^2 未知	$H_0: \mu = \mu_0, H_1: \mu \neq \mu_0$	$T = \dfrac{\bar{X} - \mu_0}{S/\sqrt{n}}$	$\lvert T \rvert > t_{\frac{\alpha}{2}}(n-1)$
		$H_0: \mu \leqslant \mu_0, H_1: \mu > \mu_0$		$T > t_\alpha(n-1)$
		$H_0: \mu \geqslant \mu_0, H_1: \mu < \mu_0$		$T < -t_\alpha(n-1)$

8.2.2 单个正态总体方差的假设检验

方差 σ^2 的检验和均值 μ 的检验相似,关于方差 σ^2 的假设有如下 3 种形式:

(1) $H_0: \sigma^2 = \sigma_0^2, H_1: \sigma^2 \neq \sigma_0^2$(双侧检验);

(2) $H_0: \sigma^2 = \sigma_0^2, H_1: \sigma^2 > \sigma_0^2$(单侧(右侧)检验);

(3) $H_0: \sigma^2 = \sigma_0^2, H_1: \sigma^2 < \sigma_0^2$(单侧(左侧)检验),

其中 σ_0^2 是已知常数.由于正态分布中有两个参数 μ 和 σ^2,μ 是否已知对检验是有影响的,下面我们分 μ 已知和 μ 未知两种情况展开讨论.

1. 均值 μ 未知,关于方差 σ^2 的检验(χ^2 检验)

上述 3 种形式的检验问题,其统计推断思路与方法都很类似,在此仅讨论下面两种典型形式,其余结论见本小节最后的表 8-3.

(1) $H_0: \sigma^2 = \sigma_0^2, H_1: \sigma^2 \neq \sigma_0^2$(双侧检验)

由于 S^2 是 σ^2 的无偏估计量,当 H_0 成立时,S^2 的观测值 s^2 应该落在 σ_0^2 附近,即 $\dfrac{s^2}{\sigma_0^2}$ 的值应该在 1 附近,过分大于 1 或者过分小于 1 都应该拒绝 H_0.又因为

$$\chi^2 = \frac{(n-1)S^2}{\sigma_0^2} \sim \chi^2(n-1),$$

若 H_1 为真,χ^2 的观测值偏离 $n-1$,因而原假设 H_0 的拒绝域的形式应该为

$$W = \{\chi^2 < k_1\} \cup \{\chi^2 > k_2\} \quad (k_1 < k_2 \text{ 为常数}).$$

在给定显著性水平 α 时,习惯上取 $P\{\chi^2 < k_1\} = P\{\chi^2 > k_2\} = \dfrac{\alpha}{2}$,可以通过查表得两个参数值为

$$k_1 = \chi^2_{1-\frac{\alpha}{2}}(n-1), \quad k_2 = \chi^2_{\frac{\alpha}{2}}(n-1),$$

具体的检验过程如下:

1)提出原假设和备择假设:

$$H_0: \sigma^2 = \sigma_0^2, \quad H_1: \sigma^2 \neq \sigma_0^2.$$

2）构造检验统计量：当 H_0 成立时，构造

$$\chi^2 = \frac{(n-1)S^2}{\sigma_0^2} = \frac{\sum_{i=1}^{n}(X_i - \bar{X})^2}{\sigma_0^2} \sim \chi^2(n-1).$$

3）给定显著性水平 α，确定拒绝域：在显著性水平 α 下，因为

$$P\{\chi^2 < \chi^2_{1-\frac{\alpha}{2}}(n-1) \text{ 或 } \chi^2 > \chi^2_{\frac{\alpha}{2}}(n-1)\} = \alpha$$

成立，即

$$\{\chi^2 < \chi^2_{1-\frac{\alpha}{2}}(n-1)\} \cup \{\chi^2 > \chi^2_{\frac{\alpha}{2}}(n-1)\}$$

为小概率事件，故 H_0 的拒绝域为

$$W = \left\{\chi^2 = \frac{(n-1)S^2}{\sigma_0^2} < \chi^2_{1-\frac{\alpha}{2}}(n-1) \text{ 或 } \chi^2 = \frac{(n-1)S^2}{\sigma_0^2} > \chi^2_{\frac{\alpha}{2}}(n-1)\right\},$$

其中 χ^2_α 为 χ^2 分布的上 α 分位数.

4）根据样本观测值计算出统计量的值，并做出统计推断：利用样本观测值 $x_1, x_2, \cdots, x_n$

计算出 $\chi^2 = \frac{(n-1)S^2}{\sigma_0^2}$，若 $\chi^2 < \chi^2_{1-\frac{\alpha}{2}}(n-1)$ 或 $\chi^2 > \chi^2_{\frac{\alpha}{2}}(n-1)$，即 $\chi^2 \in W$，则拒绝原假设 H_0，接受备择假设 H_1，即认为总体方差 $\sigma^2 \neq \sigma_0^2$；否则，接受原假设 H_0，认为 $\sigma^2 = \sigma_0^2$.

例 8.8 某工厂生产的一种电池，其寿命（单位：h）X 长期以来服从方差 $\sigma^2 = 5\,000(\mathrm{h}^2)$ 的正态分布.现在有一批电池，从生产的情况来看，寿命的波动性有所改变.随机地抽取 50 只电池，测得寿命的样本方差 $s^2 = 9\,200\ \mathrm{h}^2$.问根据这一数据能否推断这批电池寿命的波动性较以往有显著性的变化（$\alpha = 0.05$）？

解 由题意，提出假设

$$H_0: \sigma^2 = \sigma_0^2 = 5\,000, \quad H_1: \sigma^2 \neq \sigma_0^2 = 5\,000.$$

因为均值 μ 未知，构造统计量

$$\chi^2 = \frac{(n-1)S^2}{\sigma_0^2} \sim \chi^2(n-1),$$

则在显著性水平 α 下，原假设 H_0 的拒绝域为

$$W = \left\{\chi^2 = \frac{(n-1)S^2}{\sigma_0^2} < \chi^2_{1-\frac{\alpha}{2}}(n-1) \text{ 或 } \chi^2 = \frac{(n-1)S^2}{\sigma_0^2} > \chi^2_{\frac{\alpha}{2}}(n-1)\right\}.$$

已知 $n = 50, \alpha = 0.05$，查表可得

$$\chi^2_{1-\frac{\alpha}{2}}(n-1) = \chi^2_{0.975}(49) = 31.554\,9,$$
$$\chi^2_{\frac{\alpha}{2}}(n-1) = \chi^2_{0.025}(49) = 70.222\,4.$$

由于

$$\chi^2 = \frac{(n-1)s^2}{\sigma_0^2} = \frac{(50-1) \times 9\,200}{5\,000} = 90.16 > \chi^2_{0.025}(49) = 70.222\,4,$$

χ^2 的观测值落入拒绝域，故拒绝 H_0，即认为这批电池寿命的波动性较以往有显著性的变化.

（2）$H_0: \sigma^2 = \sigma_0^2, H_1: \sigma^2 > \sigma_0^2$（单侧（右侧）检验）

这个单侧假设检验问题的检验步骤和双侧检验基本类似：

1）提出原假设和备择假设：

$$H_0: \sigma^2 = \sigma_0^2, \quad H_1: \sigma^2 > \sigma_0^2.$$

2）构造检验统计量：当 H_0 成立时，构造

$$\chi^2 = \frac{(n-1)S^2}{\sigma_0^2} = \frac{\sum_{i=1}^{n}(X_i - \bar{X})^2}{\sigma_0^2} \sim \chi^2(n-1).$$

3）给定显著性水平 α，确定拒绝域：在显著性水平 α 下，因为 $P\{\chi^2 > \chi_\alpha^2(n-1)\} = \alpha$ 成立，即 $\{\chi^2 > \chi_\alpha^2(n-1)\}$ 为小概率事件，故 H_0 的拒绝域为

$$W = \left\{ \chi^2 = \frac{(n-1)S^2}{\sigma_0^2} > \chi_\alpha^2(n-1) \right\},$$

其中 χ_α^2 为 χ^2 分布的上 α 分位数.

4）根据样本观测值计算出统计量的值，并做出统计推断：利用样本观测值 $x_1, x_2, \cdots, x_n$ 计算出 $\chi^2 = \frac{(n-1)S^2}{\sigma_0^2}$，若 $\chi^2 > \chi_\alpha^2(n-1)$，即 $\chi^2 \in W$，则拒绝原假设 H_0，接受备择假设 H_1，即认为总体方差 $\sigma^2 > \sigma_0^2$；否则，接受原假设 H_0，认为 $\sigma^2 = \sigma_0^2$.

例 8.9　某种导线，要求其电阻（单位：Ω）X 的标准差不得超过 $0.005~\Omega$.现对一批产品进行抽样检测，抽取样品 20 根，测得样本标准差 $s = 0.007~\Omega$.设电阻 X 服从正态分布，问在显著性水平 $\alpha = 0.05$ 下，能否认为这批导线的电阻标准差显著地偏大？

解　由于总体均值 μ 未知，本问题属于正态总体方差的单侧检验问题，故提出假设

$$H_0: \sigma^2 = \sigma_0^2 = 0.005^2, \quad H_1: \sigma^2 > \sigma_0^2 = 0.005^2.$$

选择检验统计量

$$\chi^2 = \frac{(n-1)S^2}{\sigma_0^2} = \frac{\sum_{i=1}^{n}(X_i - \bar{X})^2}{\sigma_0^2} \sim \chi^2(n-1),$$

则在显著性水平 α 下原假设 H_0 的拒绝域为

$$W = \left\{ \chi^2 = \frac{(n-1)S^2}{\sigma_0^2} > \chi_\alpha^2(n-1) \right\}.$$

已知 $n = 20, \alpha = 0.05$，查表可得 $\chi_\alpha^2(n-1) = \chi_{0.05}^2(19) = 30.143~5$.由于

$$\chi^2 = \frac{(n-1)s^2}{\sigma_0^2} = \frac{(20-1) \times 0.007^2}{0.005^2} = 37.24 > \chi_{0.05}^2(19) = 30.143~5,$$

χ^2 的观测值落入拒绝域，故拒绝 H_0，即认为这批导线的电阻标准差显著地偏大.

2. 均值 μ 已知，关于方差 σ^2 的检验（χ^2 检验）

因为 $X \sim N(\mu, \sigma^2)$，所以 $\frac{X_i - \mu}{\sigma} \sim N(0,1)$，$i = 1, 2, \cdots, n$，且

$$\frac{\sum_{i=1}^{n}(X_i - \mu)^2}{\sigma^2} = \sum_{i=1}^{n}\left(\frac{X_i - \mu}{\sigma}\right)^2 \sim \chi^2(n).$$

因为均值 μ 已知，当 $H_0: \sigma^2 = \sigma_0^2$ 时，可取

$$\chi^2 = \frac{\sum_{i=1}^{n}(X_i - \mu)^2}{\sigma_0^2} \sim \chi^2(n)$$

做检验统计量.前述 3 种形式的检验问题的检验步骤和前面一致,拒绝域形式见表 8-3.

以上检验方法称为 χ^2 检验法.

表 8-3　单个正态总体 $X \sim N(\mu, \sigma^2)$ 关于方差 σ^2 的假设检验表

检验参数		原假设与备择假设	检验统计量	拒绝域 W
方差 σ^2	μ 已知	$H_0: \sigma^2 = \sigma_0^2,\ H_1: \sigma^2 \neq \sigma_0^2$	$\chi^2 = \dfrac{\sum_{i=1}^{n}(X_i - \mu)^2}{\sigma_0^2}$	$\chi^2 < \chi_{1-\frac{\alpha}{2}}^2(n)$ 或 $\chi^2 > \chi_{\frac{\alpha}{2}}^2(n)$
		$H_0: \sigma^2 \leq \sigma_0^2,\ H_1: \sigma^2 > \sigma_0^2$		$\chi^2 > \chi_{\alpha}^2(n)$
		$H_0: \sigma^2 \geq \sigma_0^2,\ H_1: \sigma^2 < \sigma_0^2$		$\chi^2 < \chi_{1-\alpha}^2(n)$
	μ 未知	$H_0: \sigma^2 = \sigma_0^2,\ H_1: \sigma^2 \neq \sigma_0^2$	$\chi^2 = \dfrac{(n-1)S^2}{\sigma_0^2}$	$\chi^2 < \chi_{1-\frac{\alpha}{2}}^2(n-1)$ 或 $\chi^2 > \chi_{\frac{\alpha}{2}}^2(n-1)$
		$H_0: \sigma^2 \leq \sigma_0^2,\ H_1: \sigma^2 > \sigma_0^2$		$\chi^2 > \chi_{\alpha}^2(n-1)$
		$H_0: \sigma^2 \geq \sigma_0^2,\ H_1: \sigma^2 < \sigma_0^2$		$\chi^2 < \chi_{1-\alpha}^2(n-1)$

习题 8-2

1. 一种元件,要求其使用寿命不低于 1 000 h.现从一批这种元件中随机抽取 25 件,测得其平均寿命为 950 h.已知该种元件寿命服从标准差 $\sigma = 100$ h 的正态分布,试在显著性水平 $\alpha = 0.01$ 要求下确定这批元件是否合格.

2. 化工厂用自动打包机包装化肥,某日测得 9 包化肥的质量(单位:kg)如下:

49.7, 49.8, 50.3, 50.5, 49.7, 50.1, 49.9, 50.5, 50.4.

已知打包质量服从正态分布,是否可认为每包平均质量为 50 kg?($\alpha = 0.05$)

3. 面粉加工厂用自动打包机打包,每袋面粉标准质量为 50 kg,每日开工后需要检验一次打包机工作是否正常.某日开工后测得 10 袋面粉质量(单位:kg)如下:

50.8, 48.9, 49.3, 49.6, 50.4, 51.3, 48.2, 51.7, 49.1, 47.6.

已知每袋面粉质量服从正态分布,问:该日打包机工作是否正常?($\alpha = 0.05$)

4. 某机床加工一种零件,根据经验知道,该机床加工零件的椭圆度近似服从正态分布,其总体均值为 0.075 mm,总体标准差为 0.014 mm.今另换一种新机床进行加工,取 400 个零件进行检验,测得椭圆度均值为 0.071 mm.问:新机床加工零件的椭圆度总体均值与以前的有无显著差别?($\alpha = 0.05$)

5. 一个汽车轮胎制造商声称,所生产的轮胎平均寿命在一定的汽车重量和正常行驶条件下大于 40 000 km.对一个由 15 个轮胎组成的随机样本作了试验,得到了平均值和标准差

分别为 42 000 km 和 3 000 km.假定轮胎寿命的公里数近似服从正态分布,这些数据是否表明该制造商的声称是可信的?($\alpha = 0.05$)

6. 某市调查职工平均每天用于家务劳动的时间,该市统计局主持这项调查的人以为职工用于家务劳动的时间不超过 2 h.随机抽取 400 名职工进行调查的结果为:$\bar{x} = 1.8$ h,$s^2 = 1.44$ h^2.问:调查结果是否支持调查主持人的看法?($\alpha = 0.05$)

7. 某台机器加工零件,规定零件长度为 100 cm,标准差不得超过 2 cm,每天定时检查机器运行情况.某天抽取零件 10 个,测得平均长度 $\bar{x} = 101$ cm,标准差 $s = 2$ cm.设加工零件长度服从正态分布,问该机器工作是否正常?($\alpha = 0.05$)(提示:设零件长度 $X \sim N(\mu, \sigma^2)$,先检验假设 $H_0 : \mu = \mu_0 = 100$,后检验假设 $H_0 : \sigma^2 \leqslant \sigma_0^2 = 2^2$.)

8. 根据长期正常生产的积累资料,某维尼纶厂生产的维尼纶的纤度服从正态分布,它的方差为 $\sigma^2 = 0.05$.某日随机抽取 5 根纤维进行检验,其结果为

$$1.32, \quad 1.55, \quad 1.36, \quad 1.40, \quad 1.44,$$

试问这一天纤度的方差是否正常?($\alpha = 0.05$)

9. 某车间生产铜丝,生产一向比较稳定.今从产品中随机抽出 10 根检查折断力,得数据如下(单位:N):

$$578, \quad 572, \quad 570, \quad 568, \quad 572, \quad 570, \quad 570, \quad 572, \quad 596, \quad 584.$$

问:是否可相信该车间生产的铜丝其折断力的方差为 64?($\alpha = 0.05$)

10. 某电工器材厂生产一种保险丝.测量其熔化时间,依通常情况方差为 400.今从某天的产品中抽取容量为 25 的样本,测量其熔化时间并计算得 $\bar{x} = 62.24$,$s^2 = 404.77$.假定熔化时间服从正态分布,问该天保险丝熔化时间的方差与通常情况有无显著差异?($\alpha = 0.05$)

8.3 两个正态总体参数的假设检验

设 $X_1, X_2, \cdots, X_m$ 是取自正态总体 $X \sim N(\mu_1, \sigma_1^2)$ 的一个样本,$Y_1, Y_2, \cdots, Y_n$ 是取自正态总体 $Y \sim N(\mu_2, \sigma_2^2)$ 的一个样本,且总体 X 与 Y 相互独立,显著性水平为 α,记

$$\bar{X} = \frac{1}{m} \sum_{i=1}^{m} X_i, \quad \bar{Y} = \frac{1}{n} \sum_{i=1}^{n} Y_i,$$

$$S_X^2 = \frac{1}{m-1} \sum_{i=1}^{m} (X_i - \bar{X})^2, \quad S_Y^2 = \frac{1}{n-1} \sum_{i=1}^{n} (Y_i - \bar{Y})^2,$$

$$S_W^2 = \frac{1}{m+n-2} \left[(m-1) S_X^2 + (n-1) S_Y^2 \right].$$

8.3.1 两个正态总体均值差的假设检验

在两个相互独立总体的假设检验问题中,我们通常感兴趣的是两个总体的均值 μ_1, μ_2 是否有差别.两个正态总体均值比较的假设检验问题有如下 3 种形式:

(1) $H_0 : \mu_1 = \mu_2, H_1 : \mu_1 \neq \mu_2$(双侧检验);

（2）$H_0:\mu_1=\mu_2,H_1:\mu_1>\mu_2$（单侧（右侧）检验）；

（3）$H_0:\mu_1=\mu_2,H_1:\mu_1<\mu_2$（单侧（左侧）检验）.

同置信区间求解过程相似,由于正态分布中有两个参数 μ 和 σ^2,σ_1^2,σ_2^2 是否已知对 μ_1 和 μ_2 的检验是有影响的.下面分两种不同的情况进行讨论.

1. 方差 σ_1^2 与 σ_2^2 已知,关于均值差 $\mu_1-\mu_2$ 的假设检验（U 检验或 Z 检验）

提出假设

$$H_0:\mu_1=\mu_2,\quad H_1:\mu_1\neq\mu_2.$$

考虑到相互独立且服从正态分布的两个随机变量的差依然服从正态分布,又已知 $\bar{X}$ 与 $\bar{Y}$ 都服从正态分布,即

$$\bar{X}\sim N\left(\mu_1,\frac{\sigma_1^2}{m}\right),\quad \bar{Y}\sim N\left(\mu_2,\frac{\sigma_2^2}{n}\right),$$

所以

$$\bar{X}-\bar{Y}\sim N\left(\mu_1-\mu_2,\frac{\sigma_1^2}{m}+\frac{\sigma_2^2}{n}\right),$$

$$\frac{(\bar{X}-\bar{Y})-(\mu_1-\mu_2)}{\sqrt{\dfrac{\sigma_1^2}{m}+\dfrac{\sigma_2^2}{n}}}\sim N(0,1).$$

按照前面给定的假设检验的步骤可得：

1）提出原假设和备择假设：

$$H_0:\mu_1=\mu_2,\quad H_1:\mu_1\neq\mu_2.$$

2）构造检验统计量：当 H_0 成立时,构造

$$U=\frac{\bar{X}-\bar{Y}}{\sqrt{\dfrac{\sigma_1^2}{m}+\dfrac{\sigma_2^2}{n}}}\sim N(0,1).$$

3）给定显著性水平 α,确定拒绝域：在显著性水平 α 下,因为 $P\{|U|>u_{\frac{\alpha}{2}}\}=\alpha$ 成立,即 $\{|U|>u_{\frac{\alpha}{2}}\}$ 为小概率事件,故 H_0 的拒绝域为

$$W=\left\{|U|=\left|\frac{\bar{X}-\bar{Y}}{\sqrt{\sigma_1^2/m+\sigma_2^2/n}}\right|>u_{\frac{\alpha}{2}}\right\},$$

其中 u_α 为标准正态分布的上 α 分位数.

4）根据样本观测值计算出统计量的值,并做出统计推断：利用样本观测值 $x_1,x_2,\cdots,x_n$ 计算出

$$u=\frac{\bar{x}-\bar{y}}{\sqrt{\dfrac{\sigma_1^2}{m}+\dfrac{\sigma_2^2}{n}}}=u_0,$$

若 $|u|>u_{\frac{\alpha}{2}}$,即 $u=u_0\in W$,则拒绝原假设 H_0,接受备择假设 H_1,即认为 $\mu_1\neq\mu_2$；否则,接受原

假设 H_0，认为 $\mu_1 = \mu_2$.

例 8.10 有两种方法可以提高某产品的抗拉强度(单位:kg),以往经验表明,用这两种方法生产的产品的抗拉强度都服从正态分布,方法 1 和方法 2 给出的标准差分别为 3 kg 和 4 kg.从方法 1 和方法 2 生产的产品中分别随机抽取 10 件和 14 件,测得样本均值分别为 20 kg 和 17 kg.能否认为方法 1 与方法 2 生产的产品的平均抗拉强度相同($\alpha = 0.05$)?

解 依题意,设方法 1 和方法 2 的总体分别用 X 和 Y 表示,提出假设

$$H_0 : \mu_1 = \mu_2, \quad H_1 : \mu_1 \neq \mu_2.$$

因方差 σ_1^2 与 σ_2^2 已知,故当 H_0 成立时,选择检验统计量

$$U = \frac{\overline{X} - \overline{Y}}{\sqrt{\dfrac{\sigma_1^2}{m} + \dfrac{\sigma_2^2}{n}}} \sim N(0,1),$$

则在显著性水平 α 下,原假设 H_0 的拒绝域为

$$W = \left\{ |U| = \left| \frac{\overline{X} - \overline{Y}}{\sqrt{\sigma_1^2/m + \sigma_2^2/n}} \right| > u_{\frac{\alpha}{2}} \right\}.$$

已知 $m = 10, n = 14, \sigma_1^2 = 3^2, \sigma_2^2 = 4^2, \overline{x} = 20, \overline{y} = 17, \alpha = 0.05$,查表可得 $u_{\frac{\alpha}{2}} = u_{0.025} = 1.96$.由于

$$u = \left| \frac{\overline{x} - \overline{y}}{\sqrt{\sigma_1^2/m + \sigma_2^2/n}} \right| = \left| \frac{20 - 17}{\sqrt{3^2/10 + 4^2/14}} \right| = 2.099 > u_{0.025} = 1.96,$$

U 的观测值落入拒绝域,故拒绝 H_0,即认为方法 1 与方法 2 生产的产品的平均抗拉强度不相同.

当两个正态总体的方差都已知时,我们用 U 检验法对均值差做假设检验.但在许多实际问题中,总体方差都未知,这时我们可以采用如下的 t 检验法.

2. 方差 $\sigma_1^2 = \sigma_2^2 = \sigma^2$ 未知,关于均值差 $\mu_1 - \mu_2$ 的假设检验(t 检验)

提出假设

$$H_0 : \mu_1 = \mu_2, \quad H_1 : \mu_1 \neq \mu_2.$$

因为当 $\sigma_1^2 = \sigma_2^2 = \sigma^2$ 时,统计量

$$T = \frac{(\overline{X} - \overline{Y}) - (\mu_1 - \mu_2)}{S_w \sqrt{\dfrac{1}{m} + \dfrac{1}{n}}} \sim t(m + n - 2),$$

$$S_w^2 = \frac{1}{m + n - 2} [(m - 1)S_X^2 + (n - 1)S_Y^2],$$

按照前面给定的假设检验的步骤可得:

1) 提出原假设和备择假设:

$$H_0 : \mu_1 = \mu_2, \quad H_1 : \mu_1 \neq \mu_2.$$

2) 构造检验统计量:当 H_0 成立时,构造

$$T = \frac{\overline{X} - \overline{Y}}{S_W \sqrt{\dfrac{1}{m} + \dfrac{1}{n}}} \sim t(m+n-2).$$

3）给定显著性水平 α，确定拒绝域：在显著性水平 α 下，因为 $P\{|T| > t_{\frac{\alpha}{2}}(m+n-2)\} = \alpha$ 成立，即 $\{|T| > t_{\frac{\alpha}{2}}(m+n-2)\}$ 为小概率事件，故 H_0 的拒绝域为

$$W = \left\{ |T| = \left| \frac{\overline{X} - \overline{Y}}{S_W \sqrt{1/m + 1/n}} \right| > t_{\frac{\alpha}{2}}(m+n-2) \right\},$$

其中 t_α 为 T 分布的上 α 分位数。

4）根据样本观测值计算出统计量的值，并做出统计推断：利用样本观测值 $x_1, x_2, \cdots, x_n$ 计算出

$$t = \frac{\overline{x} - \overline{y}}{s_W \sqrt{\dfrac{1}{m} + \dfrac{1}{n}}} = t_0,$$

若 $|t| > t_{\frac{\alpha}{2}}(m+n-2)$，即 $t = t_0 \in W$，则拒绝原假设 H_0，接受备择假设 H_1，即认为 $\mu_1 \neq \mu_2$；否则，接受原假设 H_0，认为 $\mu_1 = \mu_2$。

例 8.11 用两种不同方法冶炼的某种金属材料，分别取样测定某种杂质的含量（单位：万分率），对原方法（X）抽样 13 个数据，新方法（Y）抽样 9 个数据进行对比。由样本观测值求得 $\overline{x} = 25.76, \overline{y} = 22.51, s_X^2 = 6.263\,4, s_Y^2 = 1.697\,5, s_W^2 = 4.437$。假设这两种方法冶炼时杂质含量均服从正态分布，且已知方差相同，问这两种方法冶炼时杂质的平均含量有无显著差异？取显著性水平 $\alpha = 0.05$。

解 由题意方差未知，但方差相等，可设 $X \sim N(\mu_1, \sigma^2), Y \sim N(\mu_2, \sigma^2)$，并提出假设

$$H_0 : \mu_1 = \mu_2, \quad H_1 : \mu_1 \neq \mu_2.$$

当 H_0 成立时，构造检验统计量

$$T = \frac{\overline{X} - \overline{Y}}{S_W \sqrt{\dfrac{1}{m} + \dfrac{1}{n}}} \sim t(m+n-2).$$

在显著性水平 α 下，原假设 H_0 的拒绝域为

$$W = \left\{ |T| = \left| \frac{\overline{X} - \overline{Y}}{S_W \sqrt{1/m + 1/n}} \right| > t_{\frac{\alpha}{2}}(m+n-2) \right\},$$

其中 $t_{0.025}(13+9-2) = 2.086\,0$，所以

$$|t| = \left| \frac{25.76 - 22.51}{2.106\,4 \cdot \sqrt{0.077 + 0.111}} \right| = 3.559 > 2.086\,0,$$

因此拒绝 H_0，即认为这两种方法冶炼时杂质的平均含量有显著差异。

由于单侧假设检验可仿照前面讲过的单个总体情形下单侧检验类似进行讨论，这里不再做介绍，主要结论见表 8-4。

表 8-4 两个正态总体均值差 $\mu_1-\mu_2$ 的假设检验表

检验参数		原假设与备择假设	检验统计量	拒绝域 W
均值差 $\mu_1-\mu_2$	σ_1^2,σ_2^2 已知	$H_0:\mu_1=\mu_2,$ $H_1:\mu_1\neq\mu_2$	$U=\dfrac{\bar{X}-\bar{Y}}{\sqrt{\dfrac{\sigma_1^2}{m}+\dfrac{\sigma_2^2}{n}}}$	$\|U\|>u_{\frac{\alpha}{2}}$
		$H_0:\mu_1=\mu_2,$ $H_1:\mu_1>\mu_2$		$U>u_\alpha$
		$H_0:\mu_1=\mu_2,$ $H_1:\mu_1<\mu_2$		$U<-u_\alpha$
	$\sigma_1^2=\sigma_2^2$ 未知	$H_0:\mu_1=\mu_2,$ $H_1:\mu_1\neq\mu_2$	$T=\dfrac{\bar{X}-\bar{Y}}{S_W\sqrt{\dfrac{1}{m}+\dfrac{1}{n}}}$	$\|T\|>t_{\frac{\alpha}{2}}(m+n-2)$
		$H_0:\mu_1=\mu_2,$ $H_1:\mu_1>\mu_2$		$T>t_\alpha(m+n-2)$
		$H_0:\mu_1=\mu_2,$ $H_1:\mu_1<\mu_2$		$T<-t_\alpha(m+n-2)$

8.3.2 两个正态总体方差比的假设检验

关于方差比 $\dfrac{\sigma_1^2}{\sigma_2^2}$ 的检验,有如下 3 种假设形式:

(1) $H_0:\sigma_1^2=\sigma_2^2,H_1:\sigma_1^2\neq\sigma_2^2$(双侧检验);

(2) $H_0:\sigma_1^2=\sigma_2^2,H_1:\sigma_1^2>\sigma_2^2$(单侧(右侧)检验);

(3) $H_0:\sigma_1^2=\sigma_2^2,H_1:\sigma_1^2<\sigma_2^2$(单侧(左侧)检验).

1. 均值 μ_1 和 μ_2 未知,关于方差比 $\dfrac{\sigma_1^2}{\sigma_2^2}$ 的假设检验(F 检验)

提出假设:

$$H_0:\sigma_1^2=\sigma_2^2,\quad H_1:\sigma_1^2\neq\sigma_2^2,$$

当 μ_1 和 μ_2 未知时,因为 S_X^2,S_Y^2 分别为 σ_1^2,σ_2^2 的无偏估计量,所以可以取 $\dfrac{S_X^2}{S_Y^2}$ 作为 $\dfrac{\sigma_1^2}{\sigma_2^2}$ 的点估计.
又因为

$$\frac{(m-1)S_X^2}{\sigma_1^2}\sim\chi^2(m-1),\quad\frac{(n-1)S_Y^2}{\sigma_2^2}\sim\chi^2(n-1),$$

所以统计量

$$F = \frac{\dfrac{(m-1)S_X^2}{\sigma_1^2} \Big/ (m-1)}{\dfrac{(n-1)S_Y^2}{\sigma_2^2} \Big/ (n-1)} = \frac{S_X^2/\sigma_1^2}{S_Y^2/\sigma_2^2} \sim F(m-1, n-1).$$

故当 $H_0: \sigma_1^2 = \sigma_2^2$ 成立时,

$$F = \frac{S_X^2}{S_Y^2} \sim F(m-1, n-1).$$

对于双侧检验 (1) $H_0: \sigma_1^2 = \sigma_2^2$, $H_1: \sigma_1^2 \neq \sigma_2^2$, 我们选择统计量

$$F = \frac{S_X^2}{S_Y^2} \sim F(m-1, n-1).$$

因为

$$P\{F > F_{\frac{\alpha}{2}}(m-1, n-1) \text{ 或 } F < F_{1-\frac{\alpha}{2}}(m-1, n-1)\} = \alpha,$$

即事件 $\{F > F_{\frac{\alpha}{2}}(m-1, n-1)\} \cup \{F < F_{1-\frac{\alpha}{2}}(m-1, n-1)\}$ 是小概率事件, 于是拒绝域为

$$W = \{F > F_{\frac{\alpha}{2}}(m-1, n-1) \text{ 或 } F < F_{1-\frac{\alpha}{2}}(m-1, n-1)\}.$$

根据一次抽样得到的样本观测值 $x_1, x_2, \cdots, x_m$ 和 $y_1, y_2, \cdots, y_n$ 计算出 F 的观测值 f, 若 $f \in W$, 则拒绝原假设 H_0, 接受备择假设 H_1, 即认为 $\sigma_1^2 \neq \sigma_2^2$; 否则, 接受原假设 H_0, 认为 $\sigma_1^2 = \sigma_2^2$.

例 8.12 根据以往的经验, 某种无线电元件的电阻服从正态分布, 现对 A, B 两批同类无线电元件的电阻进行测试, 各测 16 个个体, 测得其样本方差分别为 $s_X^2 = 0.371$, $s_Y^2 = 0.252$, 试问能否认为两者方差相同 (显著性水平 $\alpha = 0.05$)?

解 由题意, 两批元件的均值未知, 设 A, B 两批元件的电阻 X, Y 分别服从 $N(\mu_1, \sigma_1^2)$, $N(\mu_2, \sigma_2^2)$, 提出假设

$$H_0: \sigma_1^2 = \sigma_2^2, \quad H_1: \sigma_1^2 \neq \sigma_2^2.$$

当 H_0 成立时, 选取检验统计量

$$F = \frac{S_X^2}{S_Y^2} \sim F(m-1, n-1),$$

在给定的显著性水平 α 下, 原假设 H_0 的拒绝域为

$$W = \{F > F_{\frac{\alpha}{2}}(m-1, n-1)\} \text{ 或 } \{F < F_{1-\frac{\alpha}{2}}(m-1, n-1)\}.$$

因为 $m = n = 16$, $\alpha = 0.05$, 查表可得

$$F_{\frac{\alpha}{2}}(m-1, n-1) = F_{0.025}(15, 15) = 2.8621,$$

$$F_{1-\frac{\alpha}{2}}(m-1, n-1) = F_{0.975}(15, 15) = 0.3494.$$

统计量观测值

$$f = \frac{s_X^2}{s_Y^2} = \frac{0.371}{0.252} = 1.472,$$

由于 $0.3494 < f < 2.8621$, 即 F 的观测值没有落入拒绝域, 所以不能拒绝原假设 H_0, 认为两个总体的方差相同.

2. 均值 μ_1 和 μ_2 已知,关于方差比 $\dfrac{\sigma_1^2}{\sigma_2^2}$ 的假设检验

此时检验方法与方差未知情形类似,采用检验统计量

$$F = \frac{\dfrac{1}{m}\sum_{i=1}^{m}(X_i - \mu_1)^2}{\dfrac{1}{n}\sum_{i=1}^{n}(Y_i - \mu_2)^2} \sim F(m,n),$$

拒绝域参看表 8-5.

对于单侧假设检验(2)和(3),可以类似进行讨论,这里不再做介绍,具体结果见表 8-5. 以上所用的是服从 F 分布的统计量进行检验的,我们称为 F 检验.

表 8-5　两个正态总体方差比 $\dfrac{\sigma_1^2}{\sigma_2^2}$ 的假设检验表

检验参数		原假设与备择假设	检验统计量	拒绝域 W
方差比 $\dfrac{\sigma_1^2}{\sigma_2^2}$	μ_1,μ_2 已知	$H_0:\sigma_1^2=\sigma_2^2,$ $H_1:\sigma_1^2\neq\sigma_2^2$	$F = \dfrac{\dfrac{1}{m}\sum_{i=1}^{m}(X_i-\mu_1)^2}{\dfrac{1}{n}\sum_{i=1}^{n}(Y_i-\mu_2)^2}$	$F>F_{\frac{\alpha}{2}}(m,n)$ 或 $F<F_{1-\frac{\alpha}{2}}(m,n)$
		$H_0:\sigma_1^2=\sigma_2^2,$ $H_1:\sigma_1^2>\sigma_2^2$		$F>F_{\alpha}(m,n)$
		$H_0:\sigma_1^2=\sigma_2^2,$ $H_1:\sigma_1^2<\sigma_2^2$		$F<F_{1-\alpha}(m,n)$
	μ_1,μ_2 未知	$H_0:\sigma_1^2=\sigma_2^2,$ $H_1:\sigma_1^2\neq\sigma_2^2$	$F = \dfrac{S_X^2}{S_Y^2}$	$F>F_{\frac{\alpha}{2}}(m-1,n-1)$ 或 $F<F_{1-\frac{\alpha}{2}}(m-1,n-1)$
		$H_0:\sigma_1^2=\sigma_2^2,$ $H_1:\sigma_1^2>\sigma_2^2$		$F>F_{\alpha}(m-1,n-1)$
		$H_0:\sigma_1^2=\sigma_2^2,$ $H_1:\sigma_1^2<\sigma_2^2$		$F<F_{1-\alpha}(m-1,n-1)$

习题 8-3

1. 冶炼某种金属有两种方法,现各随机取一个样本,测得产品杂质含量(单位:g)为

甲:26.9,22.8,25.7,23.0,22.3,24.2,26.1,26.4,27.2,
　　30.2,24.5,29.5,25.1;

乙:22.6,22.5,20.6,23.5,24.3,21.9,20.6,23.2,23.4.

已知产品杂质含量服从正态分布,问:

(1) 所含产品杂质方差是否有显著差异?

(2) 甲种冶炼方法所生产产品杂质含量是否不大于乙种方法?

2. 设甲、乙两厂生产同样的灯泡,其寿命 X, Y 分别服从正态分布 $N(\mu_1, \sigma_1^2)$, $N(\mu_2, \sigma_2^2)$,已知它们寿命的标准差分别为 84 h 和 96 h.现从两厂生产的灯泡中各取 60 只,测得平均寿命,甲厂为 1 295 h,乙厂为 1 230 h,能否认为两厂生产的灯泡寿命无显著差异?($\alpha = 0.05$)

3. 某药厂生产一种新的止痛片,厂方希望验证服用新药后至开始起作用的时间间隔较原有止痛片至少缩短一半,因此厂方提出需检验假设

$$H_0 : \mu_1 \geqslant 2\mu_2, \quad H_1 : \mu_1 < 2\mu_2.$$

此处 μ_1, μ_2 分别是服用原有止痛片和服用新止痛片后至起作用的时间间隔的总体均值.设两个总体均服从正态分布且方差分别为已知值 σ_1^2, σ_2^2,现分别在两个总体中取样本 $X_1, X_2, \cdots, X_{n_1}$ 和 $Y_1, Y_2, \cdots, Y_{n_2}$,设两个样本独立.试给出上述假设 H_0 的拒绝域,取显著性水平为 α.

4. 某地某年高考后随机抽得 15 名男生、12 名女生的物理考试成绩为

男生:49, 48, 47, 53, 51, 43, 39, 57,

56, 46, 42, 44, 55, 44, 40;

女生:46, 40, 47, 51, 43, 36, 43, 38,

48, 54, 48, 34.

从这 27 名学生的成绩能说明这个地区男生、女生的物理考试成绩不相上下吗?($\alpha = 0.05$)

5. 某种原料的有效成分含量要求标准差 $\sigma_0 = 0.34(\%)$.今从新进的一批原料中随机抽取 10 个,测得其含量数据(单位:%)为

7.2, 7.7, 8.3, 7.7, 7.2, 7.5, 6.5, 7.6, 7.7, 8.2.

设其有效成分含量服从正态分布,试在显著性水平 $\alpha = 0.05$ 下判断新进的这批原料的有效成分含量的标准差是否显著偏大.

6. 设有种植玉米的甲、乙两个农业试验区,各分为 10 个小区,各小区的面积相同,除甲区各小区增施磷肥外,其他试验条件均相同,两个试验区的玉米产量(单位:kg)为(假设玉米产量服从正态分布,且有相同的方差)

甲区:65, 60, 62, 57, 58, 63, 60, 57, 60, 58;

乙区:59, 56, 56, 58, 57, 57, 55, 60, 57, 55.

试统计推断有否增施磷肥对玉米产量的影响($\alpha = 0.05$).

7. 甲、乙两台机床加工同一种零件,抽样测量其产品的数据(单位:mm),经计算得:

甲机床:$n_1 = 80$, $\bar{x} = 33.75$, $s_1 = 0.1$;

乙机床:$n_2 = 100$, $\bar{y} = 33.75$, $s_2 = 0.15$.

问:在 $\alpha = 0.01$ 下,两台机床加工的产品尺寸有无显著差异?

8. 两台车床加工同种零件,分别从两台车床加工的零件中抽取 6 个和 9 个测量其直径,并计算得 $s_1^2 = 0.345, s_2^2 = 0.375$.假定零件直径服从正态分布,试比较两台车床加工精度有无显著差异?($\alpha = 0.01$)

9. 甲、乙两厂生产同一种电阻,现从甲、乙两厂的产品中分别随机抽取 12 个和 10

个样品,测得它们的电阻值后,计算出样本方差分别为 $s_1^2 = 1.40, s_2^2 = 4.38$.假设电阻值服从正态分布,在显著性水平 $\alpha = 0.01$ 下,我们是否可以认为两厂生产的电阻值的方差相等?

10. 为比较甲、乙两种安眠药的疗效,将 20 名患者分成两组,每组 10 人,如服药后延长的睡眠时间均服从正态分布,其数据为(单位:h)

$$甲:5.5,\ 4.6,\ 4.4,\ 3.4,\ 1.9,\ 1.6,\ 1.1,\ 0.8,\ 0.1,\ -0.1;$$
$$乙:3.7,\ 3.4,\ 2.0,\ 2.0,\ 0.8,\ 0.7,\ 0,\ -0.1,\ -0.2,\ -1.6.$$

问:在显著性水平 $\alpha = 0.05$ 下两种药的疗效有无显著差别?

8.4　分布拟合检验

前面的内容中,无论是参数估计还是假设检验,我们总是假设总体分布类型已知,然后利用样本数据对其参数进行估计或检验.但是很多实际问题中,总体分布类型经常不知道,这时只能根据以往经验或者样本观测值数据对总体分布进行假设,然后利用样本数据对总体假设的合理性进行检验,即检验假设的总体分布是否可以被接受,这类统计检验是一类非参数检验.分布拟合检验是解决这类问题的方法之一,英国统计学家卡尔·皮尔逊在 1900 年发表的一篇文章中引进了 χ^2 检验法,这是一项很重要的工作,不少人把此项工作视为近代统计学的开端.

设 $X_1, X_2, \cdots, X_n$ 是来自总体 X 的一个样本,现在的问题是根据样本数据,检验总体 X 是否以 $F(x)$ 为分布函数.首先提出原假设

$$H_0:总体\ X\ 的分布函数为\ F(x).$$

如果总体分布为离散型,则

$$H_0:总体\ X\ 的分布律为\ P\{X = x_i\} = p_i, i = 1, 2, \cdots;$$

如果总体分布为连续型,则

$$H_0:总体\ X\ 的概率密度为\ f(x).$$

对于分布律和概率密度 $f(x)$ 的具体形式,可由以往经验或者根据样本的观测值的直方图来推测;对于分布中的未知参数,可以利用最大似然估计法求出其估计值.

χ^2 检验法的基本原理与步骤:

1. 总体分布函数 $F(x)$ 不含未知参数的情形

(1) 将总体 X 的取值范围分成 k 个互不相交的小区间 $A_1, A_2, \cdots, A_k$,可取

$$A_1 = (a_0, a_1],\quad A_2 = (a_1, a_2],\quad \cdots,\quad A_k = (a_{k-1}, a_k],$$

其中 a_0 可取 $-\infty$, a_k 可取 $+\infty$.区间的划分视具体情况而定.

(2) 记样本观测值 $x_1, x_2, \cdots, x_n$ 中落入第 i 个区间 A_i 的个数为 $n_i (1 \leqslant i \leqslant k)$,称为观测频数,显然有 $\sum_{i=1}^{k} n_i = n$,而事件 $\{X \in A_i\}$ 在 n 次观测中发生的频率为 $\dfrac{n_i}{n}$.

(3) 当 H_0 成立时,根据总体理论分布函数 $F(x)$,可以算出总体 X 取值在第 i 个小区间 A_i 的概率

$$p_i = P\{X \in A_i\} = P\{a_{i-1} < X \leqslant a_i\} = F(a_i) - F(a_{i-1}),$$

其中 $1 \leqslant i \leqslant k$,即取值在区间 A_i 的理论频数为 np_i.

（4）当 H_0 成立时,由大数定律知,

$$\frac{n_i}{n} \xrightarrow{P} p_i \quad (n \to \infty), \quad i = 1, 2, \cdots, k,$$

即当 n 充分大时,n_i 与 np_i 的差异不应该太大.根据这个思想,皮尔逊构造出检验统计量为

$$\chi^2 = \sum_{i=1}^{k} \frac{(n_i - np_i)^2}{np_i},$$

并证明了如下结论：

定理 8.1（皮尔逊定理） 若 n 充分大（$n \geqslant 50$）,则当 H_0 成立时,统计量

$$\chi^2 = \sum_{i=1}^{k} \frac{(n_i - np_i)^2}{np_i}$$

近似服从自由度为 $k-1$ 的 χ^2 分布.

（5）原假设 H_0 的显著性水平为 α 的拒绝域为

$$W = \{\chi^2 > \chi^2_\alpha(k-1)\}.$$

对于给定的显著性水平 α,查 χ^2 分布表确定 $\chi^2_\alpha(k-1)$,再由样本值计算出

$$\chi^2 = \sum_{i=1}^{k} \frac{(n_i - np_i)^2}{np_i}$$

的值,当 $\chi^2 > \chi^2_\alpha(k-1)$ 时,就拒绝原假设 H_0,否则就接受 H_0.

这种检验法称为 χ^2 检验法.

由于 χ^2 检验法是基于皮尔逊定理得到的,因此在使用时必须注意样本容量 n 要足够大,且 np_i 不要太小,一般要求 $n \geqslant 50$,并且 $np_i \geqslant 5$.若 $np_i < 5$,应适当合并区间,以满足这个要求.

例 8.13 检验一枚骰子是否是均匀的,掷一枚骰子 120 次,得到如下结果记录：

点数 i	1	2	3	4	5	6
出现次数	23	18	17	21	18	23

在显著性水平 $\alpha = 0.05$ 水平下,试问这枚骰子是否是均匀的？

解 设掷骰子出现的点数为 X,提出假设

$$H_0 : P\{X = i\} = p_i = \frac{1}{6} \quad （骰子是均匀的）.$$

在原假设 H_0 成立时,认为骰子是均匀的,那么掷 120 次,平均每个点数应该都出现

$$np_i = 120 \times \frac{1}{6} = 20 \text{ 次},$$

有关计算结果如下：

点数 i	n_i	p_i	np_i	n_i-np_i	$\dfrac{(n_i-np_i)^2}{np_i}$
1	23	$\dfrac{1}{6}$	20	3	0.45
2	18	$\dfrac{1}{6}$	20	-2	0.20
3	17	$\dfrac{1}{6}$	20	-3	0.45
4	21	$\dfrac{1}{6}$	20	1	0.05
5	18	$\dfrac{1}{6}$	20	-2	0.20
6	23	$\dfrac{1}{6}$	20	3	0.45
求和	120	1	120	0	1.80

因为 $k=6,\alpha=0.05$，可查表得：$\chi^2_{0.05}(5)=11.0705$，由上表可得 $\chi^2=1.8$，所以

$$\chi^2=1.8<\chi^2_{0.05}(5)=11.0705,$$

故接受原假设 H_0，即认为这枚骰子是均匀的.

2. 总体分布函数 $F(x)$ 含未知参数的情形

对总体分布的假设检验中，若总体 X 的分布函数形式已知，但分布函数中还含有未知参数，即总体 X 的分布函数为 $F(x;\theta_1,\theta_2,\cdots,\theta_m)$，参数 $\theta_1,\theta_2,\cdots,\theta_m$ 未知，可用最大似然估计值 $\hat{\theta}_1,\hat{\theta}_2,\cdots,\hat{\theta}_m$ 来代替，相应地在区间 A_i 上理论概率的估计值为

$$\hat{p}_i=F(a_i;\hat{\theta}_1,\hat{\theta}_2,\cdots,\hat{\theta}_m)-F(a_{i-1};\hat{\theta}_1,\hat{\theta}_2,\cdots,\hat{\theta}_m),\quad i=1,2,\cdots,k,$$

检验统计量为

$$\chi^2=\sum_{i=1}^{k}\frac{(n_i-n\hat{p}_i)^2}{n\hat{p}_i},$$

此时，χ^2 的自由度要减少 m 个，即 $\chi^2\sim\chi^2(k-m-1)$，原假设 H_0 的拒绝域为

$$W=\{\chi^2>\chi^2_\alpha(k-m-1)\}.$$

例 8.14 从某校一次高等数学考卷中随机抽取 60 份试卷，其成绩（单位：分）如下：

84, 85, 73, 82, 90, 86, 98, 82, 86, 75,

71, 92, 90, 82, 69, 79, 81, 90, 87, 80,

87, 84, 84, 74, 67, 81, 71, 80, 92, 81,

67, 80, 80, 74, 73, 72, 81, 85, 72, 78,

86, 88, 76, 65, 71, 77, 87, 80, 76, 72,

82, 72, 87, 68, 73, 64, 76, 87, 82, 82.

问能否认为该次高等数学的考试成绩服从正态分布（$\alpha=0.05$）？

解 设学生的考试成绩为 X，提出假设

$$H_0 : X \text{ 服从正态分布 } N(\mu, \sigma^2).$$

由于 μ, σ^2 均未知,先用最大似然估计法得估计值为

$$\hat{\mu} = \bar{x} = 79.6, \qquad \hat{\sigma}^2 = s^2 = 7.52^2.$$

为了满足每个区间样本观测值至少 5 个的要求,将 $(-\infty, +\infty)$ 分成 4 个两两互不相交的区间,如

$$(-\infty, 69], \quad (69, 79], \quad (79, 89], \quad (89, +\infty).$$

在原假设 H_0 成立时,计算 $\hat{p}_i$ 和 $n\hat{p}_i$,将计算结果都列在下表中.

$$\hat{p}_i = P\{a_{i-1} < X \leqslant a_i\} = \Phi\left(\frac{a_i - 79.6}{7.52}\right) - \Phi\left(\frac{a_{i-1} - 79.6}{7.52}\right), \quad i = 1, 2, 3, 4.$$

区间	n_i	$\hat{p}_i$	$n\hat{p}_i$	$n_i - n\hat{p}_i$	$\dfrac{(n_i - n\hat{p}_i)^2}{n\hat{p}_i}$
$(-\infty, 69]$	6	0.079 3	4.758	1.242	0.324 2
$(69, 79]$	19	0.388 9	23.334	-4.334	0.805 0
$(79, 89]$	29	0.426 2	25.572	3.428	0.459 5
$(89, +\infty)$	6	0.105 6	6.336	-0.336	0.017 8
求和	60	1	60	0	1.606 5

因为 $k = 4, m = 2, \alpha = 0.05$,可查表得:$\chi^2_{0.05}(1) = 3.841\ 5$,由上表可得 $\chi^2 = 1.606\ 5$,所以

$$\chi^2 = 1.606\ 5 < \chi^2_{0.05}(1) = 3.841\ 5,$$

故接受原假设 H_0,即认为该次高等数学的考试成绩服从正态分布 $N(79.6, 7.52^2)$.

习题 8-4

1. 一箱子中有 10 种球分别标有号码 1—10,从箱中有放回地摸球 200 次,得到如下数据:

i	1	2	3	4	5	6	7	8	9	10
f_i	35	16	15	17	17	19	11	16	30	24

问能否认为箱中各种球的个数相同?($\alpha = 0.05$)

2. 在一次试验中,每隔一定时间观测一次由某种铀所放射的到达计数器上的 α 粒子数 X,共观测了 100 次,得结果如下:

i	0	1	2	3	4	5	6	7	8	9	10	11	$\geqslant 12$
f_i	1	5	16	17	26	11	9	9	2	1	2	1	0
A_i	A_0	A_1	A_2	A_3	A_4	A_5	A_6	A_7	A_8	A_9	A_{10}	A_{11}	A_{12}

其中 f_i 是观测到有 i 个 α 粒子的次数.从理论上考虑 X 应服从泊松分布

$$P\{X=i\}=\frac{\lambda^{i}}{i!}e^{-\lambda}, \quad i=0,1,2,\cdots.$$

试在显著性水平 $\alpha=0.05$ 下检验假设

H_0:总体 X 服从上述泊松分布.

3. 在高速公路收费站 100 min 内观测到通过收费站的汽车共 190 辆,观测每分钟通过的汽车辆数,得到数据如下表:

每分钟通过的汽车辆数 x_i	0	1	2	3	≥4
分钟数 n_i	10	26	35	24	5

在显著性水平 $\alpha=0.05$ 下检验这些数据是否服从泊松分布.

4. 在一批灯泡中随机抽取 300 只做寿命试验,其结果(单位:h)如下:

寿命 x	$[0,100]$	$(100,200]$	$(200,300]$	$(300,+\infty)$
灯泡数	121	78	43	58

取 $\alpha=0.05$,试检验假设 H_0:灯泡的寿命 X 服从指数分布,密度函数为

$$f(x)=\begin{cases}\dfrac{1}{200}e^{-\frac{x}{200}}, & x\geq 0,\\ 0, & x<0.\end{cases}$$

5. 某汽车修理公司想知道每天送来修理的车数是否服从泊松分布,下表给出了该公司 250 天的送修车数.试在 $\alpha=0.05$ 下检验假设 H_0:一天内送修车数服从泊松分布.

送修车数	0	1	2	3	4	5	6	7	8	9	10
天数	2	8	21	31	44	48	39	22	17	13	5

本 章 小 结

统计推断就是由样本来推断总体,它包括两个基本问题:参数估计和假设检验.上一章讲述了参数估计,本章讨论假设检验问题.有关总体分布的未知参数或未知分布形式的种种论断称为统计假设,人们要根据样本提供的信息对所考虑的假设做出接受或拒绝的决策.假设检验就是做出这一决策的过程.

1. 假设检验的基本思想

假设检验的依据是小概率事件原理.所谓的小概率事件原理就是认为概率很小的事件在一次试验中是几乎不可能发生的.一般情况下,检验统计量落入拒绝域是一个小概率事件,当这一事件发生时,我们有理由拒绝原假设;否则,就没有充分理由拒绝原假设.

2. 假设检验的两类错误

小概率事件在一次试验中几乎不可能发生,并不代表完全不可能发生,因此假设检验不

可能绝对准确,它所做出的结论可能是错误的.有两类错误:

第一类错误为弃真错误,是指当原假设 H_0 成立时,检验结果却拒绝了原假设 H_0;

第二类错误为取伪错误,是指原假设 H_0 本来不成立,检验结果却接受了原假设 H_0.

当样本容量 n 固定时,减小犯第一类错误的概率,就会增大犯第二类错误的概率,反之亦然.我们的做法是控制犯第一类错误的概率,使其不超过给定的小概率 $\alpha(0<\alpha<1)$,即 $P\{$ 拒绝 $H_0|H_0$ 成立 $\}\leqslant\alpha$.这种只对犯第一类错误的概率加以控制而不考虑犯第二类错误的概率的检验称为显著性检验,α 称为显著性水平.

3. 正态总体的参数检验

本章讨论了一个正态总体和两个正态总体参数的假设检验问题.对正态总体的参数进行检验,一般步骤为:

第一步,根据实际问题的需要,建立原假设 H_0 和备择假设 H_1;

第二步,确定检验统计量,根据统计量分布构造小概率事件,依据小概率事件原理确定拒绝域 W;

第三步,计算检验统计量的观测值,确定其是否落入拒绝域 W,最后做出拒绝 H_0 或接受 H_0 的决策.

第八章知识结构梳理

第八章总复习题

一、选择题

1. 在显著性水平 $\alpha=0.05$ 下,对正态总体期望 μ 进行假设 $H_0:\mu=\mu_0$ 的检验,若经检验原假设被接受,问在水平 $\alpha=0.01$ 下,下面结论正确的是(　　).

A. 接受 H_0 　　　　　　　　　　　B. 拒绝 H_0

C. 可能接受也可能拒绝 H_0 　　　　D. 不接受也不拒绝 H_0

2. 在假设检验中,记 H_0 为原假设,则称(　　)为第一类错误.

A. H_0 为真,接受 H_0 　　　　　　B. H_0 不真,拒绝 H_0

C. H_0 为真,拒绝 H_0 　　　　　　D. H_0 不真,接受 H_0

3. 下列结论中,正确的为(　　).

A. 设总体 $X\sim N(\mu,\sigma^2)$,待检验的假设为 $H_0:\mu=\mu_0$,$H_1:\mu\neq\mu_0$,其中 σ^2 未知,检验用的统计量为 $T=\dfrac{\sqrt{n}(\bar{X}-\mu_0)}{S}$,在 H_0 成立时,$T\sim t(n-1)$,拒绝域为 $|t|>t_{\frac{\alpha}{2}}(n-1)$

B. 对两个正态总体,各自的方差已知,为检验假设 $H_0:\mu_1=\mu_2$,$H_1:\mu_1\neq\mu_2$,检验用的统

计量为 $T = \dfrac{(\bar{X}-\bar{Y})-(\mu_1-\mu_2)}{\sqrt{\dfrac{\sigma_1^2}{m}+\dfrac{\sigma_2^2}{n}}}$，在 H_0 成立时，$T \sim t(m+n-2)$，拒绝域为 $|t| > t_{\frac{\alpha}{2}}(m+n-2)$

C. 对正态总体，均值 μ 已知，为检验假设 $H_0: \sigma^2 = \sigma_0^2$，$H_1: \sigma^2 \neq \sigma_0^2$，选用统计量 $\chi^2 = \dfrac{(n-1)S^2}{\sigma_0^2}$，在 H_0 成立时，$\chi^2 \sim \chi^2(n-1)$，拒绝域为 $\chi^2 > \chi_{\frac{\alpha}{2}}^2(n-1)$

D. 对两个正态总体，均值 μ_1, μ_2 已知，为检验假设 $H_0: \sigma_1^2 = \sigma_2^2$，$H_1: \sigma_1^2 \neq \sigma_2^2$，检验用的统计量为 $\chi^2 = \dfrac{S_n^2}{\sigma_0^2}$，在 H_0 成立时，$\chi^2 \sim \chi^2(n-1)$，拒绝域为 $\chi^2 > \chi_{\frac{\alpha}{2}}^2(n-1)$ 或 $\chi^2 < \chi_{1-\frac{\alpha}{2}}^2(n-1)$

4. 设总体 $X \sim N(\mu, \sigma^2)$，μ 已知，$\sigma^2 > 0$ 未知. $X_1, X_2, \cdots, X_n$ 为来自 X 的一组样本，问检验假设 $H_0: \sigma^2 \leq \sigma_0^2$，$H_1: \sigma^2 > \sigma_0^2$ 的拒绝域为（　　　）.

A. $Z = \dfrac{\bar{X}-\mu}{\sigma_0/\sqrt{n}} > z_\alpha$

B. $\chi^2 = \dfrac{\sum\limits_{i=1}^{n}(X_i-\bar{X})^2}{\sigma_0^2} \geq \chi_\alpha^2(n-1)$

C. $\chi^2 = \dfrac{\sum\limits_{i=1}^{n}(X_i-\bar{X})^2}{\sigma_0^2} \geq \chi_\alpha^2(n)$

D. $\chi^2 = \dfrac{\sum\limits_{i=1}^{n}(X_i-\mu)^2}{\sigma_0^2} \geq \chi_\alpha^2(n)$

5. $\bar{X}$ 是来自正态总体 $X \sim N(\mu, \sigma^2)$ 的样本均值，容量为 64，σ^2 已知，在显著性水平 α 下，对假设 $H_0: \mu = \mu_0$，$H_1: \mu \neq \mu_0$ 有（　　　）.

A. 若检验结果为拒绝 H_0，则总体均值 μ 一定不等于 μ_0

B. 若检验结果为接受 H_0，则总体均值一定落在区间 $\left(\mu_0 - \dfrac{\sigma}{8}u_{\frac{\alpha}{2}}, \mu_0 + \dfrac{\sigma}{8}u_{\frac{\alpha}{2}}\right)$ 内

C. 若 H_0 为真，则 $\bar{X}$ 落在区间 $\left(\mu_0 - \dfrac{\sigma}{8}u_{\frac{\alpha}{2}}, \mu_0 + \dfrac{\sigma}{8}u_{\frac{\alpha}{2}}\right)$ 内的概率为 $1-\alpha$

D. 若 H_0 不真，则 $\bar{X}$ 落在区间 $\left(\mu_0 - \dfrac{\sigma}{8}u_{\frac{\alpha}{2}}, \mu_0 + \dfrac{\sigma}{8}u_{\frac{\alpha}{2}}\right)$ 的概率为 α

二、填空题

1. 某产品次品率不高于 5% 时认为合格，为了检验该产品是否合格（显著性水平为 α），原假设 H_0 为_____，犯第一类错误的概率为_____.

2. 为了校正试用的普通天平，把在该天平上称量为 100 g 的 10 个试样在计量标准天平上进行称量，得如下结果（单位：g）：

$$99.3, \quad 98.7, \quad 100.5, \quad 101.2, \quad 98.3,$$
$$99.7, \quad 99.5, \quad 102.1, \quad 100.5, \quad 99.2.$$

假设在天平上称量的结果服从正态分布，为检验普通天平与标准天平有无显著差异，原假设 H_0 为_____.

3. 对正态总体 $X \sim N(\mu, \sigma^2)$，μ, σ^2 为未知参数，为检验 $H_0: \sigma^2 \leq \sigma_0^2$，$H_1: \sigma^2 > \sigma_0^2$，应选用的统计量是_____，在_____条件下，该统计量服从_____分布，拒绝域为_____.

4. 设样本 $X_1, X_2, \cdots, X_{25}$ 来自总体 $N(\mu, 9)$, μ 未知, 对于检验 $H_0 : \mu = \mu_0$, $H_1 : \mu \neq \mu_0$, 取拒绝域形如 $|\bar{X} - \mu_0| > k$, 若取 $\alpha = 0.05$, 则 k 值为_____.

5. 设 $X_1, X_2, \cdots, X_n$ 为来自正态总体 $X \sim N(\mu, \sigma^2)$ 的样本, μ, σ^2 为未知参数, 则为了检验假设 $H_0 : \mu = 0$, $H_1 : \mu \neq 0$, 选用统计量为____, 在条件_____下, 该统计量服从_____分布, 拒绝域为_____.

6. 设 $X_1, X_2, \cdots, X_n$ 是正态总体 $X \sim N(\mu, \sigma^2)$ 的一组样本. 现在需要在显著性水平 $\alpha = 0.05$ 下检验假设 $H_0 : \sigma^2 = \sigma_0^2$. 如果已知常数 μ, 则 H_0 的拒绝域为_____; 如果未知常数 μ, 则 H_0 的拒绝域为_____.

7. 设 $X_1, X_2, \cdots, X_n$ 为来自正态总体 $X \sim N(\mu, 9)$ 的样本, 其中 μ 未知, 为检验假设 $H_0 : \mu = \mu_0$, $H_1 : \mu \neq \mu_0$, 取拒绝域为 $\{|\sqrt{n} \cdot (\bar{x} - \mu_0)| > c\}$, 若显著性水平 $\alpha = 0.05$, 则常数 $c = $_____.

8. 设总体 $X \sim N(\mu_1, \sigma_1^2)$, $Y \sim N(\mu_2, \sigma_2^2)$, μ_1, μ_2 均未知, σ_1^2, σ_2^2 已知, 且 X 与 Y 相互独立, $X_1, X_2, \cdots, X_m, Y_1, Y_2, \cdots, Y_n$ 分别为 X, Y 的样本. 为检验假设 $H_0 : \mu_1 - \mu_2 = \delta$, $H_1 : \mu_1 - \mu_2 \neq \delta$, 可采用统计量_____, 在 H_0 成立时, 它服从_____分布.

9. 考察正态总体 $X \sim N(\mu, \sigma^2)$ 和假设检验问题 $H_0 : \mu \leqslant \mu_0$, $H_1 : \mu > \mu_0$, 则当 σ^2 已知时, 拒绝域为_____; 若 σ^2 未知, 则拒绝域为_____.

10. 拟合优度检验中, 若总体分布含有 k 个参数, 采用的皮尔逊统计量为_____, 在条件_____下, 它服从_____分布, 这一统计量衡量了_____与_____的差异.

三、综合题

1. 从已知标准差 $\sigma = 5.2$ 的正态总体中, 抽取容量为 16 的样本, 算得样本均值 $\bar{x} = 27.56$. 试在显著性水平 $\alpha = 0.05$ 之下, 检验假设 $H_0 : \mu = 26$.

2. 假设某品牌香烟的每支香烟尼古丁含量(单位:mg)服从正态分布 $N(\mu, \sigma^2)$, 现从中随机抽查 20 支, 其尼古丁含量的平均值 $\bar{x} = 18.6$ mg, 样本标准差 $s = 2.4$ mg. 取显著性水平 $\alpha = 0.01$, 我们能否接受"该种香烟的每支香烟尼古丁含量的均值 $\mu = 18$ mg"的断言? 试给出检验过程.

3. 某厂生产的某型号的电池, 其寿命(以小时计)长期以来服从方差 $\sigma^2 = 5\,000$ 的正态分布. 现有一批这种电池, 从它的生产情况来看, 寿命的波动性有所改变. 随机取 26 只电池, 测出其寿命的样本方差 $s^2 = 9\,200$. 问根据这一数据能否推断这批电池的寿命的波动性较以往有显著的变化($\alpha = 0.02$)?

4. 设 $X_1, X_2, \cdots, X_n$ 是来自正态总体 $X \sim N(\mu, 5^2)$ 的一个样本, $\bar{X}$ 是样本均值. 在显著性水平 $\alpha = 0.05$ 下, 检验假设 $H_0 : \mu = 0$, $H_1 : \mu \neq 0$. 若选取 H_0 的拒绝域为 $\{|\bar{X}| > 1.96\}$, 则样本容量 n 应该取多大?

5. 为比较两种牌子雪茄烟的尼古丁含量(单位:mg/支), 测得以下数据:

牌号	支数	样本均值	样本标准差
A	50	$\bar{x}_1 = 2.61$	$s_1 = 0.12$
B	40	$\bar{x}_2 = 2.38$	$s_2 = 0.14$

设两种牌子雪茄烟的尼古丁含量均服从正态分布,且它们的方差相等,并假设两个样本相互独立,试在显著性水平 0.05 下判断两种雪茄烟的平均尼古丁含量是否有差异.

6. 两位化验员甲、乙对某种矿砂的含量(质量百分比)各自独立地用同一种方法做了 5 次分析,得到样本方差分别为 0.432 2 和 0.500 6.若甲、乙测定值的总体都是正态分布,其方差分别为 σ_1^2, σ_2^2,试在显著性水平 $\alpha = 0.05$ 下检验假设 $H_0: \sigma_1^2 = \sigma_2^2, H_1: \sigma_1^2 \neq \sigma_2^2$.

7. 对某汽车零件制造厂所生产的气缸螺栓口径进行抽样检验,测得 100 个数据(单位:mm),分组如下表,试检验螺栓口径 X 是否服从正态分布($\alpha = 0.05$).

编号	区间	频数	编号	区间	频数
1	(10.93, 10.95]	5	5	(11.01, 11.03]	17
2	(10.95, 10.97]	8	6	(11.03, 11.05]	6
3	(10.97, 10.99]	20	7	(11.05, 11.07]	6
4	(10.99, 11.01]	34	8	(11.07, 11.09]	4

第八章部分习题
参考答案

附表 1　几种常用的概率分布表

分布	参数	分布律或概率密度	数学期望	方差
(0-1)分布	$0<p<1$	$P\{X=k\}=p^{k}(1-p)^{1-k},\quad k=0,1$	p	$p(1-p)$
二项分布	$n\geqslant 1,$ $0<p<1$	$P\{X=k\}=C_{n}^{k}p^{k}(1-p)^{n-k},$ $k=0,1,\cdots,n$	np	$np(1-p)$
泊松分布	$\lambda>0$	$P\{X=k\}=\dfrac{\lambda^{k}}{k!}\mathrm{e}^{-\lambda},\quad k=0,1,2,\cdots$	λ	λ
超几何分布	N,M,n $(n\leqslant N,$ $M\leqslant N)$	$P\{X=k\}=\dfrac{C_{M}^{k}C_{N-M}^{n-k}}{C_{N}^{n}}$ $k=\max\{0,n+M-N\},\cdots,\min\{n,M\}$	$\dfrac{nM}{N}$	$\dfrac{nM}{N}\left(1-\dfrac{M}{N}\right)\dfrac{N-n}{N-1}$
几何分布	$0<p<1$	$P\{X=k\}=p(1-p)^{k-1},\quad k=1,2,\cdots$	$\dfrac{1}{p}$	$\dfrac{(1-p)}{p^{2}}$
负二项分布	$r\geqslant 1,$ $0<p<1$	$P\{X=k\}=C_{k-1}^{r-1}p^{r}(1-p)^{k-r},$ $k=r,r+1,\cdots,r+n,\cdots$	$\dfrac{r}{p}$	$\dfrac{r(1-p)}{p^{2}}$
均匀分布	$a<b$	$f(x)=\begin{cases}\dfrac{1}{b-a},&a<x<b,\\[2mm]0,&\text{其他}\end{cases}$	$\dfrac{a+b}{2}$	$\dfrac{(b-a)^{2}}{12}$

分布	参数	分布律或概率密度	数学期望	方差
指数分布	$\lambda > 0$	$f(x)=\begin{cases}\lambda e^{-\lambda x}, & x\geqslant 0,\\ 0, & \text{其他}\end{cases}$	$\dfrac{1}{\lambda}$	$\dfrac{1}{\lambda^2}$
正态分布	$\mu,\ \sigma>0$	$f(x)=\dfrac{1}{\sigma\sqrt{2\pi}}e^{-\frac{(x-\mu)^2}{2\sigma^2}},\quad -\infty<x<+\infty$	μ	σ^2
χ^2 分布	$n\geqslant 1$	$f(x)=\begin{cases}\dfrac{1}{2^{\frac{n}{2}}\Gamma\left(\dfrac{n}{2}\right)}x^{\frac{n}{2}-1}e^{-\frac{x}{2}}, & x>0,\\ 0, & \text{其他}\end{cases}$	n	$2n$
t 分布	$n\geqslant 1$	$f(t)=\dfrac{\Gamma\left(\dfrac{n+1}{2}\right)}{\sqrt{\pi n}\,\Gamma\left(\dfrac{n}{2}\right)}\left(1+\dfrac{t^2}{n}\right)^{-\frac{n+1}{2}},\quad -\infty<t<+\infty$	$0\ (n>1)$	$\dfrac{n}{n-2}\ (n>2)$
F 分布	m,n	$f(y)=\begin{cases}\dfrac{\Gamma\left(\dfrac{m+n}{2}\right)}{\Gamma\left(\dfrac{m}{2}\right)\Gamma\left(\dfrac{n}{2}\right)}\left(\dfrac{m}{n}\right)^{\frac{m}{2}}y^{\frac{m}{2}-1}\left(1+\dfrac{m}{n}y\right)^{-\frac{m+n}{2}}, & y>0,\\ 0, & \text{其他}\end{cases}$	$\dfrac{n}{n-2}$ $(n>2)$	$\dfrac{2n^2(m+n-2)}{m(n-2)^2(n-4)}$ $(n>4)$
Γ 分布	$\alpha>0,$ $\beta>0$	$f(x)=\begin{cases}\dfrac{1}{\beta^\alpha\Gamma(\alpha)}x^{\alpha-1}e^{-\frac{x}{\beta}}, & x>0,\\ 0, & \text{其他}\end{cases}$	$\alpha\beta$	$\alpha\beta^2$
柯西分布	$a,\lambda>0$	$f(x)=\dfrac{1}{\pi}\cdot\dfrac{\lambda}{\lambda^2+(x-a)^2}$	不存在	不存在

附表 2　标准正态分布表

$$\Phi(x)=\int_{-\infty}^{x}\frac{1}{\sqrt{2\pi}}e^{-\frac{t^2}{2}}dt$$

x	0	1	2	3	4	5	6	7	8	9
0.0	0.500 0	0.504 0	0.508 0	0.512 0	0.516 0	0.519 9	0.523 9	0.527 9	0.531 9	0.535 9
0.1	0.539 8	0.543 8	0.547 8	0.551 7	0.555 7	0.559 6	0.563 6	0.567 5	0.571 4	0.575 3
0.2	0.579 3	0.583 2	0.587 1	0.591 0	0.594 8	0.598 7	0.602 6	0.606 4	0.610 3	0.614 1
0.3	0.617 9	0.621 7	0.625 5	0.629 3	0.633 1	0.636 8	0.640 6	0.644 3	0.648 0	0.651 7
0.4	0.655 4	0.659 1	0.662 8	0.666 4	0.670 0	0.673 6	0.677 2	0.680 8	0.684 4	0.687 9
0.5	0.691 5	0.695 0	0.698 5	0.701 9	0.705 4	0.708 8	0.712 3	0.715 7	0.719 0	0.722 4
0.6	0.725 7	0.729 1	0.732 4	0.735 7	0.738 9	0.742 2	0.745 4	0.748 6	0.751 7	0.754 9
0.7	0.758 0	0.761 1	0.764 2	0.767 3	0.770 4	0.773 4	0.776 4	0.779 4	0.782 3	0.785 2
0.8	0.788 1	0.791 0	0.793 9	0.796 7	0.799 5	0.802 3	0.805 1	0.807 8	0.810 6	0.813 3
0.9	0.815 9	0.818 6	0.821 2	0.823 8	0.826 4	0.828 9	0.831 5	0.834 0	0.836 5	0.838 9
1.0	0.841 3	0.843 8	0.846 1	0.848 5	0.850 8	0.853 1	0.855 4	0.857 7	0.859 9	0.862 1
1.1	0.864 3	0.866 5	0.868 6	0.870 8	0.872 9	0.874 9	0.877 0	0.879 0	0.881 0	0.883 0
1.2	0.884 9	0.886 9	0.888 8	0.890 7	0.892 5	0.894 4	0.896 2	0.898 0	0.899 7	0.901 5
1.3	0.903 2	0.904 9	0.906 6	0.908 2	0.909 9	0.911 5	0.913 1	0.914 7	0.916 2	0.917 7
1.4	0.919 2	0.920 7	0.922 2	0.923 6	0.925 1	0.926 5	0.927 9	0.929 2	0.930 6	0.931 9
1.5	0.933 2	0.934 5	0.935 7	0.937 0	0.938 2	0.939 4	0.940 6	0.941 8	0.942 9	0.944 1
1.6	0.945 2	0.946 3	0.947 4	0.948 4	0.949 5	0.950 5	0.951 5	0.952 5	0.953 5	0.954 5
1.7	0.955 4	0.956 4	0.957 3	0.958 2	0.959 1	0.959 9	0.960 8	0.961 6	0.962 5	0.963 3
1.8	0.964 1	0.964 9	0.965 6	0.966 4	0.967 1	0.967 8	0.968 6	0.969 3	0.969 9	0.970 6
1.9	0.971 3	0.971 9	0.972 6	0.973 2	0.973 8	0.974 4	0.975 0	0.975 6	0.976 1	0.976 7
2.0	0.977 2	0.977 8	0.978 3	0.978 8	0.979 3	0.979 8	0.980 3	0.980 8	0.981 2	0.981 7
2.1	0.982 1	0.982 6	0.983 0	0.983 4	0.983 8	0.984 2	0.984 6	0.985 0	0.985 4	0.985 7
2.2	0.986 1	0.986 4	0.986 8	0.987 1	0.987 5	0.987 8	0.988 1	0.988 4	0.988 7	0.989 0
2.3	0.989 3	0.989 6	0.989 8	0.990 1	0.990 4	0.990 6	0.990 9	0.991 1	0.991 3	0.991 6
2.4	0.991 8	0.992 0	0.992 2	0.992 5	0.992 7	0.992 9	0.993 1	0.993 2	0.993 4	0.993 6

续表

x	0	1	2	3	4	5	6	7	8	9
2.5	0.993 8	0.994 0	0.994 1	0.994 3	0.994 5	0.994 6	0.994 8	0.994 9	0.995 1	0.995 2
2.6	0.995 3	0.995 5	0.995 6	0.995 7	0.995 9	0.996 0	0.996 1	0.996 2	0.996 3	0.996 4
2.7	0.996 5	0.996 6	0.996 7	0.996 8	0.996 9	0.997 0	0.997 1	0.997 2	0.997 3	0.997 4
2.8	0.997 4	0.997 5	0.997 6	0.997 7	0.997 7	0.997 8	0.997 9	0.997 9	0.998 0	0.998 1
2.9	0.998 1	0.998 2	0.998 2	0.998 3	0.998 4	0.998 4	0.998 5	0.998 5	0.998 6	0.998 6
3.0	0.998 7	0.998 7	0.998 7	0.998 8	0.998 8	0.998 9	0.998 9	0.998 9	0.999 0	0.999 0
3.1	0.999 0	0.999 1	0.999 1	0.999 1	0.999 2	0.999 2	0.999 2	0.999 2	0.999 3	0.999 3
3.2	0.999 3	0.999 3	0.999 4	0.999 4	0.999 4	0.999 4	0.999 4	0.999 5	0.999 5	0.999 5
3.3	0.999 5	0.999 5	0.999 5	0.999 6	0.999 6	0.999 6	0.999 6	0.999 6	0.999 6	0.999 7
3.4	0.999 7	0.999 7	0.999 7	0.999 7	0.999 7	0.999 7	0.999 7	0.999 7	0.999 7	0.999 8
3.5	0.999 8	0.999 8	0.999 8	0.999 8	0.999 8	0.999 8	0.999 8	0.999 8	0.999 8	0.999 8
3.6	0.999 8	0.999 8	0.999 9	0.999 9	0.999 9	0.999 9	0.999 9	0.999 9	0.999 9	0.999 9
3.7	0.999 9	0.999 9	0.999 9	0.999 9	0.999 9	0.999 9	0.999 9	0.999 9	0.999 9	0.999 9
3.8	0.999 9	0.999 9	0.999 9	0.999 9	0.999 9	0.999 9	0.999 9	0.999 9	0.999 9	0.999 9

附表 3　泊松分布表

$$P\{X \leqslant x\} = \sum_{k=0}^{x} \frac{\lambda^{k}}{k!} e^{-\lambda}$$

x	λ								
	0.1	0.2	0.3	0.4	0.5	0.6	0.7	0.8	0.9
0	0.904 8	0.818 7	0.740 8	0.670 3	0.606 5	0.548 8	0.496 6	0.449 3	0.406 6
1	0.995 3	0.982 5	0.963 1	0.938 4	0.909 8	0.878 1	0.844 2	0.808 8	0.772 5
2	0.999 8	0.998 9	0.996 4	0.992 1	0.985 6	0.976 9	0.965 9	0.952 6	0.937 1
3	1.000 0	0.999 9	0.999 7	0.999 2	0.998 2	0.996 6	0.994 2	0.990 9	0.986 5
4		1.000 0	1.000 0	0.999 9	0.999 8	0.999 6	0.999 2	0.998 6	0.997 7
5				1.000 0	1.000 0	1.000 0	0.999 9	0.999 8	0.999 7
6							1.000 0	1.000 0	1.000 0

x	λ								
	1.0	1.2	1.4	1.6	1.8	2.0	2.5	3.0	3.5
0	0.367 9	0.301 2	0.246 6	0.201 9	0.165 3	0.135 3	0.082 1	0.049 8	0.030 2
1	0.735 8	0.662 6	0.591 8	0.524 9	0.462 8	0.406 0	0.287 3	0.199 1	0.135 9
2	0.919 7	0.879 5	0.833 5	0.783 4	0.730 6	0.676 7	0.543 8	0.423 2	0.320 8
3	0.981 0	0.966 2	0.946 3	0.921 2	0.891 3	0.857 1	0.757 6	0.647 2	0.536 6
4	0.996 3	0.992 3	0.985 7	0.976 3	0.963 6	0.947 3	0.891 2	0.815 3	0.725 4
5	0.999 4	0.998 5	0.996 8	0.994 0	0.989 6	0.983 4	0.958 0	0.916 1	0.857 6
6	0.999 9	0.999 7	0.999 4	0.998 7	0.997 4	0.995 5	0.985 8	0.966 5	0.934 7
7	1.000 0	1.000 0	0.999 9	0.999 7	0.999 4	0.998 9	0.995 8	0.988 1	0.973 3
8			1.000 0	1.000 0	0.999 9	0.999 8	0.998 9	0.996 2	0.990 1
9					1.000 0	1.000 0	0.999 7	0.998 9	0.996 7
10							0.999 9	0.999 7	0.999 0
11							1.000 0	0.999 9	0.999 7
12								1.000 0	0.999 9
13									1.000 0

续表

x	λ								
	4.0	4.5	5.0	5.5	6.0	6.5	7.0	7.5	8.0
0	0.018 3	0.011 1	0.006 7	0.004 1	0.002 5	0.001 5	0.000 9	0.000 6	0.000 3
1	0.091 6	0.061 1	0.040 4	0.026 6	0.017 4	0.011 3	0.007 3	0.004 7	0.003 0
2	0.238 1	0.173 6	0.124 7	0.088 4	0.062 0	0.043 0	0.029 6	0.020 3	0.013 8
3	0.433 5	0.342 3	0.265 0	0.201 7	0.151 2	0.111 8	0.081 8	0.059 1	0.042 4
4	0.628 8	0.532 1	0.440 5	0.357 5	0.285 1	0.223 7	0.173 0	0.132 1	0.099 6
5	0.785 1	0.702 9	0.616 0	0.528 9	0.445 7	0.369 0	0.300 7	0.241 4	0.191 2
6	0.889 3	0.831 1	0.762 2	0.686 0	0.606 3	0.526 5	0.449 7	0.378 2	0.313 4
7	0.948 9	0.913 4	0.866 6	0.809 5	0.744 0	0.672 8	0.598 7	0.524 6	0.453 0
8	0.978 6	0.959 7	0.931 9	0.894 4	0.847 2	0.791 6	0.729 1	0.662 0	0.592 5
9	0.991 9	0.982 9	0.968 2	0.946 2	0.916 1	0.877 4	0.830 5	0.776 4	0.716 6
10	0.997 2	0.993 3	0.986 3	0.974 7	0.957 4	0.933 2	0.901 5	0.862 2	0.815 9
11	0.999 1	0.997 6	0.994 5	0.989 0	0.979 9	0.966 1	0.946 7	0.920 8	0.888 1
12	0.999 7	0.999 2	0.998 0	0.995 5	0.991 2	0.984 0	0.973 0	0.957 3	0.936 2
13	0.999 9	0.999 7	0.999 3	0.998 3	0.996 4	0.992 9	0.987 2	0.978 4	0.965 8
14	1.000 0	0.999 9	0.999 8	0.999 4	0.998 6	0.997 0	0.994 3	0.989 7	0.982 7
15		1.000 0	0.999 9	0.999 8	0.999 5	0.998 8	0.997 6	0.995 4	0.991 8
16			1.000 0	0.999 9	0.999 8	0.999 6	0.999 0	0.998 0	0.996 3
17				1.000 0	0.999 9	0.999 8	0.999 6	0.999 2	0.998 4
18					1.000 0	0.999 9	0.999 9	0.999 7	0.999 3
19						1.000 0	1.000 0	0.999 9	0.999 7
20								1.000 0	0.999 9
21									1.000 0

附表4 t 分 布 表

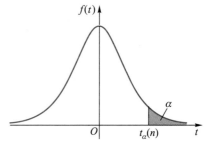

$$P\{t(n) > t_\alpha(n)\} = \alpha$$

n	α					
	0.25	0.10	0.05	0.025	0.01	0.005
1	1.000 0	3.077 7	6.313 8	12.706 2	31.820 5	63.656 7
2	0.816 5	1.885 6	2.920 0	4.302 7	6.964 6	9.924 8
3	0.764 9	1.637 7	2.353 4	3.182 4	4.540 7	5.840 9
4	0.740 7	1.533 2	2.131 8	2.776 4	3.746 9	4.604 1
5	0.726 7	1.475 9	2.015 0	2.570 6	3.364 9	4.032 1
6	0.717 6	1.439 8	1.943 2	2.446 9	3.142 7	3.707 4
7	0.711 1	1.414 9	1.894 6	2.364 6	2.998 0	3.499 5
8	0.706 4	1.396 8	1.859 5	2.306 0	2.896 5	3.355 4
9	0.702 7	1.383 0	1.833 1	2.262 2	2.821 4	3.249 8
10	0.699 8	1.372 2	1.812 5	2.228 1	2.763 8	3.169 3
11	0.697 4	1.363 4	1.795 9	2.201 0	2.718 1	3.105 8
12	0.695 5	1.356 2	1.782 3	2.178 8	2.681 0	3.054 5
13	0.693 8	1.350 2	1.770 9	2.160 4	2.650 3	3.012 3
14	0.692 4	1.345 0	1.761 3	2.144 8	2.624 5	2.976 8
15	0.691 2	1.340 6	1.753 1	2.131 4	2.602 5	2.946 7
16	0.690 1	1.336 8	1.745 9	2.119 9	2.583 5	2.920 8
17	0.689 2	1.333 4	1.739 6	2.109 8	2.566 9	2.898 2
18	0.688 4	1.330 4	1.734 1	2.100 9	2.552 4	2.878 4
19	0.687 6	1.327 7	1.729 1	2.093 0	2.539 5	2.860 9
20	0.687 0	1.325 3	1.724 7	2.086 0	2.528 0	2.845 3
21	0.686 4	1.323 2	1.720 7	2.079 6	2.517 6	2.831 4
22	0.685 8	1.321 2	1.717 1	2.073 9	2.508 3	2.818 8
23	0.685 3	1.319 5	1.713 9	2.068 7	2.499 9	2.807 3
24	0.684 8	1.317 8	1.710 9	2.063 9	2.492 2	2.796 9
25	0.684 4	1.316 3	1.708 1	2.059 5	2.485 1	2.787 4

n	α					
	0.25	0.10	0.05	0.025	0.01	0.005
26	0.684 0	1.315 0	1.705 6	2.055 5	2.478 6	2.778 7
27	0.683 7	1.313 7	1.703 3	2.051 8	2.472 7	2.770 7
28	0.683 4	1.312 5	1.701 1	2.048 4	2.467 1	2.763 3
29	0.683 0	1.311 4	1.699 1	2.045 2	2.462 0	2.756 4
30	0.682 8	1.310 4	1.697 3	2.042 3	2.457 3	2.750 0
31	0.682 5	1.309 5	1.695 5	2.039 5	2.452 8	2.744 0
32	0.682 2	1.308 6	1.693 9	2.036 9	2.448 7	2.738 5
33	0.682 0	1.307 7	1.692 4	2.034 5	2.444 8	2.733 3
34	0.681 8	1.307 0	1.690 9	2.032 2	2.441 1	2.728 4
35	0.681 6	1.306 2	1.689 6	2.030 1	2.437 7	2.723 8
36	0.681 4	1.305 5	1.688 3	2.028 1	2.434 5	2.719 5
37	0.681 2	1.304 9	1.687 1	2.026 2	2.431 4	2.715 4
38	0.681 0	1.304 2	1.686 0	2.024 4	2.428 6	2.711 6
39	0.680 8	1.303 6	1.684 9	2.022 7	2.425 8	2.707 9
40	0.680 7	1.303 1	1.683 9	2.021 1	2.423 3	2.704 5
41	0.680 5	1.302 5	1.682 9	2.019 5	2.420 8	2.701 2
42	0.680 4	1.302 0	1.682 0	2.018 1	2.418 5	2.698 1
43	0.680 2	1.301 6	1.681 1	2.016 7	2.416 3	2.695 1
44	0.680 1	1.301 1	1.680 2	2.015 4	2.414 1	2.692 3
45	0.680 0	1.300 6	1.679 4	2.014 1	2.412 1	2.689 6

附表5 χ^2分布表

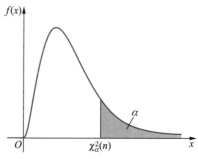

$P\{\chi^2(n)>\chi_\alpha^2(n)\}=\alpha$

n	α					
	0.995	0.99	0.975	0.95	0.9	0.75
1	—	—	0.001 0	0.003 9	0.015 8	0.101 5
2	0.010 0	0.020 1	0.050 6	0.102 6	0.210 7	0.575 4
3	0.071 7	0.114 8	0.215 8	0.351 8	0.584 4	1.212 5
4	0.207 0	0.297 1	0.484 4	0.710 7	1.063 6	1.922 6
5	0.411 7	0.554 3	0.831 2	1.145 5	1.610 3	2.674 6
6	0.675 7	0.872 1	1.237 3	1.635 4	2.204 1	3.454 6
7	0.989 3	1.239 0	1.689 9	2.167 3	2.833 1	4.254 9
8	1.344 4	1.646 5	2.179 7	2.732 6	3.489 5	5.070 6
9	1.734 9	2.087 9	2.700 4	3.325 1	4.168 2	5.898 8
10	2.155 9	2.558 2	3.247 0	3.940 3	4.865 2	6.737 2
11	2.603 2	3.053 5	3.815 7	4.574 8	5.577 8	7.584 1
12	3.073 8	3.570 6	4.403 8	5.226 0	6.303 8	8.438 4
13	3.565 0	4.106 9	5.008 8	5.891 9	7.041 5	9.299 1
14	4.074 7	4.660 4	5.628 7	6.570 6	7.789 5	10.165 3
15	4.600 9	5.229 3	6.262 1	7.260 9	8.546 8	11.036 5
16	5.142 2	5.812 2	6.907 7	7.961 6	9.312 2	11.912 2
17	5.697 2	6.407 8	7.564 2	8.671 8	10.085 2	12.791 9
18	6.264 8	7.014 9	8.230 7	9.390 5	10.864 9	13.675 3
19	6.844 0	7.632 7	8.906 5	10.117 0	11.650 9	14.562 0
20	7.433 8	8.260 4	9.590 8	10.850 8	12.442 6	15.451 8
21	8.033 7	8.897 2	10.282 9	11.591 3	13.239 6	16.344 4
22	8.642 7	9.542 5	10.982 3	12.338 0	14.041 5	17.239 6
23	9.260 4	10.195 7	11.688 6	13.090 5	14.848 0	18.137 3
24	9.886 2	10.856 4	12.401 2	13.848 4	15.658 7	19.037 3
25	10.519 7	11.524 0	13.119 7	14.611 4	16.473 4	19.939 3

n	α					
	0.995	0.99	0.975	0.95	0.9	0.75
26	11. 160 2	12. 198 1	13. 843 9	15. 379 2	17. 291 9	20. 843 4
27	11. 807 6	12. 878 5	14. 573 4	16. 151 4	18. 113 9	21. 749 4
28	12. 461 3	13. 564 7	15. 307 9	16. 927 9	18. 939 2	22. 657 2
29	13. 121 1	14. 256 5	16. 047 1	17. 708 4	19. 767 7	23. 566 6
30	13. 786 7	14. 953 5	16. 790 8	18. 492 7	20. 599 2	24. 477 6
31	14. 457 8	15. 655 5	17. 538 7	19. 280 6	21. 433 6	25. 390 1
32	15. 134 0	16. 362 2	18. 290 8	20. 071 9	22. 270 6	26. 304 1
33	15. 815 3	17. 073 5	19. 046 7	20. 866 5	23. 110 2	27. 219 4
34	16. 501 3	17. 789 1	19. 806 3	21. 664 3	23. 952 3	28. 136 1
35	17. 191 8	18. 508 9	20. 569 4	22. 465 0	24. 796 7	29. 054 0
36	17. 886 7	19. 232 7	21. 335 9	23. 268 6	25. 643 3	29. 973 0
37	18. 585 8	19. 960 2	22. 105 6	24. 074 9	26. 492 1	30. 893 3
38	19. 288 9	20. 691 4	22. 878 5	24. 883 9	27. 343 0	31. 814 6
39	19. 995 9	21. 426 2	23. 654 3	25. 695 4	28. 195 8	32. 736 9
40	20. 706 5	22. 164 3	24. 433 0	26. 509 3	29. 050 5	33. 660 3
41	21. 420 8	22. 905 6	25. 214 5	27. 325 6	29. 907 1	34. 584 6
42	22. 138 5	23. 650 1	25. 998 7	28. 144 0	30. 765 4	35. 509 9
43	22. 859 5	24. 397 6	26. 785 4	28. 964 7	31. 625 5	36. 436 1
44	23. 583 7	25. 148 0	27. 574 6	29. 787 5	32. 487 1	37. 363 1
45	24. 311 0	25. 901 3	28. 366 2	30. 612 3	33. 350 4	38. 291 0

n	α					
	0.25	0.10	0.05	0.025	0.01	0.005
1	1. 323 3	2. 705 5	3. 841 5	5. 023 9	6. 634 9	7. 879 4
2	2. 772 6	4. 605 2	5. 991 5	7. 377 8	9. 210 3	10. 596 6
3	4. 108 3	6. 251 4	7. 814 7	9. 348 4	11. 344 9	12. 838 2
4	5. 385 3	7. 779 4	9. 487 7	11. 143 3	13. 276 7	14. 860 3
5	6. 625 7	9. 236 4	11. 070 5	12. 832 5	15. 086 3	16. 749 6
6	7. 840 8	10. 644 6	12. 591 6	14. 449 4	16. 811 9	18. 547 6
7	9. 037 1	12. 017 0	14. 067 1	16. 012 8	18. 475 3	20. 277 7
8	10. 218 9	13. 361 6	15. 507 3	17. 534 5	20. 090 2	21. 955 0
9	11. 388 8	14. 683 7	16. 919 0	19. 022 8	21. 666 0	23. 589 4
10	12. 548 9	15. 987 2	18. 307 0	20. 483 2	23. 209 3	25. 188 2

续表

n	α					
	0.25	0.10	0.05	0.025	0.01	0.005
11	13.700 7	17.275 0	19.675 1	21.920 0	24.725 0	26.756 8
12	14.845 4	18.549 3	21.026 1	23.336 7	26.217 0	28.299 5
13	15.983 9	19.811 9	22.362 0	24.735 6	27.688 2	29.819 5
14	17.116 9	21.064 1	23.684 8	26.118 9	29.141 2	31.319 3
15	18.245 1	22.307 1	24.995 8	27.488 4	30.577 9	32.801 3
16	19.368 9	23.541 8	26.296 2	28.845 4	31.999 9	34.267 2
17	20.488 7	24.769 0	27.587 1	30.191 0	33.408 7	35.718 5
18	21.604 9	25.989 4	28.869 3	31.526 4	34.805 3	37.156 5
19	22.717 8	27.203 6	30.143 5	32.852 3	36.190 9	38.582 3
20	23.827 7	28.412 0	31.410 4	34.169 6	37.566 2	39.996 8
21	24.934 8	29.615 1	32.670 6	35.478 9	38.932 2	41.401 1
22	26.039 3	30.813 3	33.924 4	36.780 7	40.289 4	42.795 7
23	27.141 3	32.006 9	35.172 5	38.075 6	41.638 4	44.181 3
24	28.241 2	33.196 2	36.415 0	39.364 1	42.979 8	45.558 5
25	29.338 9	34.381 6	37.652 5	40.646 5	44.314 1	46.927 9
26	30.434 6	35.563 2	38.885 1	41.923 2	45.641 7	48.289 9
27	31.528 4	36.741 2	40.113 3	43.194 5	46.962 9	49.644 9
28	32.620 5	37.915 9	41.337 1	44.460 8	48.278 2	50.993 4
29	33.710 9	39.087 5	42.557 0	45.722 3	49.587 9	52.335 6
30	34.799 7	40.256 0	43.773 0	46.979 2	50.892 2	53.672 0
31	35.887 1	41.421 7	44.985 3	48.231 9	52.191 4	55.002 7
32	36.973 0	42.584 7	46.194 3	49.480 4	53.485 8	56.328 1
33	38.057 5	43.745 2	47.399 9	50.725 1	54.775 5	57.648 4
34	39.140 8	44.903 2	48.602 4	51.966 0	56.060 9	58.963 9
35	40.222 8	46.058 8	49.801 8	53.203 3	57.342 1	60.274 8
36	41.303 6	47.212 2	50.998 5	54.437 3	58.619 2	61.581 2
37	42.383 3	48.363 4	52.192 3	55.668 0	59.892 5	62.883 3
38	43.461 9	49.512 6	53.383 5	56.895 5	61.162 1	64.181 4
39	44.539 5	50.659 8	54.572 2	58.120 1	62.428 1	65.475 6
40	45.616 0	51.805 1	55.758 5	59.341 7	63.690 7	66.766 0
41	46.691 6	52.948 5	56.942 4	60.560 6	64.950 1	68.052 7
42	47.766 3	54.090 2	58.124 0	61.776 8	66.206 2	69.336 0
43	48.840 0	55.230 2	59.303 5	62.990 4	67.459 3	70.615 9
44	49.912 9	56.368 5	60.480 9	64.201 5	68.709 5	71.892 6
45	50.984 9	57.505 3	61.656 2	65.410 2	69.956 8	73.166 1

附表 6 F 分 布 表

$$P\{F(m,n)>F_\alpha(m,n)\}=\alpha$$

$$(\alpha=0.10)$$

n \ m	1	2	3	4	5	6	7	8	9	10	12	15	20	24	30	40	60	120	$+\infty$
1	39.86	49.50	53.59	55.83	57.24	58.20	58.91	59.44	59.86	60.19	60.71	61.22	61.74	62.00	62.26	62.53	62.79	63.06	63.33
2	8.53	9.00	9.16	9.24	9.29	9.33	9.35	9.37	9.38	9.39	9.41	9.42	9.44	9.45	9.46	9.47	9.47	9.48	9.49
3	5.54	5.46	5.39	5.34	5.31	5.28	5.27	5.25	5.24	5.23	5.22	5.20	5.18	5.18	5.17	5.16	5.15	5.14	5.13
4	4.54	4.32	4.19	4.11	4.05	4.01	3.98	3.95	3.94	3.92	3.90	3.87	3.84	3.83	3.82	3.80	3.79	3.78	3.76
5	4.06	3.78	3.62	3.52	3.45	3.40	3.37	3.34	3.32	3.30	3.27	3.24	3.21	3.19	3.17	3.16	3.14	3.12	3.10
6	3.78	3.46	3.29	3.18	3.11	3.05	3.01	2.98	2.96	2.94	2.90	2.87	2.84	2.82	2.80	2.78	2.76	2.74	2.72
7	3.59	3.26	3.07	2.96	2.88	2.83	2.78	2.75	2.72	2.70	2.67	2.63	2.59	2.58	2.56	2.54	2.51	2.49	2.47
8	3.46	3.11	2.92	2.81	2.73	2.67	2.62	2.59	2.56	2.54	2.50	2.46	2.42	2.40	2.38	2.36	2.34	2.32	2.29
9	3.36	3.01	2.81	2.69	2.61	2.55	2.51	2.47	2.44	2.42	2.38	2.34	2.30	2.28	2.25	2.23	2.21	2.18	2.16
10	3.29	2.92	2.73	2.61	2.52	2.46	2.41	2.38	2.35	2.32	2.28	2.24	2.20	2.18	2.16	2.13	2.11	2.08	2.06
11	3.23	2.86	2.66	2.54	2.45	2.39	2.34	2.30	2.27	2.25	2.21	2.17	2.12	2.10	2.08	2.05	2.03	2.00	1.97
12	3.18	2.81	2.61	2.48	2.39	2.33	2.28	2.24	2.21	2.19	2.15	2.10	2.06	2.04	2.01	1.99	1.96	1.93	1.90
13	3.14	2.76	2.56	2.43	2.35	2.28	2.23	2.20	2.16	2.14	2.10	2.05	2.01	1.98	1.96	1.93	1.90	1.88	1.85
14	3.10	2.73	2.52	2.39	2.31	2.24	2.19	2.15	2.12	2.10	2.05	2.01	1.96	1.94	1.91	1.89	1.86	1.83	1.80
15	3.07	2.70	2.49	2.36	2.27	2.21	2.16	2.12	2.09	2.06	2.02	1.97	1.92	1.90	1.87	1.85	1.82	1.79	1.76

续表

n	m																		
	1	2	3	4	5	6	7	8	9	10	12	15	20	24	30	40	60	120	$+\infty$
16	3.05	2.67	2.46	2.33	2.24	2.18	2.13	2.09	2.06	2.03	1.99	1.94	1.89	1.87	1.84	1.81	1.78	1.75	1.72
17	3.03	2.64	2.44	2.31	2.22	2.15	2.10	2.06	2.03	2.00	1.96	1.91	1.86	1.84	1.81	1.78	1.75	1.72	1.69
18	3.01	2.62	2.42	2.29	2.20	2.13	2.08	2.04	2.00	1.98	1.93	1.89	1.84	1.81	1.78	1.75	1.72	1.69	1.66
19	2.99	2.61	2.40	2.27	2.18	2.11	2.06	2.02	1.98	1.96	1.91	1.86	1.81	1.79	1.76	1.73	1.70	1.67	1.63
20	2.97	2.59	2.38	2.25	2.16	2.09	2.04	2.00	1.96	1.94	1.89	1.84	1.79	1.77	1.74	1.71	1.68	1.64	1.61
21	2.96	2.57	2.36	2.23	2.14	2.08	2.02	1.98	1.95	1.92	1.87	1.83	1.78	1.75	1.72	1.69	1.66	1.62	1.59
22	2.95	2.56	2.35	2.22	2.13	2.06	2.01	1.97	1.93	1.90	1.86	1.81	1.76	1.73	1.70	1.67	1.64	1.60	1.57
23	2.94	2.55	2.34	2.21	2.11	2.05	1.99	1.95	1.92	1.89	1.84	1.80	1.74	1.72	1.69	1.66	1.62	1.59	1.55
24	2.93	2.54	2.33	2.19	2.10	2.04	1.98	1.94	1.91	1.88	1.83	1.78	1.73	1.70	1.67	1.64	1.61	1.57	1.53
25	2.92	2.53	2.32	2.18	2.09	2.02	1.97	1.93	1.89	1.87	1.82	1.77	1.72	1.69	1.66	1.63	1.59	1.56	1.52
26	2.91	2.52	2.31	2.17	2.08	2.01	1.96	1.92	1.88	1.86	1.81	1.76	1.71	1.68	1.65	1.61	1.58	1.54	1.50
27	2.90	2.51	2.30	2.17	2.07	2.00	1.95	1.91	1.87	1.85	1.80	1.75	1.70	1.67	1.64	1.60	1.57	1.53	1.49
28	2.89	2.50	2.29	2.16	2.06	2.00	1.94	1.90	1.87	1.84	1.79	1.74	1.69	1.66	1.63	1.59	1.56	1.52	1.48
29	2.89	2.50	2.28	2.15	2.06	1.99	1.93	1.89	1.86	1.83	1.78	1.73	1.68	1.65	1.62	1.58	1.55	1.51	1.47
30	2.88	2.49	2.28	2.14	2.05	1.98	1.93	1.88	1.85	1.82	1.77	1.72	1.67	1.64	1.61	1.57	1.54	1.50	1.46
40	2.84	2.44	2.23	2.09	2.00	1.93	1.87	1.83	1.79	1.76	1.71	1.66	1.61	1.57	1.54	1.51	1.47	1.42	1.38
60	2.79	2.39	2.18	2.04	1.95	1.87	1.82	1.77	1.74	1.71	1.66	1.60	1.54	1.51	1.48	1.44	1.40	1.35	1.29
120	2.75	2.35	2.13	1.99	1.90	1.82	1.77	1.72	1.68	1.65	1.60	1.55	1.48	1.45	1.41	1.37	1.32	1.26	1.19
$+\infty$	2.71	2.30	2.08	1.94	1.85	1.77	1.72	1.67	1.63	1.60	1.55	1.49	1.42	1.38	1.34	1.30	1.24	1.17	1.00

续表

$(\alpha=0.05)$

n	m																		
	1	2	3	4	5	6	7	8	9	10	12	15	20	24	30	40	60	120	$+\infty$
1	161.4	199.5	215.7	224.6	230.2	234.0	236.8	238.9	240.5	241.9	243.9	245.9	248.0	249.1	250.1	251.1	252.2	253.3	254.3
2	18.51	19.00	19.16	19.25	19.30	19.33	19.35	19.37	19.38	19.40	19.41	19.43	19.45	19.45	19.46	19.47	19.48	19.49	19.50
3	10.13	9.55	9.28	9.12	9.01	8.94	8.89	8.85	8.81	8.79	8.74	8.70	8.66	8.64	8.62	8.59	8.57	8.55	8.53
4	7.71	6.94	6.59	6.39	6.26	6.16	6.09	6.04	6.00	5.96	5.91	5.86	5.80	5.77	5.75	5.72	5.69	5.66	5.63
5	6.61	5.79	5.41	5.19	5.05	4.95	4.88	4.82	4.77	4.74	4.68	4.62	4.56	4.53	4.50	4.46	4.43	4.40	4.36
6	5.99	5.14	4.76	4.53	4.39	4.28	4.21	4.15	4.10	4.06	4.00	3.94	3.87	3.84	3.81	3.77	3.74	3.70	3.67
7	5.59	4.74	4.35	4.12	3.97	3.87	3.79	3.73	3.68	3.64	3.57	3.51	3.44	3.41	3.38	3.34	3.30	3.27	3.23
8	5.32	4.46	4.07	3.84	3.69	3.58	3.50	3.44	3.39	3.35	3.28	3.22	3.15	3.12	3.08	3.04	3.01	2.97	2.93
9	5.12	4.26	3.86	3.63	3.48	3.37	3.29	3.23	3.18	3.14	3.07	3.01	2.94	2.90	2.86	2.83	2.79	2.75	2.71
10	4.96	4.10	3.71	3.48	3.33	3.22	3.14	3.07	3.02	2.98	2.91	2.85	2.77	2.74	2.70	2.66	2.62	2.58	2.54
11	4.84	3.98	3.59	3.36	3.20	3.09	3.01	2.95	2.90	2.85	2.79	2.72	2.65	2.61	2.57	2.53	2.49	2.45	2.40
12	4.75	3.89	3.49	3.26	3.11	3.00	2.91	2.85	2.80	2.75	2.69	2.62	2.54	2.51	2.47	2.43	2.38	2.34	2.30
13	4.67	3.81	3.41	3.18	3.03	2.92	2.83	2.77	2.71	2.67	2.60	2.53	2.46	2.42	2.38	2.34	2.30	2.25	2.21
14	4.60	3.74	3.34	3.11	2.96	2.85	2.76	2.70	2.65	2.60	2.53	2.46	2.39	2.35	2.31	2.27	2.22	2.18	2.13
15	4.54	3.68	3.29	3.06	2.90	2.79	2.71	2.64	2.59	2.54	2.48	2.40	2.33	2.29	2.25	2.20	2.16	2.11	2.07
16	4.49	3.63	3.24	3.01	2.85	2.74	2.66	2.59	2.54	2.49	2.42	2.35	2.28	2.24	2.19	2.15	2.11	2.06	2.01
17	4.45	3.59	3.20	2.96	2.81	2.70	2.61	2.55	2.49	2.45	2.38	2.31	2.23	2.19	2.15	2.10	2.06	2.01	1.96
18	4.41	3.55	3.16	2.93	2.77	2.66	2.58	2.51	2.46	2.41	2.34	2.27	2.19	2.15	2.11	2.06	2.02	1.97	1.92
19	4.38	3.52	3.13	2.90	2.74	2.63	2.54	2.48	2.42	2.38	2.31	2.23	2.16	2.11	2.07	2.03	1.98	1.93	1.88
20	4.35	3.49	3.10	2.87	2.71	2.60	2.51	2.45	2.39	2.35	2.28	2.20	2.12	2.08	2.04	1.99	1.95	1.90	1.84

续表

m

n	1	2	3	4	5	6	7	8	9	10	12	15	20	24	30	40	60	120	+∞
21	4.32	3.47	3.07	2.84	2.68	2.57	2.49	2.42	2.37	2.32	2.25	2.18	2.10	2.05	2.01	1.96	1.92	1.87	1.81
22	4.30	3.44	3.05	2.82	2.66	2.55	2.46	2.40	2.34	2.30	2.23	2.15	2.07	2.03	1.98	1.94	1.89	1.84	1.78
23	4.28	3.42	3.03	2.80	2.64	2.53	2.44	2.37	2.32	2.27	2.20	2.13	2.05	2.01	1.96	1.91	1.86	1.81	1.76
24	4.26	3.40	3.01	2.78	2.62	2.51	2.42	2.36	2.30	2.25	2.18	2.11	2.03	1.98	1.94	1.89	1.84	1.79	1.73
25	4.24	3.39	2.99	2.76	2.60	2.49	2.40	2.34	2.28	2.24	2.16	2.09	2.01	1.96	1.92	1.87	1.82	1.77	1.71
26	4.23	3.37	2.98	2.74	2.59	2.47	2.39	2.32	2.27	2.22	2.15	2.07	1.99	1.95	1.90	1.85	1.80	1.75	1.69
27	4.21	3.35	2.96	2.73	2.57	2.46	2.37	2.31	2.25	2.20	2.13	2.06	1.97	1.93	1.88	1.84	1.79	1.73	1.67
28	4.20	3.34	2.95	2.71	2.56	2.45	2.36	2.29	2.24	2.19	2.12	2.04	1.96	1.91	1.87	1.82	1.77	1.71	1.65
29	4.18	3.33	2.93	2.70	2.55	2.43	2.35	2.28	2.22	2.18	2.10	2.03	1.94	1.90	1.85	1.81	1.75	1.70	1.64
30	4.17	3.32	2.92	2.69	2.53	2.42	2.33	2.27	2.21	2.16	2.09	2.01	1.93	1.89	1.84	1.79	1.74	1.68	1.62
40	4.08	3.23	2.84	2.61	2.45	2.34	2.25	2.18	2.12	2.08	2.00	1.92	1.84	1.79	1.74	1.69	1.64	1.58	1.51
60	4.00	3.15	2.76	2.53	2.37	2.25	2.17	2.10	2.04	1.99	1.92	1.84	1.75	1.70	1.65	1.59	1.53	1.47	1.39
120	3.92	3.07	2.68	2.45	2.29	2.18	2.09	2.02	1.96	1.91	1.83	1.75	1.66	1.61	1.55	1.50	1.43	1.35	1.25
+∞	3.84	3.00	2.60	2.37	2.21	2.10	2.01	1.94	1.88	1.83	1.75	1.67	1.57	1.52	1.46	1.39	1.32	1.22	1.00

($\alpha = 0.025$)

m

n	1	2	3	4	5	6	7	8	9	10	12	15	20	24	30	40	60	120	+∞
1	647.8	799.5	864.2	899.6	921.8	937.1	948.2	956.7	963.3	968.6	976.7	984.9	993.1	997.2	1001.4	1005.6	1009.8	1014.0	1018.3
2	38.51	39.00	39.17	39.25	39.30	39.33	39.36	39.37	39.39	39.40	39.41	39.43	39.45	39.46	39.46	39.47	39.48	39.49	39.50
3	17.44	16.04	15.44	15.10	14.88	14.73	14.62	14.54	14.47	14.42	14.34	14.25	14.17	14.12	14.08	14.04	13.99	13.95	13.90
4	12.22	10.65	9.98	9.60	9.36	9.20	9.07	8.98	8.90	8.84	8.75	8.66	8.56	8.51	8.46	8.41	8.36	8.31	8.26
5	10.01	8.43	7.76	7.39	7.15	6.98	6.85	6.76	6.68	6.62	6.52	6.43	6.33	6.28	6.23	6.18	6.12	6.07	6.02

续表

n \ m	1	2	3	4	5	6	7	8	9	10	12	15	20	24	30	40	60	120	$+\infty$
6	8.81	7.26	6.60	6.23	5.99	5.82	5.70	5.60	5.52	5.46	5.37	5.27	5.17	5.12	5.07	5.01	4.96	4.90	4.85
7	8.07	6.54	5.89	5.52	5.29	5.12	4.99	4.90	4.82	4.76	4.67	4.57	4.47	4.41	4.36	4.31	4.25	4.20	4.14
8	7.57	6.06	5.42	5.05	4.82	4.65	4.53	4.43	4.36	4.30	4.20	4.10	4.00	3.95	3.89	3.84	3.78	3.73	3.67
9	7.21	5.71	5.08	4.72	4.48	4.32	4.20	4.10	4.03	3.96	3.87	3.77	3.67	3.61	3.56	3.51	3.45	3.39	3.33
10	6.94	5.46	4.83	4.47	4.24	4.07	3.95	3.85	3.78	3.72	3.62	3.52	3.42	3.37	3.31	3.26	3.20	3.14	3.08
11	6.72	5.26	4.63	4.28	4.04	3.88	3.76	3.66	3.59	3.53	3.43	3.33	3.23	3.17	3.12	3.06	3.00	2.94	2.88
12	6.55	5.10	4.47	4.12	3.89	3.73	3.61	3.51	3.44	3.37	3.28	3.18	3.07	3.02	2.96	2.91	2.85	2.79	2.72
13	6.41	4.97	4.35	4.00	3.77	3.60	3.48	3.39	3.31	3.25	3.15	3.05	2.95	2.89	2.84	2.78	2.72	2.66	2.60
14	6.30	4.86	4.24	3.89	3.66	3.50	3.38	3.29	3.21	3.15	3.05	2.95	2.84	2.79	2.73	2.67	2.61	2.55	2.49
15	6.20	4.77	4.15	3.80	3.58	3.41	3.29	3.20	3.12	3.06	2.96	2.86	2.76	2.70	2.64	2.59	2.52	2.46	2.40
16	6.12	4.69	4.08	3.73	3.50	3.34	3.22	3.12	3.05	2.99	2.89	2.79	2.68	2.63	2.57	2.51	2.45	2.38	2.32
17	6.04	4.62	4.01	3.66	3.44	3.28	3.16	3.06	2.98	2.92	2.82	2.72	2.62	2.56	2.50	2.44	2.38	2.32	2.25
18	5.98	4.56	3.95	3.61	3.38	3.22	3.10	3.01	2.93	2.87	2.77	2.67	2.56	2.50	2.44	2.38	2.32	2.26	2.19
19	5.92	4.51	3.90	3.56	3.33	3.17	3.05	2.96	2.88	2.82	2.72	2.62	2.51	2.45	2.39	2.33	2.27	2.20	2.13
20	5.87	4.46	3.86	3.51	3.29	3.13	3.01	2.91	2.84	2.77	2.68	2.57	2.46	2.41	2.35	2.29	2.22	2.16	2.09
21	5.83	4.42	3.82	3.48	3.25	3.09	2.97	2.87	2.80	2.73	2.64	2.53	2.42	2.37	2.31	2.25	2.18	2.11	2.04
22	5.79	4.38	3.78	3.44	3.22	3.05	2.93	2.84	2.76	2.70	2.60	2.50	2.39	2.33	2.27	2.21	2.14	2.08	2.00
23	5.75	4.35	3.75	3.41	3.18	3.02	2.90	2.81	2.73	2.67	2.57	2.47	2.36	2.30	2.24	2.18	2.11	2.04	1.97
24	5.72	4.32	3.72	3.38	3.15	2.99	2.87	2.78	2.70	2.64	2.54	2.44	2.33	2.27	2.21	2.15	2.08	2.01	1.94
25	5.69	4.29	3.69	3.35	3.13	2.97	2.85	2.75	2.68	2.61	2.51	2.41	2.30	2.24	2.18	2.12	2.05	1.98	1.91

续表

n										m									
	1	2	3	4	5	6	7	8	9	10	12	15	20	24	30	40	60	120	$+\infty$
26	5.66	4.27	3.67	3.33	3.10	2.94	2.82	2.73	2.65	2.59	2.49	2.39	2.28	2.22	2.16	2.09	2.03	1.95	1.88
27	5.63	4.24	3.65	3.31	3.08	2.92	2.80	2.71	2.63	2.57	2.47	2.36	2.25	2.19	2.13	2.07	2.00	1.93	1.85
28	5.61	4.22	3.63	3.29	3.06	2.90	2.78	2.69	2.61	2.55	2.45	2.34	2.23	2.17	2.11	2.05	1.98	1.91	1.83
29	5.59	4.20	3.61	3.27	3.04	2.88	2.76	2.67	2.59	2.53	2.43	2.32	2.21	2.15	2.09	2.03	1.96	1.89	1.81
30	5.57	4.18	3.59	3.25	3.03	2.87	2.75	2.65	2.57	2.51	2.41	2.31	2.20	2.14	2.07	2.01	1.94	1.87	1.79
40	5.42	4.05	3.46	3.13	2.90	2.74	2.62	2.53	2.45	2.39	2.29	2.18	2.07	2.01	1.94	1.88	1.80	1.72	1.64
60	5.29	3.93	3.34	3.01	2.79	2.63	2.51	2.41	2.33	2.27	2.17	2.06	1.94	1.88	1.82	1.74	1.67	1.58	1.48
120	5.15	3.80	3.23	2.89	2.67	2.52	2.39	2.30	2.22	2.16	2.05	1.94	1.82	1.76	1.69	1.61	1.53	1.43	1.31
$+\infty$	5.02	3.69	3.12	2.79	2.57	2.41	2.29	2.19	2.11	2.05	1.94	1.83	1.71	1.64	1.57	1.48	1.39	1.27	1.00

$(\alpha = 0.01)$

n										m									
	1	2	3	4	5	6	7	8	9	10	12	15	20	24	30	40	60	120	$+\infty$
1	4 052	4 999	5 403	5 624	5 763	5 859	5 928	5 981	6 022	6 055	6 106	6 157	6 208	6 234	6 260	6 286	6 313	6 339	6 365
2	98.50	99.00	99.17	99.25	99.30	99.33	99.36	99.37	99.39	99.40	99.42	99.43	99.45	99.46	99.47	99.47	99.48	99.49	99.50
3	34.12	30.82	29.46	28.71	28.24	27.91	27.67	27.49	27.35	27.23	27.05	26.87	26.69	26.60	26.50	26.41	26.32	26.22	26.13
4	21.20	18.00	16.69	15.98	15.52	15.21	14.98	14.80	14.66	14.55	14.37	14.20	14.02	13.93	13.84	13.75	13.65	13.56	13.46
5	16.26	13.27	12.06	11.39	10.97	10.67	10.46	10.29	10.16	10.05	9.89	9.72	9.55	9.47	9.38	9.29	9.20	9.11	9.02
6	13.75	10.92	9.78	9.15	8.75	8.47	8.26	8.10	7.98	7.87	7.72	7.56	7.40	7.31	7.23	7.14	7.06	6.97	6.88
7	12.25	9.55	8.45	7.85	7.46	7.19	6.99	6.84	6.72	6.62	6.47	6.31	6.16	6.07	5.99	5.91	5.82	5.74	5.65
8	11.26	8.65	7.59	7.01	6.63	6.37	6.18	6.03	5.91	5.81	5.67	5.52	5.36	5.28	5.20	5.12	5.03	4.95	4.86
9	10.56	8.02	6.99	6.42	6.06	5.80	5.61	5.47	5.35	5.26	5.11	4.96	4.81	4.73	4.65	4.57	4.48	4.40	4.31
10	10.04	7.56	6.55	5.99	5.64	5.39	5.20	5.06	4.94	4.85	4.71	4.56	4.41	4.33	4.25	4.17	4.08	4.00	3.91

续表

n	\ m	1	2	3	4	5	6	7	8	9	10	12	15	20	24	30	40	60	120	$+\infty$
11		9.65	7.21	6.22	5.67	5.32	5.07	4.89	4.74	4.63	4.54	4.40	4.25	4.10	4.02	3.94	3.86	3.78	3.69	3.60
12		9.33	6.93	5.95	5.41	5.06	4.82	4.64	4.50	4.39	4.30	4.16	4.01	3.86	3.78	3.70	3.62	3.54	3.45	3.36
13		9.07	6.70	5.74	5.21	4.86	4.62	4.44	4.30	4.19	4.10	3.96	3.82	3.66	3.59	3.51	3.43	3.34	3.25	3.17
14		8.86	6.51	5.56	5.04	4.69	4.46	4.28	4.14	4.03	3.94	3.80	3.66	3.51	3.43	3.35	3.27	3.18	3.09	3.00
15		8.68	6.36	5.42	4.89	4.56	4.32	4.14	4.00	3.89	3.80	3.67	3.52	3.37	3.29	3.21	3.13	3.05	2.96	2.87
16		8.53	6.23	5.29	4.77	4.44	4.20	4.03	3.89	3.78	3.69	3.55	3.41	3.26	3.18	3.10	3.02	2.93	2.84	2.75
17		8.40	6.11	5.18	4.67	4.34	4.10	3.93	3.79	3.68	3.59	3.46	3.31	3.16	3.08	3.00	2.92	2.83	2.75	2.65
18		8.29	6.01	5.09	4.58	4.25	4.01	3.84	3.71	3.60	3.51	3.37	3.23	3.08	3.00	2.92	2.84	2.75	2.66	2.57
19		8.18	5.93	5.01	4.50	4.17	3.94	3.77	3.63	3.52	3.43	3.30	3.15	3.00	2.92	2.84	2.76	2.67	2.58	2.49
20		8.10	5.85	4.94	4.43	4.10	3.87	3.70	3.56	3.46	3.37	3.23	3.09	2.94	2.86	2.78	2.69	2.61	2.52	2.42
21		8.02	5.78	4.87	4.37	4.04	3.81	3.64	3.51	3.40	3.31	3.17	3.03	2.88	2.80	2.72	2.64	2.55	2.46	2.36
22		7.95	5.72	4.82	4.31	3.99	3.76	3.59	3.45	3.35	3.26	3.12	2.98	2.83	2.75	2.67	2.58	2.50	2.40	2.31
23		7.88	5.66	4.76	4.26	3.94	3.71	3.54	3.41	3.30	3.21	3.07	2.93	2.78	2.70	2.62	2.54	2.45	2.35	2.26
24		7.82	5.61	4.72	4.22	3.90	3.67	3.50	3.36	3.26	3.17	3.03	2.89	2.74	2.66	2.58	2.49	2.40	2.31	2.21
25		7.77	5.57	4.68	4.18	3.85	3.63	3.46	3.32	3.22	3.13	2.99	2.85	2.70	2.62	2.54	2.45	2.36	2.27	2.17
26		7.72	5.53	4.64	4.14	3.82	3.59	3.42	3.29	3.18	3.09	2.96	2.81	2.66	2.58	2.50	2.42	2.33	2.23	2.13
27		7.68	5.49	4.60	4.11	3.78	3.56	3.39	3.26	3.15	3.06	2.93	2.78	2.63	2.55	2.47	2.38	2.29	2.20	2.10
28		7.64	5.45	4.57	4.07	3.75	3.53	3.36	3.23	3.12	3.03	2.90	2.75	2.60	2.52	2.44	2.35	2.26	2.17	2.06
29		7.60	5.42	4.54	4.04	3.73	3.50	3.33	3.20	3.09	3.00	2.87	2.73	2.57	2.49	2.41	2.33	2.23	2.14	2.03
30		7.56	5.39	4.51	4.02	3.70	3.47	3.30	3.17	3.07	2.98	2.84	2.70	2.55	2.47	2.39	2.30	2.21	2.11	2.01

续表

n	m																		
	1	2	3	4	5	6	7	8	9	10	12	15	20	24	30	40	60	120	$+\infty$
40	7.31	5.18	4.31	3.83	3.51	3.29	3.12	2.99	2.89	2.80	2.66	2.52	2.37	2.29	2.20	2.11	2.02	1.92	1.80
60	7.08	4.98	4.13	3.65	3.34	3.12	2.95	2.82	2.72	2.63	2.50	2.35	2.20	2.12	2.03	1.94	1.84	1.73	1.60
120	6.85	4.79	3.95	3.48	3.17	2.96	2.79	2.66	2.56	2.47	2.34	2.19	2.03	1.95	1.86	1.76	1.66	1.53	1.38
$+\infty$	6.63	4.61	3.78	3.32	3.02	2.80	2.64	2.51	2.41	2.32	2.18	2.04	1.88	1.79	1.70	1.59	1.47	1.32	1.00

（ $\alpha = 0.005$ ）

n	m																		
	1	2	3	4	5	6	7	8	9	10	12	15	20	24	30	40	60	120	$+\infty$
1	16 211	20 000	21 615	22 500	23 056	23 437	23 715	23 925	24 091	24 224	24 426	24 630	24 836	24 940	25 044	25 148	25 253	25 359	25 464
2	198.5	199.0	199.2	199.2	199.3	199.3	199.4	199.4	199.4	199.4	199.4	199.4	199.4	199.5	199.5	199.5	199.5	199.5	199.5
3	55.55	49.80	47.47	46.19	45.39	44.84	44.43	44.13	43.88	43.69	43.39	43.08	42.78	42.62	42.47	42.31	42.15	41.99	41.83
4	31.33	26.28	24.26	23.15	22.46	21.97	21.62	21.35	21.14	20.97	20.70	20.44	20.17	20.03	19.89	19.75	19.61	19.47	19.32
5	22.78	18.31	16.53	15.56	14.94	14.51	14.20	13.96	13.77	13.62	13.38	13.15	12.90	12.78	12.66	12.53	12.40	12.27	12.14
6	18.63	14.54	12.92	12.03	11.46	11.07	10.79	10.57	10.39	10.25	10.03	9.81	9.59	9.47	9.36	9.24	9.12	9.00	8.88
7	16.24	12.40	10.88	10.05	9.52	9.16	8.89	8.68	8.51	8.38	8.18	7.97	7.75	7.64	7.53	7.42	7.31	7.19	7.08
8	14.69	11.04	9.60	8.81	8.30	7.95	7.69	7.50	7.34	7.21	7.01	6.81	6.61	6.50	6.40	6.29	6.18	6.06	5.95
9	13.61	10.11	8.72	7.96	7.47	7.13	6.88	6.69	6.54	6.42	6.23	6.03	5.83	5.73	5.62	5.52	5.41	5.30	5.19
10	12.83	9.43	8.08	7.34	6.87	6.54	6.30	6.12	5.97	5.85	5.66	5.47	5.27	5.17	5.07	4.97	4.86	4.75	4.64
11	12.23	8.91	7.60	6.88	6.42	6.10	5.86	5.68	5.54	5.42	5.24	5.05	4.86	4.76	4.65	4.55	4.45	4.34	4.23
12	11.75	8.51	7.23	6.52	6.07	5.76	5.52	5.35	5.20	5.09	4.91	4.72	4.53	4.43	4.33	4.23	4.12	4.01	3.90
13	11.37	8.19	6.93	6.23	5.79	5.48	5.25	5.08	4.94	4.82	4.64	4.46	4.27	4.17	4.07	3.97	3.87	3.76	3.65
14	11.06	7.92	6.68	6.00	5.56	5.26	5.03	4.86	4.72	4.60	4.43	4.25	4.06	3.96	3.86	3.76	3.66	3.55	3.44
15	10.80	7.70	6.48	5.80	5.37	5.07	4.85	4.67	4.54	4.42	4.25	4.07	3.88	3.79	3.69	3.58	3.48	3.37	3.26

续表

n \ m	1	2	3	4	5	6	7	8	9	10	12	15	20	24	30	40	60	120	$+\infty$
16	10.58	7.51	6.30	5.64	5.21	4.91	4.69	4.52	4.38	4.27	4.10	3.92	3.73	3.64	3.54	3.44	3.33	3.22	3.11
17	10.38	7.35	6.16	5.50	5.07	4.78	4.56	4.39	4.25	4.14	3.97	3.79	3.61	3.51	3.41	3.31	3.21	3.10	2.98
18	10.22	7.21	6.03	5.37	4.96	4.66	4.44	4.28	4.14	4.03	3.86	3.68	3.50	3.40	3.30	3.20	3.10	2.99	2.87
19	10.07	7.09	5.92	5.27	4.85	4.56	4.34	4.18	4.04	3.93	3.76	3.59	3.40	3.31	3.21	3.11	3.00	2.89	2.78
20	9.94	6.99	5.82	5.17	4.76	4.47	4.26	4.09	3.96	3.85	3.68	3.50	3.32	3.22	3.12	3.02	2.92	2.81	2.69
21	9.83	6.89	5.73	5.09	4.68	4.39	4.18	4.01	3.88	3.77	3.60	3.43	3.24	3.15	3.05	2.95	2.84	2.73	2.61
22	9.73	6.81	5.65	5.02	4.61	4.32	4.11	3.94	3.81	3.70	3.54	3.36	3.18	3.08	2.98	2.88	2.77	2.66	2.55
23	9.63	6.73	5.58	4.95	4.54	4.26	4.05	3.88	3.75	3.64	3.47	3.30	3.12	3.02	2.92	2.82	2.71	2.60	2.48
24	9.55	6.66	5.52	4.89	4.49	4.20	3.99	3.83	3.69	3.59	3.42	3.25	3.06	2.97	2.87	2.77	2.66	2.55	2.43
25	9.48	6.60	5.46	4.84	4.43	4.15	3.94	3.78	3.64	3.54	3.37	3.20	3.01	2.92	2.82	2.72	2.61	2.50	2.38
26	9.41	6.54	5.41	4.79	4.38	4.10	3.89	3.73	3.60	3.49	3.33	3.15	2.97	2.87	2.77	2.67	2.56	2.45	2.33
27	9.34	6.49	5.36	4.74	4.34	4.06	3.85	3.69	3.56	3.45	3.28	3.11	2.93	2.83	2.73	2.63	2.52	2.41	2.29
28	9.28	6.44	5.32	4.70	4.30	4.02	3.81	3.65	3.52	3.41	3.25	3.07	2.89	2.79	2.69	2.59	2.48	2.37	2.25
29	9.23	6.40	5.28	4.66	4.26	3.98	3.77	3.61	3.48	3.38	3.21	3.04	2.86	2.76	2.66	2.56	2.45	2.33	2.21
30	9.18	6.35	5.24	4.62	4.23	3.95	3.74	3.58	3.45	3.34	3.18	3.01	2.82	2.73	2.63	2.52	2.42	2.30	2.18
40	8.83	6.07	4.98	4.37	3.99	3.71	3.51	3.35	3.22	3.12	2.95	2.78	2.60	2.50	2.40	2.30	2.18	2.06	1.93
60	8.49	5.79	4.73	4.14	3.76	3.49	3.29	3.13	3.01	2.90	2.74	2.57	2.39	2.29	2.19	2.08	1.96	1.83	1.69
120	8.18	5.54	4.50	3.92	3.55	3.28	3.09	2.93	2.81	2.71	2.54	2.37	2.19	2.09	1.98	1.87	1.75	1.61	1.43
$+\infty$	7.88	5.30	4.28	3.72	3.35	3.09	2.90	2.74	2.62	2.52	2.36	2.19	2.00	1.90	1.79	1.67	1.53	1.36	1.00

续表

$(\alpha = 0.001)$

n	\multicolumn{19}{c}{m}
---	1	2	3	4	5	6	7	8	9	10	12	15	20	24	30	40	60	120	$+\infty$
1	405 284	500 000	540 379	562 500	576 405	585 937	592 873	598 144	602 284	605 621	610 668	615 764	620 908	623 497	626 099	628 712	631 337	633 972	636 619
2	998.5	999.0	999.2	999.2	999.3	999.3	999.4	999.4	999.4	999.4	999.4	999.4	999.4	999.5	999.5	999.5	999.5	999.5	999.5
3	167.0	148.5	141.1	137.1	134.6	132.8	131.6	130.6	129.9	129.2	128.3	127.4	126.4	125.9	125.4	125.0	124.5	124.0	123.5
4	74.14	61.25	56.18	53.44	51.71	50.53	49.66	49.00	48.47	48.05	47.41	46.76	46.10	45.77	45.43	45.09	44.75	44.40	44.05
5	47.18	37.12	33.20	31.09	29.75	28.83	28.16	27.65	27.24	26.92	26.42	25.91	25.39	25.13	24.87	24.60	24.33	24.06	23.79
6	35.51	27.00	23.70	21.92	20.80	20.03	19.46	19.03	18.69	18.41	17.99	17.56	17.12	16.90	16.67	16.44	16.21	15.98	15.75
7	29.25	21.69	18.77	17.20	16.21	15.52	15.02	14.63	14.33	14.08	13.71	13.32	12.93	12.73	12.53	12.33	12.12	11.91	11.70
8	25.41	18.49	15.83	14.39	13.48	12.86	12.40	12.05	11.77	11.54	11.19	10.84	10.48	10.30	10.11	9.92	9.73	9.53	9.33
9	22.86	16.39	13.90	12.56	11.71	11.13	10.70	10.37	10.11	9.89	9.57	9.24	8.90	8.72	8.55	8.37	8.19	8.00	7.81
10	21.04	14.91	12.55	11.28	10.48	9.93	9.52	9.20	8.96	8.75	8.45	8.13	7.80	7.64	7.47	7.30	7.12	6.94	6.76
11	19.69	13.81	11.56	10.35	9.58	9.05	8.66	8.35	8.12	7.92	7.63	7.32	7.01	6.85	6.68	6.52	6.35	6.18	6.00
12	18.64	12.97	10.80	9.63	8.89	8.38	8.00	7.71	7.48	7.29	7.00	6.71	6.40	6.25	6.09	5.93	5.76	5.59	5.42
13	17.82	12.31	10.21	9.07	8.35	7.86	7.49	7.21	6.98	6.80	6.52	6.23	5.93	5.78	5.63	5.47	5.30	5.14	4.97
14	17.14	11.78	9.73	8.62	7.92	7.44	7.08	6.80	6.58	6.40	6.13	5.85	5.56	5.41	5.25	5.10	4.94	4.77	4.60
15	16.59	11.34	9.34	8.25	7.57	7.09	6.74	6.47	6.26	6.08	5.81	5.54	5.25	5.10	4.95	4.80	4.64	4.47	4.31
16	16.12	10.97	9.01	7.94	7.27	6.80	6.46	6.19	5.98	5.81	5.55	5.27	4.99	4.85	4.70	4.54	4.39	4.23	4.06
17	15.72	10.66	8.73	7.68	7.02	6.56	6.22	5.96	5.75	5.58	5.32	5.05	4.78	4.63	4.48	4.33	4.18	4.02	3.85
18	15.38	10.39	8.49	7.46	6.81	6.35	6.02	5.76	5.56	5.39	5.13	4.87	4.59	4.45	4.30	4.15	4.00	3.84	3.67
19	15.08	10.16	8.28	7.27	6.62	6.18	5.85	5.59	5.39	5.22	4.97	4.70	4.43	4.29	4.14	3.99	3.84	3.68	3.51
20	14.82	9.95	8.10	7.10	6.46	6.02	5.69	5.44	5.24	5.08	4.82	4.56	4.29	4.15	4.00	3.86	3.70	3.54	3.38

续表

n	\multicolumn{19}{c}{m}
---	1	2	3	4	5	6	7	8	9	10	12	15	20	24	30	40	60	120	$+\infty$
21	14.59	9.77	7.94	6.95	6.32	5.88	5.56	5.31	5.11	4.95	4.70	4.44	4.17	4.03	3.88	3.74	3.58	3.42	3.26
22	14.38	9.61	7.80	6.81	6.19	5.76	5.44	5.19	4.99	4.83	4.58	4.33	4.06	3.92	3.78	3.63	3.48	3.32	3.15
23	14.20	9.47	7.67	6.70	6.08	5.65	5.33	5.09	4.89	4.73	4.48	4.23	3.96	3.82	3.68	3.53	3.38	3.22	3.05
24	14.03	9.34	7.55	6.59	5.98	5.55	5.23	4.99	4.80	4.64	4.39	4.14	3.87	3.74	3.59	3.45	3.29	3.14	2.97
25	13.88	9.22	7.45	6.49	5.89	5.46	5.15	4.91	4.71	4.56	4.31	4.06	3.79	3.66	3.52	3.37	3.22	3.06	2.89
26	13.74	9.12	7.36	6.41	5.80	5.38	5.07	4.83	4.64	4.48	4.24	3.99	3.72	3.59	3.44	3.30	3.15	2.99	2.82
27	13.61	9.02	7.27	6.33	5.73	5.31	5.00	4.76	4.57	4.41	4.17	3.92	3.66	3.52	3.38	3.23	3.08	2.92	2.75
28	13.50	8.93	7.19	6.25	5.66	5.24	4.93	4.69	4.50	4.35	4.11	3.86	3.60	3.46	3.32	3.18	3.02	2.86	2.69
29	13.39	8.85	7.12	6.19	5.59	5.18	4.87	4.64	4.45	4.29	4.05	3.80	3.54	3.41	3.27	3.12	2.97	2.81	2.64
30	13.29	8.77	7.05	6.12	5.53	5.12	4.82	4.58	4.39	4.24	4.00	3.75	3.49	3.36	3.22	3.07	2.92	2.76	2.59
40	12.61	8.25	6.59	5.70	5.13	4.73	4.44	4.21	4.02	3.87	3.64	3.40	3.14	3.01	2.87	2.73	2.57	2.41	2.23
60	11.97	7.77	6.17	5.31	4.76	4.37	4.09	3.86	3.69	3.54	3.32	3.08	2.83	2.69	2.55	2.41	2.25	2.08	1.89
120	11.38	7.32	5.78	4.95	4.42	4.04	3.77	3.55	3.38	3.24	3.02	2.78	2.53	2.40	2.26	2.11	1.95	1.77	1.54
$+\infty$	10.83	6.91	5.42	4.62	4.10	3.74	3.47	3.27	3.10	2.96	2.74	2.51	2.27	2.13	1.99	1.84	1.66	1.45	1.00

[1] 盛骤,谢式千,潘承毅.概率论与数理统计[M].5 版.北京:高等教育出版社,2019.

[2] 茆诗松,程依明,濮晓龙.概率论与数理统计教程[M].3 版.北京:高等教育出版社, 2019.

[3] 同济大学数学系.概率论与数理统计[M].北京:人民邮电出版社,2017.

[4] 明杰秀,周雪,刘雪.概率论与数理统计[M].上海:同济大学出版社,2017.

[5] 吴赣昌.概率论与数理统计:理工类[M].5 版.北京:中国人民大学出版社,2017.

[6] 华中科技大学数学系.概率论与数理统计[M].3 版.北京:高等教育出版社,2008.

郑重声明

高等教育出版社依法对本书享有专有出版权。任何未经许可的复制、销售行为均违反《中华人民共和国著作权法》，其行为人将承担相应的民事责任和行政责任；构成犯罪的，将被依法追究刑事责任。为了维护市场秩序，保护读者的合法权益，避免读者误用盗版书造成不良后果，我社将配合行政执法部门和司法机关对违法犯罪的单位和个人进行严厉打击。社会各界人士如发现上述侵权行为，希望及时举报，我社将奖励举报有功人员。

反盗版举报电话　　（010）58581999　　58582371
反盗版举报邮箱　　dd@hep.com.cn
通信地址　　北京市西城区德外大街4号　　高等教育出版社法律事务部
邮政编码　　100120

读者意见反馈

为收集对教材的意见建议，进一步完善教材编写并做好服务工作，读者可将对本教材的意见建议通过如下渠道反馈至我社。
咨询电话　　400-810-0598
反馈邮箱　　hepsci@pub.hep.cn
通信地址　　北京市朝阳区惠新东街4号富盛大厦1座
　　　　　　高等教育出版社理科事业部
邮政编码　　100029